国家示范院校数控加工重点建设项目系列教材

# 数控车床编程与操作

席凤征　毕可顺　主编

科学出版社

北　京

# 内 容 简 介

本书为国家中等职业教育改革发展示范学校数控加工项目建设成果。在编写本书过程中，对部分代表性数控加工类企业进行了深入调研，采用了工学结合模式下的工作过程系统化编写思路。书中的许多任务来自于企业产品，体现了校企合作的最新成果。

本书基于数控车工岗位职业要求，从培养技术应用型人才的目标出发，注重结合生产实际，从生产实践中抽取了 10 个典型的工作项目作为本书的结构框架。本书主要介绍了数控车床基本知识、数控车床编程、数控车床操作的相关内容，并对典型的阶梯轴零件、阶梯孔零件、圆锥零件、成形面零件、槽零件、螺纹零件、非圆二次曲线零件的工艺与编程、加工等进行了介绍。

本书可作为中等职业学校、技工学校数控技术应用、机电、模具制造等专业的教学用书，也可供有关专业的师生和从事相关工作的技术人员参考。

**图书在版编目（CIP）数据**

数控车床编程与操作/席凤征，毕可顺主编 .—北京：科学出版社，2014
（国家示范院校数控加工重点建设项目系列教材）
ISBN 978 - 7 - 03 - 040144 - 1

Ⅰ.①数…　Ⅱ.①席…　②毕…　Ⅲ.①数控机床-车床-程序设计-职业教育-教材　②数控机床-车床-操作-职业教育-教材　Ⅳ.①TG519.1

中国版本图书馆 CIP 数据核字（2014）第 046470 号

责任编辑：张振华 / 责任校对：马英菊
责任印制：吕春珉 / 封面设计：耕者设计工作室

*科 学 出 版 社* 出版
北京东黄城根北街 16 号
邮政编码：100717
http://www.sciencep.com

*三河市骏杰印刷有限公司* 印刷
科学出版社发行　　各地新华书店经销

\*

2014 年 4 月第 一 版　　开本：787×1092 1/16
2021 年 7 月第五次印刷　　印张：21 3/4
字数：480 000
**定价：57.00 元**
（如有印装质量问题，我社负责调换〈骏杰〉）
销售部电话 010-62136230　编辑部电话 010-62135120-2005

# 前　言

本书为国家中等职业教育改革发展示范学校数控加工项目建设成果，是根据江苏省职业学校数控专业教学指导方案及国家职业技能鉴定标准的相关要求编写的。在编写本书过程中，编者本着科学严谨、务实创新的原则，对徐州市及苏南地区部分代表性数控加工类企业就人才结构、专业发展、人才需求、职业岗位等进行了调研，确立了工学结合模式下的工作过程系统化编写思路。

本书采用了项目化任务式编写方式，反映了当前的教学改革经验及企业生产对教学内容的新要求。书中任务有的直接来自于企业产品，有的则进行了转化，力求把数控加工企业岗位的知识、技能相互融合，渗透到每一个任务中，让学生"在做中学，学中做"，以便实现与企业的零距离对接。

本书从社会的实际发展和岗位要求出发，基于数控车工岗位职业要求，以突出职业能力培养为中心，融入职业资格鉴定标准，以工作过程为载体，以实际生产典型过程为案例，着重强调学生应用能力的培养，将技能和素质要求融入工作项目中，使学生能够在数控车床的编程和零件加工的过程中，培养自身的团队合作、沟通协调等工作能力。本书以完成工作项目来深化理论学习的教学目的为出发点，形成理论、实践一体化的交互式教学体系。本书具有如下特色。

1. 理论和实践一体化

本书根据数控加工人才的市场需求，从培养学生的数控车床编程知识和数控车床加工能力出发，结合企业生产实际，使学生在学习相关技能的同时，掌握相关知识。

2. 基于工作过程，重点培养数控车床加工能力

本书以培养学生操作数控车床的能力为主线，分为若干个项目，每个项目按典型零件的加工过程进行编写，内容由浅入深，循序渐进，重点培养学生操作数控车床的能力。

3. 可操作性强

本书把抽象和枯燥的理论知识科学、有效地转化到生动而有趣的实践过程中去，在实践中加以验证，使学生从实践中得到感性认识，并将感性认识潜移默化地上升为理性认识，进而开发学生的思维能力，锻炼学生的动手能力；有效地将课堂和实践结合起来，将技能实践融入课堂教学，让学生直接在课堂上学到今后就业所需的操作技能，变被动学习为主动参与，调动学生学习的积极性与主动性，增强学生的实践能力，符合中职教育的教学要求。

本书由江苏省徐州技师学院席凤征、毕可顺担任主编，尹勇参与了项目 1、项目 7

的编写，邱小燕参与了项目 3、项目 4 的编写，杨贞静参与了项目 5、项目 6 的编写，宋亮参与了项目 9、项目 10 的编写，其他各部分内容由席凤征、毕可顺编写。全书由江苏省徐州技师学院李志江高级讲师、徐州科源液压机械有限公司李村坪工程师审稿。在编写本书过程中得到江苏省徐州技师学院各级领导和广大教师的大力支持，在此一并表示感谢。另外，在编写本书过程中参考了大量的相关资料，在此对各作者一并表示感谢。

　　由于时间仓促，加之编者水平有限，书中难免存不妥之处，敬请各位专家和广大读者批评指正。

# 目　　录

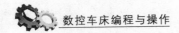

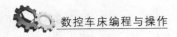

# 项目 1

# 数控车床概述

项目教学目标

【知识目标】
1. 掌握数控车床的基本构成与各部分的作用。
2. 掌握数控车床操作的安全文明生产规程。
3. 掌握数控车床的维护保养。
【能力目标】
1. 认识数控车床基本构成与各部件功能。
2. 会对数控车床进行日常维护与保养。

数控车床主要用来加工轴类或盘类的回转零件，能车削内外圆柱面、圆锥面、圆弧面和各种成形回转表面、螺纹，以及对盘类零件进行钻、扩、铰和镗孔等加工。所以，数控车床特别适合加工形状复杂的轴类、盘类零件。同时数控车床具有机、电、液集于一身，以及技术密集和知识密集的特点，是一种自动化程度高、结构复杂且又昂贵的先进加工设备。作为初次学习数控车床者，在利用数控车床进行加工之前，有必要去认识数控车床，这样可以更加了解操作对象，也为数控车床的保养与维护提供相应的知识储备。那么如何正确有效地使用数控车床，从而保障操作人员的安全并延长数控车床的使用寿命呢？为此，作为数控车床的设计者与数控车床的使用管理者们制定了基本的而且必须要遵守的一系列关于操作数控车床的安全生产规程，以确保数控车床的安全与正确使用，并确保人机安全。

# 任务 1.1 认识数控车床

**知识目标** ☞

1. 了解数控机床的发展史。
2. 掌握数控车床的基本构成与各部分的作用。
3. 知道安全文明生产的意义。
4. 掌握数控车床操作的安全文明生产规程。
5. 掌握数控车床的维护与保养。

**能力目标** ☞

1. 具备认识数控车床基本构成与各部件功能的能力。
2. 会填写常见的数控车床日检表，并用于维护数控车床。
3. 会对数控车床进行日常维护与保养。

**⌐ 工作任务 ⌐**

试说明图 1.1 中的典型数控车床由哪几部分组成，并说明各部分的作用。

图 1.1　典型数控车床

## 相关知识

## 1.1.1 数控机床发展史

1. 数控机床的发展历程

数控机床（numerical control machine tools）是用数字代码形式的信息（程序指令），控制刀具按给定的工作程序、运动速度和轨迹进行自动加工的机床。

数控机床是在机械制造技术和控制技术的基础上发展起来的，其发展历程大致如下。

1948 年，美国帕森斯公司接受美国空军委托，研制直升机螺旋桨叶片轮廓检验用样板的加工设备。由于样板形状复杂多样，精度要求高，一般加工设备难以适应，于是提出采用数字脉冲控制机床的设想。

1949 年，该公司与美国麻省理工学院（MIT）开始共同研究，并于 1952 年试制成功第一台三坐标数控铣床，当时的数控装置采用电子管器件。

1959 年，数控装置采用了晶体管器件和印制电路板，出现带自动换刀装置的数控机床，称为加工中心（Maching Center，MC），使数控装置进入了第二代。

1965 年，出现了第三代集成电路数控装置，它不仅体积小，功率消耗少，且可靠性提高，价格进一步下降，促进了数控机床品种和产量的增多。

20 世纪 60 年代末，先后出现了由一台计算机直接控制多台机床的直接数控系统（简称 DNC），又称群控系统；采用小型计算机控制的计算机数控系统（简称 CNC），使数控装置进入了以小型计算机化为特征的第四代。

1974 年，研制成功了使用微处理器和半导体存储器的微型计算机数控装置（简称 MNC），这是第五代数控系统。

20 世纪 80 年代初，随着计算机软、硬件技术的发展，出现了能进行人机对话式自动编制程序的数控装置；数控装置愈趋小型化，可以直接安装在机床上；数控机床的自动化程度进一步提高，具有自动监控刀具破损和自动检测工件等功能。

20 世纪 90 年代后期，出现了 PC＋CNC 智能数控系统，即以 PC 为控制系统的硬件部分，在 PC 上安装 NC 软件系统。此种方式系统维护方便，易于实现智能化、网络化制造。

### 2. 我国数控机床的发展现状

我国数控技术的发展起步于 20 世纪 50 年代，通过"六五"期间引进数控技术，"七五"期间组织消化吸收"科技攻关"，我国数控技术和数控产业取得了相当大的成绩。

国内数控机床制造企业在中高档与大型数控机床的研究开发方面与国外的差距很大，70％以上的此类设备和绝大多数的功能部件依赖进口。由此可以看出，国产数控机床特别是中高档数控机床仍然缺乏市场竞争力，究其原因主要在于国产数控机床的研究开发深度不够，制造水平依然落后，服务意识与能力欠缺，数控系统生产应用推广不力及数控人才缺乏等。

我们应看清形势，充分认识国产数控机床的不足，努力发展先进技术，加大技术创新与培训服务力度，以缩短与发达国家的差距。

目前，数控机床的发展日新月异，高速化、高精度化、复合化、智能化、开放化、并联驱动化、网络化、极端化、绿色化已成为数控机床发展的趋势和方向。

中国作为一个制造大国，主要还是依靠劳动力、价格、资源等方面的优势，在产品的技术创新与自主开发方面与国外同行的差距还很大。中国的数控产业不能安于现状，应该抓住机会不断发展，努力发展自己的先进技术，加大技术创新与人才培训力度，提高企业综合服务能力，努力缩短与发达国家的差距，力争早日实现数控机床产品从低端到高端、从初级产品加工到高精尖产品制造的转变，实现从中国制造到中国创造，从制造大国到制造强国的转变。

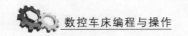

**数控车床编程与操作**

### 1.1.2 典型数控车床的基本结构及作用

典型数控车床一般由输入/输出设备、CNC装置（或称CNC单元）、伺服单元、驱动装置（或称执行机构）、PLC（可编程控制器）、电气控制装置、辅助装置、机床本体及测量反馈装置组成，如图1.2所示。如图1.3所示是数控车床的组成框图。

图1.2　典型数控车床

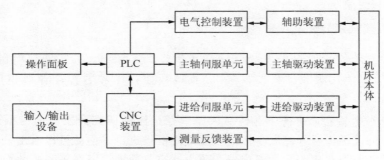

图1.3　数控车床组成框图

#### 1. 机床本体

数控车床的机床本体与普通车床相似，由主轴传动装置、进给传动装置、床身、工作台，以及辅助运动装置、液压气动系统、润滑系统、冷却装置等组成。但数控车床在整体布局、外观造型、传动系统、刀具系统的结构以及操作机构等方面都已发生了很大的变化，这种变化的目的是为了满足数控车床的要求和充分发挥数控车床的特点。

#### 2. CNC装置

CNC装置是数控车床的核心，CNC装置由信息的输入、处理和输出3个部分组成。CNC装置接受数字化信息，经过数控装置的控制软件和逻辑电路进行译码、插补、逻辑处理后，将各种指令信息输出给伺服系统，伺服系统驱动执行部件做进给运动。

3. 输入/输出设备

输入设备将各种加工信息传递给计算机的外部设备。在数控车床产生初期，输入设备为穿孔纸带（现已淘汰），后发展成盒式磁带，再发展成键盘、磁盘等便携式硬件，极大方便了信息输入工作，现通用 DNC 网络通信中的串行通信的方式输入。

输出设备用于输出内部工作参数（含机床正常、理想工作状态下的原始参数、故障诊断参数等），一般在机床刚开始工作时需输出这些参数做记录保存，待工作一段时间后，再将输出与原始资料做比较、对照，可帮助判断机床工作是否正常。

4. 伺服单元

伺服单元由驱动器、驱动电动机组成，并与机床上的执行部件和机械传动部件组成数控车床的进给系统。它的作用是把来自数控装置的脉冲信号转换成机床移动部件的运动。对于步进电动机来说，每一个脉冲信号使电动机转过一个角度，进而带动机床移动部件移动一个微小距离。每个进给运动的执行部件都有相应的伺服驱动系统，整个机床的性能主要取决于伺服系统。

5. 驱动装置

驱动装置把经放大的指令信号变为机械运动，通过简单的机械连接部件驱动机床，使工作台精确定位或按规定的轨迹做严格的相对运动，最后加工出图样所要求的零件。和伺服单元相对应，驱动装置有步进电动机、直流伺服电动机和交流伺服电动机等。

伺服单元和驱动装置合称为伺服驱动系统，它是机床工作的动力装置，CNC 装置的指令要靠伺服驱动系统付诸实施，所以，伺服驱动系统是数控车床的重要组成部分。

6. PLC

可编程控制器（programmable controller，PC）是一种以微处理器为基础的通用型自动控制装置，是专为在工业环境下应用而设计的。由于最初研制这种装置的目的是解决生产设备的逻辑及开关控制，故把称它为可编程逻辑控制器（programmable logic controller，PLC）。当 PLC 用于控制车床顺序动作时，也可称为编程机床控制器（programmable machine controller，PMC）。PLC 已成为数控车床不可缺少的控制装置。CNC 装置和 PLC 协调配合，共同完成对数控车床的控制。

7. 测量反馈装置

测量反馈装置也称反馈元件，包括光栅、旋转编码器、激光测距仪、磁栅等，通常安装在机床的工作台或丝杠上。它把机床工作台的实际位移转变成电信号反馈给 CNC 装置，供 CNC 装置与指令值比较产生误差信号，以控制机床向消除该误差的方向移动。

## 1.1.3 数控车床床身的布局形式

床身和导轨的布局形式对机床性能的影响很大。床身是机床的主要承载部件，是机

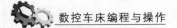

床的主体。按照床身导轨面与水平面的相对位置，床身的布局形式有水平床身配置水平滑板、倾斜床身配置倾斜滑板、水平床身配置倾斜滑板以及直立床身配置直立滑板等多种形式，如图 1.4（a）～（d）所示。

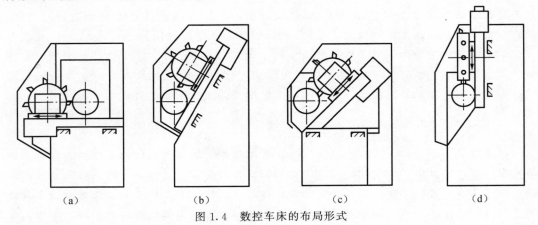

| (a) | (b) | (c) | (d) |

图 1.4　数控车床的布局形式

### 1. 水平床身配置水平滑板

如图 1.4（a）所示，水平床身的工艺性好，便于导轨面的加工。水平床身配置水平放置的刀架可提高刀架的运动精度，一般用于大型数控车床或小型精密数控车床的布局。但是水平床身由于下部空间小，故排屑困难。从结构尺寸来看，刀架水平放置使得滑板横向尺寸较大，从而加大了机床宽度方向的结构尺寸。

### 2. 倾斜床身配置倾斜滑板

如图 1.4（b）所示，这种结构的导轨倾斜角度分别为 30°、45°、60°、75° 和 90°，其中 90° 的滑板结构称为立床身。当倾斜角度较小时，排屑不便；而倾斜角度大时，导轨的导向性及受力情况差。导轨倾斜角度的大小还直接影响机床外形尺寸及高度和宽度的比例。综合考虑上面的因素，中小规格的数控车床，其床身的倾斜度以 60° 为宜。

### 3. 水平床身配置倾斜滑板

水平床身配置倾斜滑板结构通常配置有倾斜式的导轨防护罩，如图 1.4（c）所示。这种布局形式一方面具有水平床身工艺性好的特点；另一方面机床宽度方向的尺寸较水平配置滑板的要小，且排屑方便。水平床身配置倾斜滑板和倾斜床身配置倾斜滑板的布局形式被中、小型数控车床普遍采用。这是由于这两种布局形式排屑容易，热切屑不会堆积在导轨上，也便于安装自动排屑装置；操作方便，易于安装机械手，以实现单机自动化；机床占地面积小，外形美观，容易实现封闭式防护。

### 4. 直立床身配置直立滑板

如图 1.4（d）所示，这种结构的床身是直立式的，有利于提高轴类工件的车削加工精度。相比较其他结构而言，占地面积较小，但是由于切屑不好清除，影响现场加工，使这种类型的车床应用受到极大的限制，仅应用于轴类零件加工精度要求比较高的场合。

## 1.1.4　数控车床的分类

### 1. 按主轴的配置形式分类

（1）卧式数控车床

卧式数控车床主轴的轴线处于水平位置，床身和导轨分为多种布局形式，是目前应用最为广泛的一类数控车床。

（2）立式数控车床

立式数控车床主轴的轴线处于垂直位置，并且有一个直径很大的圆形工作台用于装夹工件。

### 2. 按数控系统功能分类

（1）经济型数控车床

经济型数控车床是以配置经济型的数控系统为主要特征，常采用开环或半闭环伺服系统进行控制。

（2）全功能型数控车床

全功能型数控车床的主轴采用能调速的直流或交流电动机来驱动，进给采用伺服电动机，常采用半闭环或闭环伺服系统控制，且数控系统功能较多。

（3）车削中心

车削中心除了具有一般数控车床的功能外，还采用了动力刀架，并可在刀架上安装钻头、铰刀、丝锥和铣刀等回转刀具，该刀架还具备动力回转功能。

（4）FMC车床

FMC车床通常是由全功能型数控车床或车削中心、机器人和控制系统等构成的一个柔性加工单元。

## 1.1.5　数控车床的特点

与普通车床相比，数控车床具有以下特点。

### 1. 适应性强

由于数控车床能实现多个坐标的联动，所以数控车床能加工形状复杂的零件，特别是对于可用数学方程式和坐标点表示的零件，加工非常方便。更换加工零件时，数控车床只需更换零件加工的数控程序。

### 2. 加工质量稳定

对于同一批零件，由于使用同一机床、刀具及加工程序，刀具的运动轨迹完全相同，这就保证了零件加工的一致性，且质量稳定。

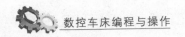
### 3. 效率高

数控车床的主轴转速及进给范围比普通机床大。目前数控车床最高进给速度可达到 100m/min 以上，最小分辨率达 0.01μm。一般来说，数控车床的生产能力约为普通车床的 3 倍，甚至更高。数控车床的时间利用率高达 90%，而普通车床仅为 30%～50%。

### 4. 精度高

数控车床具有较高的加工精度，一般为 0.005～0.1mm。数控车床的加工精度不受零件复杂程度的影响，机床传动链的反向齿轮间隙和丝杠的螺距误差等都可以通过数控装置自动进行补偿。因此，数控车床的定位精度比较高。

### 5. 减轻劳动强度

在输入程序并起动后，数控车床就自动地连续加工，直至完毕。这样就简化了工人的操作，使劳动强度大大降低。

此外，数控车床还具有能实现复杂的运动、可产生良好的经济效益、有利于生产管理现代化等特点。

## 任务实施

### 1.1.6 认识数控车床的相关结构及其作用

（1）整体认识

数控车床的整体构造如图 1.5 所示。

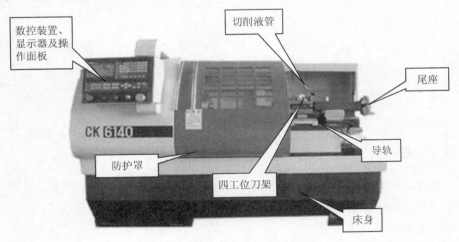

图 1.5　数控车床的整体构造

（2）机械部分

1）刀架，如图 1.6 所示。转塔式刀架用于安装刀具，通过电气与机械结构可实现转换刀具位置的作用。转塔式刀架目前主要为立式四工位，通常采用双插销机构实现转位和预定位，电动机采用右置式或转塔式。一般只能单向转位，采用齿轮、蜗杆传动，螺旋副加紧，多齿盘精定位。此种刀架价格便宜，适用于要求不高的数控车床，在我国应用较为广泛。但是，该刀架工位少，回转空间大，易发生干涉，所以正在向工序长、回转空间小的卧式刀架过渡。

　　2）尾座，如图 1.7 所示。尾座一般作为加工工件较长时使用的辅助装夹设备，主要与活顶尖等配合使用定位工件上的中心孔，以保证工件的同轴度及装夹效果的刚度。

图 1.6　转塔式刀架

图 1.7　尾座

　　3）主轴部分及三爪自定心卡盘。三爪自定心卡盘用于带动卡盘夹持工件旋转，如图 1.8 所示。

　　主轴驱动系统也称为主传动系统，是在系统中完成主运动的动力装置部分。它经前置的伺服电动机和机械传动链如带传动等实现主轴的切削力矩和切削速度，配合进给运动，加工出理想的零件。主轴传动是零件加工的成形运动之一，它的精度对零件的加工精度有较大的影响。

　　数控车床的主轴传动方式为带传动，如图 1.9 所示。其中编码器在实际应用时与主轴同步转动，它是一种将旋转位移转换成一串数字脉冲信号的旋转式传感器，产生的脉冲将送往数控系统与加工程序中与主轴转数进行比较。

图 1.8　三爪自定心卡盘

图 1.9　主轴传动方式

　　V 带按抗拉体结构可分为绳芯 V 带和帘布芯 V 带两种。帘布芯 V 带制造方便，抗拉强度高；绳芯 V 带柔韧性好，抗弯强度高，适用于转速较高、载荷不大和带轮直径较小的场合。

　　4）滚珠丝杆螺母副，如图 1.10 所示。滚珠丝杆螺母副的工作原理如下：在丝杠和螺母上加工有弧形螺旋槽，当把它们套装在一起时可形成螺旋滚道，并且滚道内填满滚珠，当丝杠相对于螺母做旋转运动时，两者发生轴向位移，而滚珠可沿着滚道滚动，减少摩擦阻力；滚珠在丝杠上滚过数圈后，通过回程引导装置（回珠器），逐个滚回到丝杠和螺母之间，构成一个闭合的回路管道。滚珠丝杠螺母副的传动效率很高，可达92%～98%，是普通丝杠传动的2～4倍。

5）线性轨道，如图1.11所示。线性轨道是由几个重要的组件所组成的，主要有承载系统，包含滑块、滑轨及滚动组件，是线性滑轨的承载主体。另外还有循环系统、防尘系统、润滑系统，负责完成相对应的工作。

图1.10 滚珠丝杠螺母副

图1.11 线性轨道

（3）电气部件

1）电气柜，如图1.12所示。电气柜是机床电路的控制中心，由CNC控制器、电源供应器、主轴放大器、伺服放大器、强电板、转接板、小变压器等元器件组成。

2）数控系统（CNC），如图1.13所示。数控系统类似于计算机的主机，可进行处理、计算、转换、输入/输出各种信号，以及存储系统程序资料、用户程序资料等。数控系统相当于整个数控车床的大脑，好的数控系统相当于数控车床有一个聪明的大脑，其运行速度快、运算精度高、可靠性高。目前数控车床主要使用的是日本FANUC、德国SIEMENS数控系统，国内的主要有华中、广数等数控系统。日本FANUC数控系统制作较精良，但其价格相对较高。

图1.12 电气柜

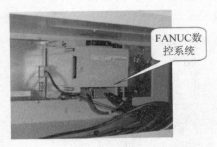
FANUC数控系统
图1.13 数控系统

3）伺服放大器，如图1.14所示。伺服放大器是用来控制伺服电动机的一种控制器，其作用类似于变频器作用于普通交流电动机，属于伺服系统的一部分，主要应用于高精度的定位系统。一般通过位置、速度和力矩3种方式对伺服电动机进行控制，以实现高精度的传动系统定位。其是目前传动技术的高端产品，对应的数控车床上主要配置X、Z轴伺服放大器单元。

4）I/O板，用于控制信号输入/输出的装置，即I/O接口，如图1.15所示。I/O

板起传递信号的作用，也可以说是信号中转站，MDI 面板、接近开关等输入信号要经过 I/O 模块才能送到数控系统。

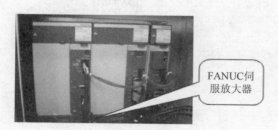

图 1.14 伺服放大器

图 1.15 I/O 板

5）FANUC 系统操作面板，如图 1.16 所示。操作面板是操作人员与数控车床（系统）进行交互的工具，主要由显示装置、NC 键盘、MCP、状态灯、手持单元等部分组成。虽然数控车床的类型和数控系统的种类很多，而且各生产厂家设计的操作面板也不尽相同，但操作面板中各种旋钮、按钮和键盘的基本功能与使用方法基本相同。

6）伺服电动机，如图 1.17 所示。伺服电动机内部的转子是永磁铁，驱动器控制的 U/V/W 三相电形成电磁场，转子在此磁场的作用下转动，同时电动机自带的编码器反馈信号给驱动器，驱动器根据反馈值与目标值进行比较，调整转子转动的角度。伺服电动机的精度决定于编码器的精度（线数）。

图 1.16 FANUC 系统操作面板

图 1.17 伺服电动机

7）测量反馈装置，其中直线光栅尺和光电编码器如图 1.18 和图 1.19 所示。

测量反馈装置将数控车床的各个坐标轴的实际位移量、速度参数检测出来，转换成电信号，并反馈到机床的数控装置中。

8）其他电气部件，如图 1.20 所示。

图 1.18　直线光栅尺　　　　　　　　图 1.19　光电编码器

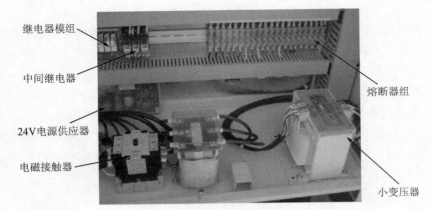

继电器模组

中间继电器

24V电源供应器

电磁接触器

熔断器组

小变压器

图 1.20　其他电气部件

## 任务评价

填写认识数控车床评分表，见表1.1。

表 1.1　认识数控车床评分表

| 项目 | 配分 | 考核标准 | 得分 |
|---|---|---|---|
| 数控机床发展史 | 10 | 是否掌握相关知识，否则，酌情扣分 | |
| 数控车床的基本结构及作用 | 60 | ① 数控车床的整体认识方面达到学习要求，否则，酌情扣分；<br>② 机械部件认识方面达到学习要求，否则，酌情扣分；<br>③ 数控车床电气部分认识方面达到学习要求，否则，酌情扣分；<br>④ 数控车床的分类情况认识方面达到学习要求，否则，酌情扣分 | |
| 数控车床的工作流程 | 30 | 数控车床的工作流程认识方面达到学习要求，否则，酌情扣分 | |
| 数控车床的配置形式 | 10 | 数控车床的配置形式认识方面达到学习要求，否则，酌情扣分 | |

## 任务 1.2 数控车床安全操作

知识目标 ☞

1. 了解安全文明生产的重要性。
2. 掌握典型数控车床的安全操作规程。
3. 熟悉数控车床的一般使用流程。

能力目标 ☞

1. 能正确、安全操作数控车床，掌握数控车床安全生产的相关规定。
2. 会辨识操作数控车床可能出现的风险与对应的防范措施。
3. 能树立安全生产第一的意识，建立以学生为主体，相互监督，以教师为指导的安全生产实训体系。

▌工作任务

数控车间现有数控车床 18 台，如图 1.21 所示，作为初学者在使用数控车床过程中，如何正确有效操作数控车床，并确保机器和人身安全呢？请列举违反操作规程的行为与情境，分析相关危险因素并制定防范措施，以避免不必要的损失。

图 1.21 数控车床安全操作

## 相关知识

### 1.2.1 安全操作相关知识

数控车床的结构总体上分为 4 大部分，即数控系统、电气系统、机械系统、辅助润滑系统。一般认为，若正常使用数控车床，其精度失效时间为机械部件的磨损失效时间，而机械部件的磨损失效时间大多为 8～12 年。若操作者在学习期间严格遵守安全生产操作规程并进行正常的维护与保养工作，数控车床完全可以达到上述使用寿命。但由于实训期间使用者多为初学者，会出于好奇心，不按规定的安全操作规程使用数控车

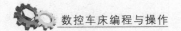

床，以致带来人机安全隐患，造成数控车床预期使用寿命大幅缩短，甚至于造成严重的人身伤害事故。

**1. 安全生产的含义**

安全生产是指在劳动过程中，要努力改善劳动条件，克服不安全因素，防止伤亡事故的发生，在保护操作者的人身安全和设备安全的前提下进行的生产活动。这里的设备指的就是数控车床。

**2. 安全生产规程**

安全生产规程是指在使用数控车床的前期、中期、后期，为确保操作者人身安全与健康及数控车床能正常运行所必须遵守的一系列生产规定与流程。

**3. 安全生产的意义**

1）安全生产是国家和政府赋予学校、企业的责任，是社会和员工的要求，是生产经营的准入条件，是市场竞争的要素，是持续发展的基础。

2）安全生产是个人、家庭、企业和国家的基本要求。

3）安全是人的基本需要之一。

人人都希望自己身体健康、长寿，随着生产力的不断发展和生活水平的日益提高，人们对健康的投入也越来越大。既然如此重视健康，那么保障自己在劳动中的安全，就应该成为每个员工的自觉行动。

**4. 典型的数控车床安全生产操作规程**

1）操作机床前，必须紧束工作服，女生必须戴好工作帽，严禁戴手套操作数控车床。

2）数控车床通电后，检查电压、油压是否正常，润滑系统是否正常工作，各开关、按钮等是否正常、灵活，机床有无异常。

3）应严格、认真检查程序，确保语法、语意和数据等的正确。

4）安排空运行测试程序，检验刀具、夹具安装是否合理可靠，机床有无超程等。

5）手动对刀时，应注意选择合适的进给速度；手动换刀时，刀架距工件要有足够的转位距离，不至于发生碰撞。

6）刀具要垫好、放正、夹牢；装夹的工件要找正、夹紧，装夹完毕应取出卡盘扳手。

7）换刀时，刀架应远离卡盘、工件和尾座；在手动移动拖板或对刀过程中，在刀尖接近工件时，进给速度要小，移位键不能按错，且一定注意按移位键时不要误按换刀键。

8）自动加工之前，程序必须通过模拟或经过指导教师检查，只有正确的程序才能自动运行来加工工件。

9）自动加工之前，确认起刀点的坐标无误；加工时要关闭机床的防护门，加工过程中不能随意打开。

10）数控车床的加工虽属自动进行，但仍需要操作者监控，不允许随意离开岗位。

11）操作中出现工件跳动、打抖、异声响、刀具破损等异常情况，必须立即停车处理。

12）若碰卡盘等紧急事故，应立即按下急停开关，并及时报告以便分析原因。

13）不得随意删除机内的程序，也不能随意调出机内程序进行自动加工。

14）不得更改机床参数设置。

15）不要用手清除切屑，可用钩子清理，发现铁屑缠绕工件时，应停车清理；机床面上不准放东西。

16）机床只能单人操作，加工时，决不能把头伸向刀架附近观察，以防发生事故。

17）工件转动时，严禁测量工件、清洗机床、用手去摸工件，更不能用手制动主轴头。

18）关机之前，应将溜板停在 $X$ 轴、$Z$ 轴中央区域。

19）关机时，先按下急停开关，再关闭机床面板的电源开关，最后断开机床电源。

20）使用期间，数控车床一定要定人负责，严禁其他人随意动用设备。

## 1.2.2  安全隐患因素构成

### 1. 人的因素

1）安全意识：安全就是效益，就是发展，就是自身利益。

2）安全技能："三不"，即不伤自己，不伤害机器，不被别人伤害。

3）责任心和责任感：变"要我安全"为"我要安全"，责任奖惩。

4）不安全行为：工作中或业余时间打闹，不戴劳保用品，无故离开机床岗位。

5）学习能力程度：学习能力越高，意识与技能及责任心、责任感越强。

### 2. 机器因素

机器就是机械设备。实践证明，没有性能良好的机械设备，安全工作就失去了根基，也就不会产生效益。机器因素主要包括以下几个方面。

1）日常保养不到位：在设备的日常保养中能及时发现和消除设备运行过程中的故障和隐患，防止设备故障或隐患进一步扩大，是以小的投入获得更多、更大收益的有效手段。

2）当修不修。

3）操作不当：麻痹思想、侥幸心理、操作不当、判断失误等不良思想和行为。

4）操作者缺乏责任心。设备有其自身运动规律，但它没有思想、没有感情，更不能用语言表达，所以需要操作者精心呵护，没有一批懂技术、责任心强的数控车床操作者，很难保证设备良好的工作状态。

5）忽视现场管理的重要性。数控车床运行状态现场管理包括轮流值班巡视、观察、

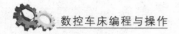

检查、记录。忽视现场管理，放任管理作业中的数控车床，一旦发生事故后果不堪设想。加强现场管理能及时发现和消除设备故障，防止事态扩大，真正做到大事化小，小事化无。

3. 方法因素

1）规章制度不健全、随意性大。企业与学校应健全安全生产管理办法和各项规章制度，严禁各种违章行为。

2）操作方法不当。每台设备都有其科学、合理的操作方法，如果不严格遵守操作规程，怕费事，嫌麻烦，随意操作，必将造成机损等各类安全事故。

4. 环境因素

1）作业环境。作业环境是影响安全的直接环境因素，做好各种工作环境下的安全防范，消除环境影响因素具有非常重要的意义。

2）家庭环境。家庭环境决定学习者的工作情绪和精力。家庭和睦，夫妻子女、兄弟姐妹关系融洽，职工工作情绪就高，精力就集中，工作质量、安全质量、服务质量就高，反之亦然。

3）社会环境。社会环境是大环境，包括政治、经济、文化、治安、交通等。

## 任务实施

### 1.2.3　典型数控车床的操作流程与注意事项

1）确定使用数控车床的操作流程。数控车床的操作流程如下：穿戴好劳动保护用品→检查机床各部件是否完好→机床试回参考点→正确审图，合理选择刀具和加工方法→编程后加工→关闭电源，把刀具、工具收好→清理现场，摆放好工件。

2）在进行上述数控车床操作流程之前有哪些对应的安全生产操作规程需要注意？请尽可能多地列举出来。

① 上电前、上电过程中、断电时要注意哪些操作规程？

② 原点复位应符合哪些安全生产操作规程？

③ 对刀过程中装夹工件的要求以及对刀时按键安全生产操作规程有哪些？

④ 工作服、工作帽的穿戴应符合怎样的操作规程？

⑤ 编制、保存、修改、删除程序时应注意哪些规程？

⑥ 正常加工前是实行模拟加工还是节约时间直接加工？

⑦ 程序自动加工时应当注意哪些安全生产规程？

3）列举违反操作规程的行为与情境，参考图1.22～图1.25。

图 1.22　自动加工过程中头、手偶尔伸入

图 1.23　机床停止，把卡盘扳手取下来

图 1.24　机床上放置工件

图 1.25　主轴旋转防护门未关闭

> **提示**
>
> 　　不仅要在数控车床加工中必须遵守安全生产规程，而且在加工前和加工后及相关联过程中也要遵循相关安全生产规程。例如，关于加工前工作服装的规定，在磨刀过程中使用砂轮机时要佩戴防护眼镜的规定。

　　4）数控车床的相关危险因素及防范措施如下：

　　① 危险因素，包括铁屑飞溅伤人，机床丝杠绞衣角、长发伤人，工件甩出伤人和设备，戴手套绞手伤人，闲谈误操作伤人和设备。

　　② 防范措施，具体包括：

　　a. 衣角袖口要扎紧，女生不能留长发、穿裙子工作，避免绞进丝杠。

　　b. 戴好护目镜，避免铁屑溅伤眼睛。

　　c. 在机床上，不能戴手套、穿凉鞋作业。

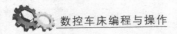 

d. 加强机床电气设备维护，确保无漏电情况发生。

e. 要按规定检查车床的润滑系统与操作手柄，确保灵敏、准确。

## 任务评价

填写数控车床安全操作评分表，见表1.2。

表 1.2　数控车床安全操作评分表

| 项目 | 配分 | 考核标准 | 得分 |
|---|---|---|---|
| 了解数控车床安全文明生产情况 | 10 | 对于数控车床安全文明生产情况的了解达到相关要求，否则，酌情扣分 | |
| 现实生产中落实数控车床安全生产规程情况 | 70 | ① 生产或实习前准备情况，如衣着、鞋帽、证件佩戴及情绪符合生产要求，否则，酌情扣分；<br>② 实习操作时对于安全生产规程的落实程度是否符合安全技术要求，否则，酌情扣分；<br>③ 工具、量具的放置合理，否则，酌情扣分；<br>④ 服从车间实习老师的安排，否则，酌情扣分；<br>⑤ 是否有正常事病假情况；<br>⑥ 生产实习结束后，对于场地与数控车床的后续工作如断电、清扫等完成情况 | |
| 典型数控车床的操作流程及注意事项 | 10 | ① 数控车床操作流程是否符合操作规范，否则，酌情扣分；<br>② 数控车床的操作注意事项掌握程度及落实情况，否则，酌情扣分 | |
| 安全文明操作 | 10 | 违反安全文明操作规程的酌情扣分 | |

## 任务 **1.3** 数控车床维护与保养

### 知识目标 ☞

1. 了解数控车床维护与保养的现实意义。
2. 掌握数控车床维护与保养的基本要求。
3. 理解数控车床的主要结构与工作原理。
4. 掌握数控车床维护与保养的内容。

### 能力目标 ☞

1. 具备对数控车床进行日常维护与保养的能力。
2. 形成数控车床操作者"三好"、"四会"的习惯。

### 工作任务

学校现在主要有 FANUC-0i 数控车床,如图 1.26 所示,如何对学校的数控车床进行维护与保养,以提高数控车床的开机率,并保证精度及延长数控车床的使用寿命呢?

图 1.26 数控车床的维护与保养

## 相关知识

### 1.3.1 数控车床维护与保养的意义

1)延长平均无故障时间,增加机床的开动率。
2)便于及早发现故障隐患,避免停机损失。
3)保持数控车床的加工精度。
4)延长数控车床的使用寿命,以达到预期较好的经济效益。

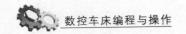

### 1.3.2 数控车床维护与保养的基本要求

1) 在思想上重视维护与保养工作。
2) 提高操作人员的综合素质。
3) 保持数控车床良好的使用环境。
4) 严格遵循正确的操作规程。
5) 提高数控车床的开动率。
6) 要冷静对待机床故障，不可盲目处理。
7) 严格执行数控车床管理的规章制度。

## 任务实施

### 1.3.3 数控车床的具体维护与保养

(1) 选择合适的使用环境

数控车床的使用环境（如温度、湿度、振动、电源电压、频率及干扰等）会影响机床的正常运转，所以在安装机床时应严格按照要求做到符合机床说明书规定的安装条件和要求。在经济条件许可的条件下，应将数控车床与普通机械加工设备隔离安装，以便于维修与保养。

(2) 为数控车床配备具有一定基础的操作者

操作者应熟悉所用机床的机械部分、数控系统、强电设备、液压部分、气压部分等，以及使用环境、加工条件等，并能按机床和系统使用说明书的要求正确使用数控车床。

(3) 长期闲置不用时数控车床的维护与保养

在数控车床闲置不用时，应经常给数控系统通电，在机床锁住的情况下，使其空运行。对于长期停用的机床，应每月开机运行至少 4h，以延长数控车床的使用寿命。在空气湿度较大的梅雨季节应天天通电，利用电器部件本身发热驱走数控柜内的潮气，以保证电子部件性能的稳定可靠。

(4) 数控系统中硬件控制部分的维护与保养

应每年让有经验的维修电工检查一次，检测有关的参考电压是否在规定范围内，如电源模块的各路输出电压、数控单元参考电压等；检查系统内各电器部件连接是否松动；检查各功能模块的使用风扇运转是否正常，并清除灰尘；检查伺服放大器和主轴放大器使用的外接式再生放电单元的连接是否可靠，并清除灰尘；检测各功能模块使用的存储器后备电池的电压是否正常，一般应根据厂家的要求定期更换。

(5) 机床机械部分的维护与保养

操作者在每班加工结束后，应将散落于拖板、导轨等处的切屑清扫干净；在工作时注意检查排屑器是否正常，以免造成切屑堆积，损坏导轨精度，危及滚珠丝杠与导轨的寿命；在工作结束前，应将各伺服轴回归原点后停机。

(6) 机床主轴电动机的维护与保养

维修电工应每年检查一次伺服电动机和主轴电动机，着重检查其运行噪声、温升，若噪声过大，应查明原因，是轴承等机械问题还是与其相配的放大器的参数设置问题，并采取相应措施加以解决。检查电动机端部的冷却风扇运转是否正常，并清扫灰尘；检查电动机各连接插头是否松动。

（7）机床进给伺服电动机的维护与保养

对于数控车床的伺服电动机，应每隔 10～12 个月进行一次维护与保养，加速或者减速变化频繁的机床要每隔两个月进行一次维护与保养。维护与保养的主要内容如下：用干燥的压缩空气吹除电刷的粉尘，检查电刷的磨损情况，如需更换，需选用规格相同的电刷，更换后要空载运行一定时间使其与换向器表面吻合；检查清扫电枢换向器以防止短路；如装有测速发电机和脉冲编码器，也要进行检查和清扫。数控车床中的直流伺服电动机应每年至少检查一次，一般应在数控系统断电并且电动机已完全冷却的情况下进行检查；取下橡胶刷帽，用螺钉旋具拧下刷盖取出电刷；测量电刷长度，如 FANUC 直流伺服电动机的电刷由 10mm 磨损到小于 5mm 时，必须更换同一型号的电刷；仔细检查电刷的弧形接触面是否有深沟和裂痕，以及电刷弹簧上有无打火痕迹。如有上述现象，则要考虑电动机的工作条件是否过分恶劣或电动机本身是否有问题。

（8）机床测量反馈装置的维护与保养

测量反馈装置采用编码器、光栅尺的较多，也有使用感应同步器、磁尺、旋转变压器等的。维修电工应每周检查一次测量反馈装置中的连接是否松动，是否被油液或灰尘污染。

（9）电气柜部分的维护与保养

电气柜部分的具体检查可按如下步骤进行：

1）检查三相电源的电压值是否正常，有无偏相，如果输入的电压超出允许范围则进行相应调整。

2）检查所有电器连接是否良好。

3）检查各类开关是否有效，可借助于数控系统 CRT 显示器的自诊断页面及可编程机床控制器（PMC）、输入/输出模块上的 LED 指示灯检查确认，若不良应更换。

4）检查各继电器、接触器是否工作正常，触点是否完好，可利用数控编程语言编辑一个功能试验程序，通过运行该程序确认各元器件是否完好有效。

5）检验热继电器、电弧抑制器等保护器件等是否有效。电器保养应由车间电工实施，每年检查调整一次。电气控制柜及操作面板显示器的箱门应密封，不能打开柜门使用外部风扇冷却的方式降温。操作者应每月清扫一次电气柜防尘滤网，每天检查一次电气柜冷却风扇或空调运行是否正常。

（10）液压系统的维护与保养

检查各液压阀、液压缸及管子接头是否有外漏；液压泵或液压马达运转时是否有异常噪声等现象；液压缸移动时工作是否正常平稳；液压系统的各测压点压力是否在规定的范围内，压力是否稳定；油液的温度是否在允许的范围内；液压系统工作时有无高频振动；电气控制或撞块（凸轮）控制的换向阀工作是否灵敏可靠，油箱内油量是否在油标刻线范围内；行位开关或限位挡块的位置是否有变动；液压系统手动或自动工作循环时是否有异常现象；定期对油箱内的油液进行取样化验，检查油液质量，定期过滤或更换油液；定期检查蓄能器的工作性能；定期检查冷却器和加热器的工作性能；定期检查和旋紧重要部位的螺钉、螺母、接头和法兰；定期检查、更换密封元件；定期检查、清洗或更换液压元件；定期检查、清洗或更换滤芯；定期检查或清洗液压油箱和管道。操作者应每周检查液压系统压力有无变化，如有变化，应查明原因，并调整至机床制造厂要求的范围内。操作者在使用机床过程中，应注意观察刀具自动换刀系统、自动拖板移动系统是否工作正常；液压油箱内油位是否在允许的范围内，油温是否正常，冷却风扇是否正常运转；每月应定期清扫液压油冷却器及冷却风扇上的灰尘；每年应清洗液压油过滤装置；检查液压油的油质，如果失效变质应及时更换，所用油品应是机床制造厂要求品牌或已经确认可代用的品牌；每年检查调整一次主轴箱平衡缸的压力，使其符合出厂要求。

（11）气动系统的维护与保养

保证供给洁净的压缩空气，压缩空气中通常都含有水分、油分和粉尘等杂质，水分会使管道、阀和气缸腐蚀；油液会使橡胶、塑料和密封材料变质；粉尘会造成阀体动作失灵。选用合适的过滤器可以清除压缩空气中的杂质，使用过滤器时应及时排除和清理积存的液体，否则，当积存液体接近挡水板时，气流仍可将积存物卷起。保证空气中含有适量的润滑油，大多数气动执行元件和控制元件都要求有适度的润滑。润滑的方法一般采用油雾器进行喷雾润滑，油雾器一般安装在过滤器和减压阀之后。油雾器的供油量一般不宜过多，通常每 $10m^3$ 的自由空气供 $1mL$ 的油量（即 $40\sim50$ 滴油）。检查润滑是否良好的一个方法如下：找一张清洁的白纸放在换向阀的排气口附近，如果阀在工作 $3\sim4$ 个循环后，白纸上只有很轻的斑点，表明润滑是良好的。保持气动系统的密封性，漏气不仅增加了能量的消耗，也会导致供气压力的下降，甚至造成气动元件工作失常。严重的漏气在气动系统停止运行时，由漏气引起的噪声很容易被发现；轻微的漏气则可利用仪表或用涂抹肥皂水的办法进行检查。保证气动元件中运动零件的灵敏性，从空气压缩机排出的压缩空气，包含有粒径为 $0.01\sim0.08\mu m$ 的压缩机油微粒，在排气温度为 $120\sim220℃$ 的高温下，这些油粒会迅速氧化，氧化后油粒颜色变深，黏性增大，并逐步由液态固化成油泥。这种微米级以下的颗粒，一般过滤器无法滤除。当它们进入到换向阀后便附着在阀芯上，会使阀的灵敏度逐步降低，甚至出现动作失灵。为了清除油泥，保证灵敏度，可在气动系统的过滤器之后，安装油雾分离器，将油泥分离。此外，定期清洗液压阀也可以保证阀的灵敏度。保证气动装置具有合适的工作压力和运动速度，调节工作压力时，压力表应当工作可靠，读数准确。操作者应每天检查压缩空气的压力是否正常；过滤器需要手动排水的，夏季应两天排一次，冬季一周排一次；每月检查润滑器内的润滑油是否用完，及时添加规定品牌的润滑油。

（12）润滑部分的维护与保养

各润滑部位必须按润滑图定期加油，注入的润滑油必须清洁。润滑处应每周定期加油一次，找出耗油量的规律，发现供油减少时应及时通知维修工检修。操作者应随时注意 CRT 显示器上的运动轴监控画面，发现电流增大等异常现象时，及时通知维修工维修。维修工每年应进行一次润滑油分配装置的检查，发现油路堵塞或漏油应及时疏通或修复。底座里的润滑油必须加到油标的最高线，以保证润滑工作的正常进行。因此，必须经常检查油位是否正确，润滑油应每隔 5～6 个月更换一次。

（13）可编程机床控制器（PMC）的维护与保养

主要检查 PMC 的电源模块的输出电压是否正常；输入/输出模块的接线是否松动；输出模块内各路熔断器是否完好；备用电池的电压是否正常，必要时进行更换。

（14）其他部件的维护与保养

1）有些数控系统的参数存储器采用 CMOS 器件，其存储内容在断电时靠电池保持。一般应在一年内更换一次电池，并且一定要在数控系统通电的状态下进行，否则会使存储参数丢失，导致数控系统不能工作。

2）及时清扫，如空气过滤器的清扫，电气柜的清扫，印制电路板的清扫。

3）X、Z 轴进给部分的轴承润滑脂应每年更换一次，更换时，一定要把轴承清洗干净。

4）自动润滑泵中的过滤器应每月清洗一次，各个刮屑板应每月用煤油清洗一次，发现损坏时应及时更换。

数控车床维护与保养一览表见表 1.3。

表 1.3　数控车床维护与保养一览表

| 序号 | 检查周期 | 检查部位 | 检查内容 |
|---|---|---|---|
| 1 | 每天 | 导轨润滑机构 | 油标、润滑泵，每天使用前手动打油润滑导轨 |
| 2 | 每天 | 导轨 | 清理切屑及脏物，滑动导轨检查有无划痕，滚动导轨润滑情况 |
| 3 | 每天 | 液压系统 | 油箱泵有无异常噪声，工作油面高度是否合适，压力表指示是否正常，有无泄漏 |
| 4 | 每天 | 主轴润滑油箱 | 油量、油质、温度、有无泄漏 |
| 5 | 每天 | 液压平衡系统 | 工作是否正常 |
| 6 | 每天 | 气源自动分水过滤器、自动干燥器 | 及时清理分水过滤器中过滤出的水分，检查压力 |
| 7 | 每天 | 电器箱散热、通风装置 | 冷却风扇工作是否正常，过滤器有无堵塞，及时清洗过滤器 |
| 8 | 每天 | 各种防护罩 | 有无松动、漏水，特别是导轨防护装置 |
| 9 | 每天 | 机床液压系统 | 液压泵有无噪声，压力表示数是否正常，接头有无松动，油面是否正常 |
| 10 | 每周 | 空气过滤器 | 坚持每周清洗一次，保持无尘、通畅，发现损坏及时更换 |
| 11 | 每周 | 各电气柜过滤网 | 清洗黏附的尘土 |
| 12 | 半年 | 滚珠丝杠 | 去除丝杠上的旧润滑脂，换新润滑脂 |

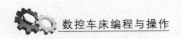 

续表

| 序号 | 检查周期 | 检查部位 | 检查内容 |
|---|---|---|---|
| 13 | 半年 | 液压油路 | 清洗各类阀、过滤器,清洗油箱底,换油 |
| 14 | 半年 | 主轴润滑箱 | 清洗过滤器、油箱,更换润滑油 |
| 15 | 半年 | 各轴导轨上镶条,压紧滚轮 | 按说明书要求调整松紧状态 |
| 16 | 一年 | 检查和更换电动机碳刷 | 检查换向器表面,去除毛刺,吹净碳粉,磨损过多的电刷及时更换 |
| 17 | 一年 | 冷却油泵过滤器 | 清洗冷却油池,更换过滤器 |
| 18 | 不定期 | 主轴电动机冷却风扇 | 除尘,清理异物 |
| 19 | 不定期 | 运屑器 | 清理切屑,检查是否卡住 |
| 20 | 不定期 | 电源 | 供电网络大修,停电后检查电源的相序、电压 |
| 21 | 不定期 | 电动机传动带 | 调整传动带松紧 |
| 22 | 不定期 | 刀库 | 刀库定位情况,机械手相对主轴的位置 |

## 巩固训练

1. 数控车床一级保养

填写数控车床一级保养表,见表1.4。

表1.4 数控车床一级保养表

| 序号 | 检查保养内容 | 保修人 | 日期 | 备注 |
|---|---|---|---|---|
| 1 | 主轴卡盘清洁、找正 | | | |
| 2 | 机械底部是否有漏油 | | | |
| 3 | 主轴带调整及电动机螺钉锁紧 | | | |
| 4 | 主轴换挡检查、调整,以及主轴挂齿检查、调整 | | | |
| 5 | 主轴齿轮油更换 | | | |
| 6 | $X$、$Z$ 轴滑台拆下清理、除锈、安装、检测 | | | |
| 7 | $Z$ 轴传动机构清理、除锈、换油 | | | |
| 8 | 尾座拆下清理、除锈、安装、检测 | | | |
| 9 | 切削油箱清理,换切削油 | | | |
| 10 | 电器开关照明系统检查更换 | | | |
| 11 | 机床内外清洁擦拭 | | | |
| 12 | 电器内部开关、伺服器及箱风扇清理 | | | |
| 13 | 各轴向感应开关清理检测 | | | |
| 14 | 各类电动机检测 | | | |
| 设备使用单位主管审核 | | | | |

2. 数控车床周维护与保养

填写数控车床周维护与保养表，见表 1.5。

表 1.5 数控车床周维护与保养表

| 序号 | 检查保养内容 | 月　　日 | | 月　　日 | | 月　　日 | | 月　　日 | |
|---|---|---|---|---|---|---|---|---|---|
| 1 | 液压是否正常 | | | | | | | | |
| 2 | 机械底部是否有漏油 | | | | | | | | |
| 3 | 各电动机转动时声音是否正常 | | | | | | | | |
| 4 | 压缩套下部是否堆积了铁屑 | | | | | | | | |
| 5 | 各限位开关周围是否黏有铁屑 | | | | | | | | |
| 6 | 确认各液压管是否有漏油现象 | | | | | | | | |
| 7 | 液压箱油量表是否在正常位置 | | | | | | | | |
| 8 | 机械外观及台面是否清洁 | | | | | | | | |
| | 责任者签名 | | | | | | | | |
| | 设备使用单位主管审核 | | | | | | | | |
| 保养附号 | 1. 正常√；2. 异常×；3. 具体数据；4. 未到保养时间的不填。<br>注：如有异常出现，在标示"×"时，还需在本表备注一栏中填写详细的异常说明及处理完毕的时间<br>（填写方法：每周五白班点检填写） | | | | | | | | |
| 备注 | | | | | | | | | |

3. 数控车床点检

填写数控车床点检表，见表 1.6。

表 1.6 典型数控车床点检表

| 序号 | 检查保养内容 | 班 | 1 | 2 | 3 | 4 | 5 | 6 | 7 | 8 | 9 | 10 | 11 | 12 | 13 | 14 | 15 | 16 | 17 | 18 | 19 | 20 | 21 | 22 | 23 | 24 | 25 | 26 | 27 | 28 | 29 | 30 |
|---|---|---|---|---|---|---|---|---|---|---|---|---|---|---|---|---|---|---|---|---|---|---|---|---|---|---|---|---|---|---|---|---|
| 1 | 机身外表擦拭 | 上 | | | | | | | | | | | | | | | | | | | | | | | | | | | | | | |
| | | 下 | | | | | | | | | | | | | | | | | | | | | | | | | | | | | | |
| 2 | 尾座是否卡死 | 上 | | | | | | | | | | | | | | | | | | | | | | | | | | | | | | |
| | | 下 | | | | | | | | | | | | | | | | | | | | | | | | | | | | | | |
| 3 | 各轴轴向移动时有无异常响声及现象发生 | 上 | | | | | | | | | | | | | | | | | | | | | | | | | | | | | | |
| | | 下 | | | | | | | | | | | | | | | | | | | | | | | | | | | | | | |
| 4 | 润滑泵工作是否正常，导轨是否有油液溢出 | 上 | | | | | | | | | | | | | | | | | | | | | | | | | | | | | | |
| | | 下 | | | | | | | | | | | | | | | | | | | | | | | | | | | | | | |
| 5 | 液压系统工作是否正常，有无泄漏现象 | 上 | | | | | | | | | | | | | | | | | | | | | | | | | | | | | | |
| | | 下 | | | | | | | | | | | | | | | | | | | | | | | | | | | | | | |

续表

| 序号 | 检查保养内容 | 班 | 1 | 2 | 3 | 4 | 5 | 6 | 7 | 8 | 9 | 10 | 11 | 12 | 13 | 14 | 15 | 16 | 17 | 18 | 19 | 20 | 21 | 22 | 23 | 24 | 25 | 26 | 27 | 28 | 29 | 30 |
|---|---|---|---|---|---|---|---|---|---|---|---|---|---|---|---|---|---|---|---|---|---|---|---|---|---|---|---|---|---|---|---|---|
| 6 | 液压泵旋转是否正常 | 上 | | | | | | | | | | | | | | | | | | | | | | | | | | | | | | | |
| | | 下 | | | | | | | | | | | | | | | | | | | | | | | | | | | | | | | |
| 7 | 液压站油箱位是否在1/3以上 | 上 | | | | | | | | | | | | | | | | | | | | | | | | | | | | | | | |
| | | 下 | | | | | | | | | | | | | | | | | | | | | | | | | | | | | | | |
| 8 | 液压站油泵压力是否正常 | 上 | | | | | | | | | | | | | | | | | | | | | | | | | | | | | | | |
| | | 下 | | | | | | | | | | | | | | | | | | | | | | | | | | | | | | | |
| 9 | 电气柜门是否关闭，各电位控制开关、指示灯是否正常 | 上 | | | | | | | | | | | | | | | | | | | | | | | | | | | | | | | |
| | | 下 | | | | | | | | | | | | | | | | | | | | | | | | | | | | | | | |
| 10 | 电气箱、散热风扇是否正常 | 上 | | | | | | | | | | | | | | | | | | | | | | | | | | | | | | | |
| | | 下 | | | | | | | | | | | | | | | | | | | | | | | | | | | | | | | |
| 11 | 空气压力是否在规定范围（0.5MPa±0.2MPa） | 上 | | | | | | | | | | | | | | | | | | | | | | | | | | | | | | | |
| | | 下 | | | | | | | | | | | | | | | | | | | | | | | | | | | | | | | |
| | 责任者签名 | 上 | | | | | | | | | | | | | | | | | | | | | | | | | | | | | | | |
| | | 下 | | | | | | | | | | | | | | | | | | | | | | | | | | | | | | | |
| | 设备使用单位主管审核 | | | | | | | | | | | | | | | | | | | | | | | | | | | | | | | | |

## 任务评价

填写数控车床维护与保养评分表，见表1.7。

表1.7 数控车床维护与保养评分表

| 项目 | 配分 | 考核标准 | 得分 |
|---|---|---|---|
| 数控车床电气柜维护与保养 | 20 | ① 检查三相电源的电压值是否正常，有无偏相，如果输入的电压超出允许范围则进行相应调整，否则，酌情扣分；<br>② 检查所有电器连接是否良好，不好应调整，否则，酌情扣分；<br>③ 检查各类开关是否有效，可借助于数控系统CRT显示器的自诊断页面及PMC、输入/输出模块上的LED指示灯检查确认，若不良应更换，否则，酌情扣分；<br>④ 检查各继电器、接触器是否工作正常，通过运行该程序确认各元器件是否完好有效，不好时需要调整，否则，酌情扣分；<br>⑤ 检验热继电器、电弧抑制器等保护器件是否有效，不好调整时应更换器件，否则，酌情扣分；<br>⑥ 电气柜及操作面板显示器的箱门应密封，否则，酌情扣分 | |

| 项目 | 配分 | 考核标准 | 得分 |
|---|---|---|---|
| 数控车床机械部件维护与保养 | 40 | ① 导轨上的切屑及脏物应及时清理，滑动导轨检查有无划痕，滚动导轨润滑情况，否则，酌情扣分；<br>② 滚珠丝杠螺母副上切屑是否清除，是否润滑，否则，酌情扣分；<br>③ 机械部件中落入的切屑是否清除，否则，酌情扣分；<br>④ 主轴与卡盘是否清理，否则，酌情扣分；<br>⑤ 机床要加润滑油的部位是否加油，否则，酌情扣分 | |
| 数控系统维护与保养 | 20 | ① 检测有关的参考电压是否在规定范围内，如电源模块的各路输出电压、数控单元参考电压等，若不正常并有尘未除，酌情扣分；<br>② 检查系统内各电器元器件连接是否松动，有松动不处理的，酌情扣分；<br>③ 检查各功能模块使用风扇运转是否正常并清除灰尘，若有尘未除，酌情扣分；<br>④ 检查伺服放大器和主轴放大器使用的外接式再生放电单元的连接是否可靠，并清除灰尘，若存在问题，酌情扣分；<br>⑤ 检测各功能模块使用的存储器备用电池的电压是否正常，若不正常还使用，酌情扣分 | |
| 其他部件的维护与保养 | 20 | ① 检查液压、气动系统是否存在问题；<br>② 检查润滑油是否存在问题 | |

## 项目小结

通过项目 1 的学习我们了解到，数控车床是一种综合应用了计算机技术、自动控制技术、自动检测技术和精密机械设计及制造等先进技术的高新技术产物，是技术密集度及自动化程度都很高的、典型的机电一体化产品。与普通车床相比，数控车床不仅具有零件加工精度高、生产效率高、产品质量稳定、自动化程度高的特点，而且还可以完成普通车床难以完成或根本不能加工的复杂曲面的零件加工，因而数控车床在机械制造业中的地位显得越来越重要。

但是，我们应当清醒地认识到在学校实训过程中，数控车床能否达到加工精度高、提高生产效率的目标，不仅取决于机床本身的精度和性能，在很大程度上也与操作者在生产中能否正确地对数控车床进行维护保养和安全使用密切相关。我们只有充分地了解了数控车床，在实践中严格遵守数控车床的安全与操作规程，并且在使用数控车床的过程中维护与保养数控车床，方能使这一高精设备为我们的实习与生产提供更好的服务。

## 复习与思考

**1. 选择题**

（1）立式车床结构布局上的主要特点是主轴竖直布置，一个（　　）较大的圆形工作台呈水平布置，供装夹工件用。

    A. 直径　　　　　　B. 长度　　　　　　C. 角度　　　　　　D. 内径

（2）数控车床的结构有机械部分、数控装置、（　　）驱动系统、辅助装置组成。

    A. 电动机　　　　　　B. 进给　　　　　　C. 主轴　　　　　　D. 伺服

（3）立式车床用于加工径向尺寸较大、轴向尺寸相对较小，且形状比较（　　）的大型和重型零件，如各种盘、轮和壳体类零件。

    A. 复杂　　　　　　B. 简单　　　　　　C. 单一　　　　　　D. 规则

（4）下面不是数控车床安全隐患因素构成的一项是（　　）。

    A. 人的因素　　　　B. 环境因素　　　　C. 方法因素　　　　D. 偶然因素

（5）数控车床采用（　　）电动机经滑珠杠传带滑板和刀架，以控制刀具实现纵向（$Z$ 向）和横向（$X$ 向）进给运动。

    A. 交流　　　　　　B. 伺服　　　　　　C. 异步　　　　　　D. 同步

（6）数控车床以（　　）轴线方向为 $Z$ 轴方向，刀具远离工件的方向为 $Z$ 轴的正方向。

    A. 滑板　　　　　　B. 床身　　　　　　C. 光杆　　　　　　D. 主轴

（7）数控车床安全文明生产要求在交接班时，按照规定保养机床，认真做好（　　）工作，对机床参数修改、程序执行情况做好文字记录。

    A. 交接班工作　　　B. 卫生　　　　　　C. 机床保养　　　　D. 润滑

（8）数控车床抗干扰能力是有限度的，数控车床应远离（　　）等强电磁干扰。

    A. 电焊机　　　　　B. 电话机　　　　　C. 打印机　　　　　D. 计算机

（9）通过提高液压元件、管道系统、密封件的安装质量，定期检查更换密封件，可以减少液压系统的（　　），保证液压系统正常工作。

    A. 温度　　　　　　B. 振动　　　　　　C. 噪声　　　　　　D. 泄漏

（10）（　　）是操作工人每天对设备进行的检查，其目的是及时发现不正常的情况，并加以消除。

    A. 日常检查　　　　B. 定期检查　　　　C. 机能检查　　　　D. 精度检查

（11）数控车床应当（　　）检查切削液、润滑油的油量是否充足。

    A. 每日　　　　　　B. 每周　　　　　　C. 每月　　　　　　D. 一年

## 2. 判断题

（1）车床主轴的生产类型为单件生产。　　　　　　　　　　　　　　　　　（　　）

（2）数控车床结构大为简化，精度和自动化程度大为提高。　　　　　　　　（　　）

（3）数控车床脱离了普通车床的结构形式，由床身、主轴箱、刀架、冷却、润滑系统等部分组成。　　　　　　　　　　　　　　　　　　　　　　　　　　　（　　）

（4）车床的主运动是车刀的移动。　　　　　　　　　　　　　　　　　　　（　　）

（5）造成主轴间隙过大的原因之一是主轴调整后未锁紧，在切削热的影响下，使主轴轴承松动而造成主轴间隙过大。　　　　　　　　　　　　　　　　　　　（　　）

（6）车床的主轴运动是车床的移动。　　　　　　　　　　　　　　　　　　（　　）

（7）CKA6140 车床辅具包括刀架和法兰盘等。　　　　　　　　　　　　　（　　）

（8）操作立式车床时，在低速状态时，应有防护罩。　　　　　　　　　　　（　　）

（9）在编制数控车床加工程序的时候，有直径编程与半径编程法两种方式。（　　）

**3. 简答题**

（1）简述数控车床安全操作规程。

（2）简述遵守数控车床安全文明生产的重要意义。

（3）列举数控车床的日常维修与保养内容及保养方法。

（4）简述数控车床产生的背景。

（5）简述数控车床的组成部分和各部分的基本功能。

# 项目 2

## 数控车床编程

**项目教学目标**

【知识目标】

1. 掌握数控车床坐标判定的原则。
2. 掌握数控程序编制的内容及步骤。
3. 熟悉常用 G、M、F、S、T 指令的格式及应用。

【能力目标】

1. 能判定数控车床坐标系。
2. 会对简单零件图样选择正确的指令。

数控车床是一种高效的自动化加工设备，它之所以能加工出不同形状、尺寸和精度的零件，是因为有编程人员为它编制不同的加工程序，所以说数控加工程序的编制工作是数控车床加工中最重要的一个环节。数控编程是数控车床操作者、维修者、设计者、管理者、销售者等必须要掌握的技术。每位学习者可根据自己的需求，有选择性地学习，初学时够用即可，以后在工作中再不断深入学习。本项目就是让初学者了解数控车床编程的基本知识，从机床坐标系的判定到基本指令的选用等基础知识入手，逐渐培养自己在数控编程及加工方面的兴趣。

# 任务 *2.1* 判定数控机床坐标系

**知识目标** ☞

1. 掌握数控机床坐标系判定的原则。
2. 理解机床坐标系、工件坐标系的概念。
3. 掌握建立工件坐标系的原则。

**能力目标** ☞

1. 能确定数控机床的坐标系。
2. 会设定数控加工编程原点。
3. 能够运用所学知识分析数控机床运动系统的组成，并能够建立正确的机床坐标系。

**工作任务**

如图 2.1 所示，数控车床的进给运动由哪几部分组成，在数控加工中如何用机床坐标系来描述？

图 2.1 数控车床

## 相关知识

### 2.1.1 数控机床坐标系的确定

为了保证数控机床的正确运动，避免工作的不一致性，简化编程和便于培训编程人员，国际标准化组织（ISO）和我国都统一规定了数控机床坐标轴的代码及其运动的正、负方向，这给数控系统和机床的设计、使用及维修带来了极大的方便。

1. 规定原则

（1）机床相对运动的规定

在机床上，我们始终认为工件是静止的，而刀具是运动的。

（2）机床坐标系的规定

标准机床坐标系中 $X$、$Y$、$Z$ 轴的相互关系用右手笛卡儿直角坐标系决定，如图 2.2 所示。

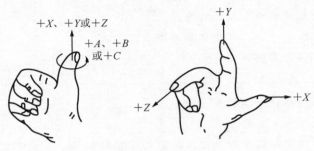

图 2.2　直角坐标系

右手笛卡儿直角坐标系判定方法如下：

1）伸出右手的大拇指、食指和中指，并互为 90°，则大拇指代表 $X$ 轴，食指代表 $Y$ 轴，中指代表 $Z$ 轴。

2）大拇指的指向为 $X$ 轴的正方向，食指的指向为 $Y$ 轴的正方向，中指的指向为 $Z$ 坐标轴的正方向。

3）围绕 $X$、$Y$、$Z$ 轴旋转的旋转坐标轴分别用 $A$、$B$、$C$ 表示，根据右手螺旋法则，大拇指的指向为 $X$、$Y$、$Z$ 轴中任意轴的正向，则其余 4 指的旋转方向即为旋转坐标轴 $A$、$B$、$C$ 的正向，如图 2.2 所示。

（3）运动方向的规定

增大刀具与工件距离的方向即为各坐标轴的正方向，如图 2.3 所示为立式数控铣床上 3 个方向运动的正方向。

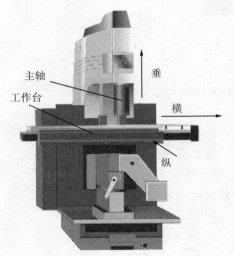

图 2.3　立式数控铣床运动的方向

**2. 坐标轴确定的方法及步骤**

（1）$Z$ 轴

$Z$ 轴的方向是由传递切削动力的主轴所决定的，即平行于主轴轴线的坐标轴（或垂直于工件装夹平面的主轴方向）为 $Z$ 轴，$Z$ 轴的正向为刀具离开工件的方向。

如果机床上有几个主轴，则选一个垂直于工件装夹平面的主轴方向为 $Z$ 轴方向；如果主轴能够摆动，则选垂直于工件装夹平面的方向为 $Z$ 轴方向；如果机床无主轴，则选垂直于工件装夹平面的方向为 $Z$ 轴方向。

（2）$X$ 轴

$X$ 轴平行于工件的装夹平面，一般在水平面内。确定 $X$ 轴的方向时，要考虑两种情况：

1）如果工件做旋转运动，则刀具离开工件的方向为 X 轴的正方向。

2）如果刀具做旋转运动，则分为两种情况：$Z$ 轴水平时，观察者沿刀具主轴向工件看时，$+X$ 运动方向指向右方；$Z$ 轴垂直时，观察者面对刀具主轴向立柱看时，$+X$ 运动方向指向右方。

（3）$Y$ 轴

在确定了 $X$、$Z$ 轴的正方向后，可以根据 $X$、$Z$ 轴的方向，按照右手直角坐标系来确定 $Y$ 坐标轴的方向。如图 2.4 所示为立式数控铣床的坐标轴方向。

（4）$A$、$B$、$C$ 旋转坐标轴

$A$、$B$、$C$ 相应地表示其轴线平行于 $X$、$Y$、$Z$ 轴的旋转坐标轴。正向的 $A$、$B$、$C$ 相应地表示在 $X$、$Y$、$Z$ 轴正方向上按照右螺纹前进的方向，即右手螺旋法则。

（5）附加坐标

为了编程和加工的方便，有时还要设置附加坐标系。对于直线运动，通常建立的附加坐标系有以下两种。

1）指定平行于 $X$、$Y$、$Z$ 的坐标轴。可以采用的附加坐标系：第二组 $U$、$V$、$W$ 坐标；第三组 $P$、$Q$、$R$ 坐标。

2）指定不平行于 $X$、$Y$、$Z$ 的坐标轴。可以采用的附加坐标系：第二组 $U$、$V$、$W$ 坐标；第三组 $P$、$Q$、$R$ 坐标。

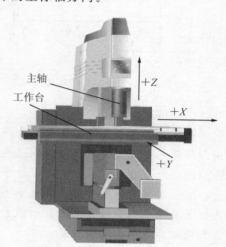

图 2.4　立式数控铣床的坐标系

（6）主轴旋转运动的方向

主轴的顺时针旋转运动方向是按照右旋螺纹进入工件的方向，称为正转；反之，称为反转。

## 2.1.2　坐标系类型

### 1.机床坐标系

（1）定义

在数控机床上加工零件，机床的动作是由数控系统发出的指令来控制的。为了确定机床的运动方向和移动的距离，就需要在机床上建立一个坐标系，这个坐标系就称为机床坐标系，也称为标准坐标系。

（2）机床原点

机床原点是指在机床上设置的一个固定点，即机床坐标系的原点，也称为机械原点。它在机床装配、调试时就已确定下来了，一般情况下不允许用户进行更改，它是一个固定的点。机床原点又是数控机床加工或位移的基准点。对于机床原点，有些数控机

床将其设在卡盘中心处，如图 2.5 所示数控车床的机床原点取在卡盘端面与主轴中心线的交点处；还有一些数控机床将机床原点设在刀架位移的正向极限点位置，在如图 2.6 所示的数控铣床上，机床原点一般取在 $X$、$Y$、$Z$ 轴的正方向极限位置上。

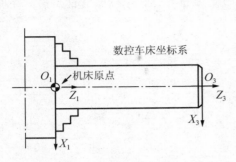

图 2.5　数控车床的机床原点

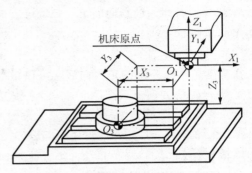

图 2.6　数控铣床的机床原点

（3）机床参考点

机床参考点是数控机床上一个特殊位置点。通常，数控车床的第一参考点位于刀架正向移动的极限点位置，并由机械挡块来确定其具体的位置。机床参考点与机床原点的距离由系统参数设定，其值可以是零，表示机床参考点和机床原点重合。

对于大多数数控机床，开机第一步总是先使机床返回参考点（即机床回零）。当机床处于参考点位置时，系统显示器上的机床坐标系显示系统参数中设定的数值（即参考点与机床原点的距离值）。

> 💡 **提示**
>
> 开机回参考点的目的就是建立机床坐标系，即通过参考点当前的位置和系统参数中设定的参考点与机床原点的距离值来反推出机床原点位置。

通常在数控铣床上机床原点和机床参考点是重合的；而在数控车床上机床参考点是离机床原点最远的极限点。如图 2.7 所示为数控车床的参考点与机床原点。

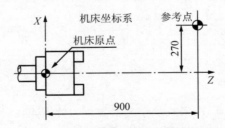

图 2.7　数控车床的参考点与机床原点

数控机床开机时，必须先确定机床原点，而确定机床原点的运动就是刀架返回参考点的操作，这样通过确认参考点，就确定了机床原点。只有机床参考点被确认后，刀具（或工作台）移动才有基准。

2. 工件坐标系

（1）工件坐标系的概念

机床坐标系的建立保证了刀具在机床上的正确运动。但是，加工程序的编制通常是针对某一工件并根据零件图样进行的。为了便于尺寸计算与检查，加工程序的坐标原点一般都尽量与零件图样的尺寸基准相一致。这种针对某一工件并根据零件图样建立的坐标系称为工件坐标系（亦称编程坐标系）。

（2）工件坐标系原点

工件坐标系原点即工件原点，该点是指工件装夹完成后，根据加工零件图样及加工工艺要求选择工件上的某一点作为编程或工件加工的基准点。

选择编程原点应注意以下几点：

1）编程原点应尽量选择在零件的设计基准或工艺基准上。

2）编程原点应尽量选在精度较高的工件表面，以提高被加工零件的加工精度。

3）对于对称的工件，编程原点应设在对称中心上。

4）对于一般工件，编程原点应设在工件外轮廓的某一角上。

5）$Z$ 轴方向上的编程原点，一般设在工件表面上。

工件坐标系中各轴的方向应该与所使用的数控机床相应的坐标轴方向一致。

数控铣床：手工编程时编程原点一般选择在工件轴心线与工件表面的交点上，自动编程时一般设置在工件轴心线与工件底端面的交点上。

数控车床：编程原点一般选在工件右端面与主轴中心线的交点处。如图 2.8 所示为车削零件的编程原点。

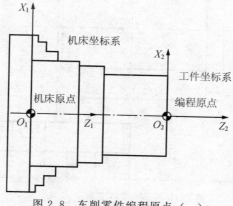

图 2.8　车削零件编程原点（一）

3. 编程坐标系

编程坐标系是编程人员根据零件图样及加工工艺等建立的坐标系。编程坐标系中各轴的方向应该与所使用数控机床相应的坐标轴方向一致。

编程坐标系一般供编程使用，确定编程坐标系时不必考虑工件毛坯在机床上的实际

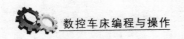

装夹位置。如图 2.9 所示，其中 $O_2$ 即为编程坐标系原点。

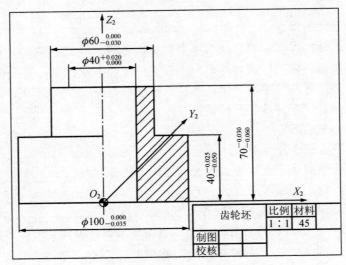

图 2.9　编程坐标系

编程原点是根据加工零件图样及加工工艺要求选定的编程坐标系的原点。

编程原点应尽量选择在零件的设计基准或工艺基准上，编程坐标系中各轴的方向应该与所使用的数控机床相应的坐标轴方向一致，如图 2.10 所示为车削零件的编程原点。

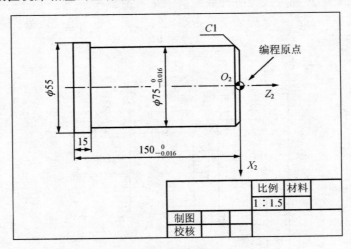

图 2.10　车削零件编程原点（二）

## 任务实施

### 2.1.3　数控车床坐标系的确定方法

1. 分析数控车床的进给运动过程

从图 2.1 中可以看出，该数控车床是 45°斜床身后置刀架数控车床，工件（零件）

36

装夹在卡盘上，切削刀具安装在刀架上。零件的加工是通过工件的旋转运动与切削刀具的相对运动来完成的。工件的旋转运动由主轴来实现，它是传递切削动力的主要来源，而切削刀具安装到刀架上，它的移动是由一个做横向进给控制的伺服电动机和一个做纵向进给控制的伺服电动机联动实现的。从上面的分析可知，如图 2.1 所示的数控车床是典型的两坐标轴联动数控车床。

### 2. 先确定 $Z$ 轴

图 2.11 数控车床的坐标系

根据"$Z$ 轴的运动方向是由传递切削动力的主轴所决定的，即平行于主轴轴线的坐标轴（或垂直于工件装夹平面的主轴方向）为 $Z$ 轴方向，$Z$ 轴的正向为刀具离开工件的方向"规定可知，图 2.1 中的数控车床 $Z$ 轴是平行于主轴轴线的，正向为刀具离开工件的方向，如图 2.11 所示。

### 3. 再确定 $X$ 轴

$X$ 轴平行于工件的装夹平面，由于该车床是 45° 斜床身，故与水平面的夹角为 45°，刀具离开工件的方向为 $X$ 轴的正方向，如图 2.11 所示。

## 巩固训练

1）在生产中所使用的数控车床有哪几个坐标轴？

2）伸出右手，根据右手笛卡儿直角坐标系，判定图 2.12 和图 2.13 中的牛头刨床和立式数控铣床的坐标轴及正、负方向。

图 2.12 牛头刨床

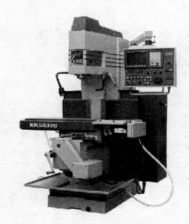

图 2.13 立式数控铣床

**提示**

上述两题主要考察坐标轴的命名原则，都是假设工件是静止的，刀具远离工件的方向为正方向。

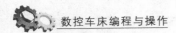 

3）数控车床上有哪些坐标系？它们之间有什么关系？分别在什么位置？怎样进行设置？

4）数控车床的机床原点、机床参考点及工件原点之间有何区别？试以某具有参考点功能的车床为例，用图示表达出它们之间的相对位置关系。

> **提示**
>
> 数控车床的机床原点是一个固定的点，在机床经过设计、制造和调整后，这个原点便被确定下来；数控装置上电时并不知道机床原点，为了正确地在机床工作时建立机床坐标系，通常在每个坐标轴的移动范围内设置一个机床参考点；工件原点即为编程原点在毛坯上的体现。它们的相对位置关系如图 2.14 所示。

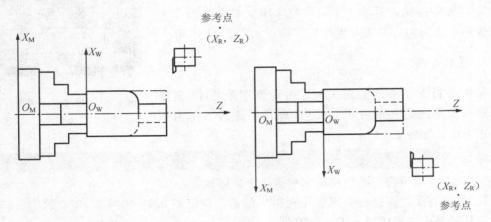

图 2.14　相对位置关系

## 任务评价

填写判定数控机床坐标系任务评分表，见表 2.1。

表 2.1　判定数控机床坐标系任务评分表

| 项目 | 配分 | 考核标准 | 得分 |
|---|---|---|---|
| 机床进给运动分析 | 25 | 工作台带动工件做横向和纵向进给运动，主轴箱带动刀具做垂直进给运动；错误不得分 | |
| Z 轴确定 | 25 | 平行于主轴，刀具离开工件的方向为正；错误不得分 | |
| X 轴确定 | 25 | X 坐标轴与 Z 坐标轴垂直，且刀具做旋转运动；错误不得分 | |
| Y 轴确定 | 25 | 由右手笛卡儿直角坐标系来确定 Y 坐标轴；错误不得分 | |

## 知识拓展

### 2.1.4　确定刀具与工件的相对位置

对于数控机床来说，在开始加工时，确定刀具与工件的相对位置（即加工原点）是很重要的,这一相对位置是通过确认对刀点来实现的。对刀点是指通过对刀确定刀具与工件相对位置的基准点。对刀点可以设置在被加工零件上,也可以设置在夹具上与零件定位基准有一定尺寸联系的某一位置,而且对刀点往往就选择在零件的加工原点。对刀点的选择原则如下:

1)所选的对刀点应使程序编制简单。

2)对刀点应选择在容易找正、便于确定零件加工原点的位置。

3)对刀点应选在加工时检验方便、可靠的位置。

4)对刀点的选择应有利于提高加工精度。

例如,加工如图 2.15 所示的零件时,当按照图示路线来编制数控加工程序时,选择夹具定位元件圆柱销的中心线与定位平面 A 的交点作为加工的对刀点。显然,这里的对刀点也恰好是加工原点。各类数控机床的对刀方法是不完全一样的,后面将结合各类机床分别讨论。

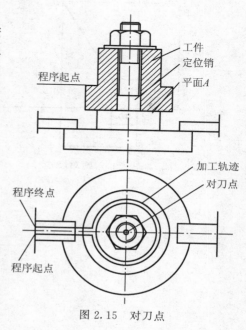

图 2.15  对刀点

在使用对刀点确定加工原点时,需要进行"对刀"。所谓对刀是指使"刀位点"与"对刀点"重合的操作。每把刀具的半径与长度等尺寸都是不同的,刀具安装在机床上后,应在控制系统中设置刀具的基本位置。"刀位点"是指刀具的定位基准点。如图 2.16 所示,钻头的刀位点是钻头顶点;车刀的刀位点是刀尖或刀尖圆弧中心;圆柱铣刀的刀位点是刀具中心线与刀具底面的交点;球头铣刀的刀位点是球头的球心点或球头顶点。

（a）钻头的刀位点

（b）车刀的刀位点

（c）圆柱铣刀的刀位点

（d）球头铣刀的刀位

图 2.16  刀位点

## 2.1.5  绝对坐标与增量坐标

在加工程序中,有绝对坐标和增量坐标两种表达方法。

所有坐标值均以机床或工件原点计量的坐标系称为绝对坐标系。在这个坐标系中移

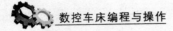 

动的尺寸称为绝对坐标，也称为绝对尺寸，如图 2.17 所示，所用的编程指令称为绝对坐标指令。

运动轨迹的终点坐标值是相对于起点计量的坐标系称为增量坐标系，也称为相对坐标系。在这个坐标系中移动的尺寸称为增量坐标，也称为增量尺寸，如图 2.18 所示，所用的编程指令称为增量坐标指令。

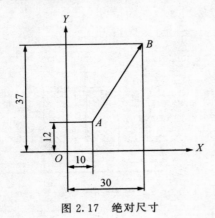

图 2.17　绝对尺寸　　　　　　　　　图 2.18　增量尺寸

## 任务 *2.2* 基本指令的选择

**知识目标** ☞

1. 理解数控编程的基本概念。
2. 掌握数控编程的内容及步骤。
3. 知道数控编程的方法及特点。
4. 熟悉常用 G、M、F、S、T 指令的格式及应用。
5. 了解数控加工的相关工艺知识。

**能力目标** ☞

1. 能够为简单零件图样选择正确的指令。
2. 会建立程序，并能读懂常用简单程序。

### 工作任务

如图 2.19 所示，编程原点设定在 A 点，使用 93°外圆偏刀进行精加工轮廓，精加工路径为 A→B→C→D→E，试在精加工编程中选用正确的指令。

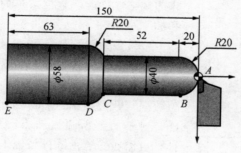

图 2.19  零件

### 相关知识

## 2.2.1  数控编程的内容及步骤

数控车床是一种高效的自动化加工设备，它严格按照加工程序自动地对被加工工件进行加工。我们把从数控系统外部输入的直接用于加工的程序称为数控加工程序，简称数控程序，它是机床数控系统的应用软件。与数控系统应用软件相对应的是数控系统内部的系统软件，系统软件用于数控系统工作控制。

数控系统的种类繁多，它们使用的数控程序语言规则和格式也不尽相同，本书以国际标准化组织（ISO）所制定的国际标准为主来介绍加工程序的编制方法。当针对某一台数控车床编制加工程序时，应该严格按照机床编程手册中的规定进行编程。

在编制数控程序前，应首先了解数控编程的主要工作内容，编程的工作步骤，每一步应遵循的工作原则等，最终获得满足要求的数控程序。

## 1. 数控编程的定义

编制数控加工程序是使用数控车床的一项重要技术工作，理想的数控程序不仅应该保证加工出符合零件图样要求的合格零件，还应该使数控车床的功能得到合理的应用与充分的发挥，使数车车床能安全、可靠、高效的工作。所谓数控编程即是从分析零件图样到获得数控车床所需控制介质的全过程。

## 2. 数控编程的内容及步骤

数控程序的编制过程是一个比较复杂的工艺决策过程。数控编程的内容及步骤如图 2.20 所示。

### (1) 分析零件图样和制定工艺方案

这项工作的内容包括对零件图样进行分析，明确加工的内容和要求；确定加工方案；选择适合的数控机床；选择或设计刀具和夹具；确定合理的走刀路线及选择合理的切削用量等。这一工作要求编程人员能够对零件图样的技术特性、几何形状、尺寸及工艺要求进行分析，并结合数控车床的性能，如数控车床的规格、性能、数控系统的功能等，确定加工方法和加工路线。

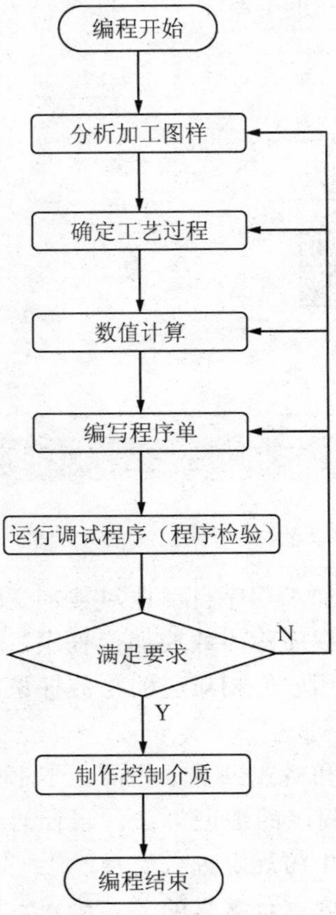

### (2) 数值计算

在确定了工艺方案后，就需要根据零件的几何尺寸、加工路线等，计算刀具中心运动轨迹，以获得刀位数据。数控系统一般均具有直线插补与圆弧插补功能，对于加工由圆弧和直线组成的较简单的平面零件，只需要计算出零件轮廓上相邻几何元素交点或切点的坐标值，得出各几何元素的起点、终点、圆弧的圆心坐标值等，就能满足编程要求。当零件的几何形状与控制系统的插补功能不一致时，就需要进行较复杂的数值计算，一般需要使用计算机辅助计算，否则难以完成。

### (3) 编写零件加工程序

在完成上述工艺处理及数值计算工作后，即可编写零件加工程序。编程人员使用数控系统的程序指令，按照规定的程序格式，逐段编写加工程序。编程人员应对数控车床的功能、程序指令及代码十分熟悉，从而编写出正确的加工程序。

### (4) 程序检验

将编写好的加工程序输入数控系统，就可控制数控车床开始加工工作。一般在正式加工之前，要对程

图 2.20 数控编程的内容及步骤

序进行检验。通常可采用机床空运转的方式，来检查机床动作和运动轨迹的正确性，以检验程序。在具有图形模拟显示功能的数控机床上，可通过显示走刀轨迹或模拟刀具对工件的切削过程，对程序进行检查。对于形状复杂和要求高的零件，也可采用铝件、塑料或石蜡等易切材料进行试切来检验程序。通过检查试件，不仅可确认程序是否正确，还可知道加工精度是否符合要求。若能采用与被加工零件材料相同的材料进行试切，则更能反映实际加工效果。当发现加工的零件不符合加工技术要求时，可修改程序或采取尺寸补偿等措施。

## 2.2.2　数控编程的方法

数控程序编制的方法主要有两种：手工编程和自动编程。

### 1. 手工编程

手工编程指主要由人工来完成数控编程中各个阶段的工作，如图 2.21 所示。

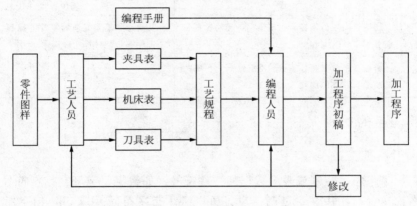

图 2.21　手工编程

一般对几何形状不太复杂的零件，其所需的加工程序不长，计算比较简单，用手工编程比较合适。

手工编程的特点：耗费时间较长，容易出现错误，无法胜任复杂形状零件的编程。据国外资料统计，当采用手工编程时，一段程序的编写时间与其在机床上运行加工的实际时间之比平均约为 30：1，而数控机床不能开动的原因中有 20%～30% 是由于加工程序编制困难，编程时间较长。

### 2. 自动编程

自动编程是指在编程过程中，除了分析零件图样和制定工艺方案由人工进行外，其余工作均由计算机辅助完成。

采用计算机自动编程时，数学处理、编写程序、检验程序等工作是由计算机自动完成的，由于计算机可自动绘制出刀具中心运动轨迹，使编程人员可及时检查程序是否正确，需要时可及时修改，从而获得正确的程序。又由于计算机自动编程代替编程人员完成了繁琐的数值计算，可使编程效率提高几十倍乃至上百倍，因此解决了手工编程无法解决的许多复杂零件的编程难题。由此可看出，自动编程的特点就在于编程工作效率高，可解决复杂形状零件的编程。

根据输入方式的不同，可将自动编程分为图形数控自动编程、语言数控自动编程和语音数控自动编程等。图形数控自动编程是指将零件的图形信息直接输入计算机，通过自动编程软件的处理，得到数控加工程序。目前，图形数控自动编程是使用较为广泛的自动编程方式。语言数控自动编程指将加工零件的几何尺寸、工艺要求、切削参数及辅助信息等用数控语言编写成源程序后，输入到计算机中，再由计算机进一步处理得到零件加工程序。语音数控自动编程是采用语音识别器，将编程人员发出的加工指令声音转变为加工程序。

手工编程和自动编程的比较见表 2.2。

表 2.2　手工编程和自动编程的比较

| 编程方法 | 特点 | 使用场合 |
| --- | --- | --- |
| 手工编程 | 耗费时间较长，容易出现错误，无法胜任复杂形状零件的编程 | 几何形状不太复杂的零件的编程，所需的加工程序不长，计算比较简单 |
| 自动编程 | 编程工作效率高，编程的准确性高，可解决复杂形状零件的编程 | 复杂形状零件的编程 |

### 2.2.3　字与字的功能

1. 字符与代码

字符是用来组织、控制或表示数据的一些符号，如数字、字母、标点符号、数学运算符等。数控系统只能接受二进制信息，所以必须把字符转换成 8bit 信息组合成的字节，用"0"和"1"组合的代码来表达。国际上广泛采用两种标准代码：

1）ISO（国际标准化组织）标准代码。

2）EIA（美国电子工业协会）标准代码。

这两种标准代码的编码方法不同，但在大多数现代数控车床上这两种代码都可以使用，通过系统控制面板上的开关或用 G 功能指令来选择即可。

2. 字

在数控加工程序中，字是指一系列按规定排列的字符，其可作为一个信息单元进行存储、传递和操作。字是由一个英文字母与随后的若干位十进制数字组成的，这个英文字母称为地址符。

例如，"X2500"是一个字，X 为地址符，数字"2500"为地址中的内容。

3. 字的功能

组成程序段的每一个字都有其特定的功能含义，下面以 FANUC 数控系统的规范为主来进行介绍。而在实际工作中，应遵照机床的数控系统说明书来使用各个功能字。

（1）顺序号字

顺序号又称程序段号或程序段序号。顺序号字位于程序段之首，由 N 和后续数字组成。N 是地址符，后续数字一般为 1～4 位的正整数。数控加工中的顺序号实际上是程序段的名称，与程序执行的先后次序无关。数控系统不是按顺序号的次序来执行程序的，而是按照程序段编写时的排列顺序逐段执行的。

顺序号的作用：对程序的校对和检索修改；作为条件转向的目标，即作为转向目的程序段的名称。有顺序号的程序段可以进行复归操作，即加工可以从程序的中间开始，或回到程序中断处开始。

顺序号的一般使用方法：编程时将第一程序段冠以 N10，以后以间隔 10 递增的方法设置顺序号。这样，在调试程序时，如果需要在 N10 和 N20 之间插入程序段，就可以使用 N11、N12 等。

（2）准备功能字

准备功能字的地址符是 G，因此又称为 G 功能或 G 指令，是用于建立机床或控制系统工作方式的一种指令。后续数字一般为 1～3 位正整数。G 指令的含义见表 2.3。

表 2.3　G 指令的含义

| G 指令 | FANUC 系统 | SIEMENS 系统 |
| --- | --- | --- |
| G00 | 快速移动点定位 | 快速移动点定位 |
| G01 | 直线插补 | 直线插补 |
| G02 | 顺时针圆弧插补 | 顺时针圆弧插补 |
| G03 | 逆时针圆弧插补 | 逆时针圆弧插补 |
| G04 | 暂停 | 暂停 |
| G05 | — | 通过中间点圆弧插补 |
| G17 | $XY$ 平面选择 | $XY$ 平面选择 |
| G18 | $ZX$ 平面选择 | $ZX$ 平面选择 |
| G19 | $YZ$ 平面选择 | $YZ$ 平面选择 |
| G32 | 螺纹切削 | — |
| G33 | — | 恒螺距螺纹切削 |
| G40 | 刀具补偿注销 | 刀具补偿注销 |
| G41 | 刀具补偿——左 | 刀具补偿——左 |
| G42 | 刀具补偿——右 | 刀具补偿——右 |
| G43 | 刀具长度补偿——正 | — |
| G44 | 刀具长度补偿——负 | — |
| G49 | 刀具长度补偿注销 | — |
| G50 | 主轴最高转速限制 | |
| G54～G59 | 加工坐标系设定 | 零点偏置 |

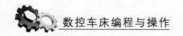
| G 指令 | FANUC 系统 | SIEMENS 系统 |
| --- | --- | --- |
| G65 | 用户宏指令 | — |
| G70 | 精加工循环 | 英制 |
| G71 | 外圆粗切循环 | 米制 |
| G72 | 端面粗切循环 | — |
| G73 | 封闭切削循环 | — |
| G74 | 深孔钻循环 | — |
| G75 | 外径车槽循环 | — |
| G76 | 复合螺纹切削循环 | — |
| G80 | 撤销固定循环 | 撤销固定循环 |
| G81 | 定点钻孔循环 | 固定循环 |
| G90 | 绝对值编程 | 绝对尺寸 |
| G91 | 增量值编程 | 增量尺寸 |
| G92 | 螺纹切削循环 | 主轴转速极限 |
| G94 | 每分钟进给量 | 直线进给量 |
| G95 | 每转进给量 | 旋转进给量 |
| G96 | 恒线速控制 | 恒线速度 |
| G97 | 恒线速取消 | 注销 G96 |
| G98 | 返回起始平面 | — |
| G99 | 返回 $R$ 平面 | — |

（3）尺寸字

尺寸字用于确定机床上刀具运动终点的坐标位置。其中，第一组 X、Y、Z、U、V、W、P、Q、R 用于确定终点的直线坐标尺寸；第二组 A、B、C、D、E 用于确定终点的角度坐标尺寸；第三组 I、J、K 用于确定圆弧轮廓的圆心坐标尺寸。在一些数控系统中，还可以用 P 指令指定暂停时间，用 R 指令指定圆弧的半径等。

多数数控系统可以用准备功能字来选择坐标尺寸的制式，如 FANUC 诸系统可用 G21/G22 来选择米制单位或英制单位，也有些系统用系统参数来设定尺寸制式。采用米制单位时，一般单位为 mm，如 X100 指令的坐标单位为 100mm。当然，一些数控系统可通过参数来选择不同的尺寸单位。

（4）进给功能字

进给功能字的地址符是 F，因此又称为 F 功能或 F 指令，用于指定切削的进给速度。对于数控车床，F 可分为每分钟进给和主轴每转进给两种；对于其他数控机床，一般只用每分钟进给。F 指令在螺纹切削程序段中常用来指定螺纹的导程。

（5）主轴转速功能字

主轴转速功能字的地址符是 S，因此又称为 S 功能或 S 指令，用于指定主轴转速，单位为 r/min。对于具有恒线速度功能的数控车床，程序中的 S 指令用来指定车削加工的线速度数。

（6）刀具功能字

刀具功能字是指系统进行选刀或换刀的功能指令，亦称为 T 功能。刀具功能字使用地址符 T 及后缀的数字来表示，常用刀具功能制定方法有 T4 位数法和 T2 位数法。

1）T4 位数法可以同时指定刀具和选择刀具补偿，T4 后的 4 位数中前两位用于指定刀具号，后两位数用于指定刀具补偿存储器号，刀具号与刀具补偿存储器号不一定相同。例如，T0101 表示选用 1 号刀具及选用 1 号刀具补偿存储器中的补偿值；T0102 表示选用 1 号刀具及选用 2 号刀具补偿存储器中的补偿值。

2）T2 位数法仅能指定刀具号，刀具存储器号则用其他代码（如 D 或 H 代码）进行选择。同样，刀具号与刀具补偿存储器号不一定要相同。例如，T05D01 表示选用 5 号刀具及选用 1 号刀具补偿存储器中的补偿值。

⚠️注意：目前 FANUC 系统和国产系统数控车床采用 T4 位数法，绝大多数的加工中心及 SIEMENS 系统采用 T2 位数法。

（7）辅助功能字

辅助功能字的地址符是 M，因此又称为 M 功能或 M 指令，后续数字一般为 1～3 位正整数。辅助功能字用于指定数控机床辅助装置的开关动作，如开停冷却泵、主轴正反转、程序的结束等。M 指令的含义见表 2.4。

表 2.4　M 指令的含义

| M 指令 | 含义 |
| --- | --- |
| M00 | 程序停止 |
| M01 | 计划停止 |
| M02 | 程序停止 |
| M03 | 主轴顺时针旋转 |
| M04 | 主轴逆时针旋转 |
| M05 | 主轴旋转停止 |
| M06 | 换刀 |
| M07 | 2 号切削液开 |
| M08 | 1 号切削液开 |
| M09 | 切削液关 |
| M30 | 程序停止并返回开始处 |
| M98 | 调用子程序 |
| M99 | 返回子程序 |

⚠️注意：在同一程序段中，当既有 M 指令又有其他指令时，M 指令与其他指令执行的先后次序由机床系统参数设定。因此，为了保证程序以正确的次序执行，有很多 M 指令，如 M30、M02、M98 等，故最好以单独的程序段进行编程。

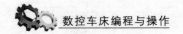

## 2. 2. 4 数控程序的格式

### 1. 程序段格式

程序段是可作为一个单位来处理的连续的字组，是数控程序中的一条语句。一个数控程序是若干个程序段组成的。

程序段格式是指程序段中的字、字符和数据的安排形式。现在一般使用字地址可变程序段格式，即每个字长不固定，各个程序段中的长度和功能字的个数都是可变的。地址可变程序段格式中，在上一程序段中写明的、本程序段里又不变化的那些字仍然有效，可以不再重写，这种功能字称为续效字。

程序段格式举例：

    N30 G01 X88. 1 Y30. 2 F500 S3000 T02 M08；
    N40 X90；

在第二行程序段省略了续效字 G01、Y30.2、F500、S3000、T02、M08，但它们的功能仍然有效。

在程序段中，必须明确以下组成程序段的各要素。

1）移动目标：终点坐标值 X、Y、Z。

2）沿怎样的轨迹移动：准备功能字 G。

3）进给速度：进给功能字 F。

4）切削速度：主轴转速功能字 S。

5）使用刀具：刀具功能字 T。

6）机床辅助动作：辅助功能字 M。

### 2. 数控程序的一般格式

（1）程序开始符、结束符

程序开始符、结束符是同一个字符，ISO 标准代码中是％，EIA 标准代码中是 EP，书写时要单列一段。

（2）程序名

程序名有两种形式：一种是由英文字母 O 和 1～4 位正整数组成的；另一种是由英文字母开头，字母数字混合组成的，一般要求单列一段。

（3）程序主体

程序主体是由若干个程序段组成的，每个程序段一般占一行。

（4）程序结束指令

程序结束指令可以用 M02 或 M30，一般要求单列一段。

数控程序的一般格式举例：

    %；                                    // 开始符
    O1000；                                // 程序名

```
N10 G00 G54 X50 Y30 M03 S3000;                    // 程序主体
N20 G01 X88.1 Y30.2 F500 T02 M08;
N30 X90;
……
N300 M30;                                          //程序结束指令
    %;                                             //结束符
```

### 2.2.5　常用编程基本指令

数控程序是由各种功能字按照规定的格式组成的。正确理解各个功能字的含义,恰当使用各种功能字,按规定的程序指令编写程序,是编好数控程序的关键。

编程的规则首先是由所采用的数控系统来决定的,所以应详细阅读数控系统编程、操作说明书,以下对常用数控系统的共性概念进行说明。

**1. 绝对尺寸指令和增量尺寸指令**

(1) G 指令指定

1) G90:指定尺寸值为绝对尺寸。

2) G91:指定尺寸值为增量尺寸。

这种表达方式的特点是同一条程序段中只能用一种,不能混用;同一坐标轴方向的尺寸字的地址符是相同的。

(2) 用尺寸字的地址符指定(本书中车床部分使用)

1) 绝对尺寸的尺寸字的地址符用 X、Y、Z。

2) 增量尺寸的尺寸字的地址符用 U、V、W。

这种表达方式的特点是同一程序段中绝对尺寸和增量尺寸可以混用,这给编程带来很大方便。

**2. 坐标平面选择指令**

坐标平面选择指令用来选择圆弧插补平面和刀具补偿平面。

格式:

```
G17/G18/G19;
```

说明:G17 表示选择 $XY$ 平面,G18 表示选择 $ZX$ 平面,G19 表示选择 $YZ$ 平面,其作用是让机床在指定坐标平面上进行插补加工和加工补偿。在数控车床上,一般默认在 $XZ$ 平面内加工;在数控铣床上,默认在 $XY$ 平面内加工。移动指令和平面选择无关,如 G17 Z __,这条指令可使机床在 $Z$ 轴方向产生移动。

各坐标平面选择指令如图 2.22 所示。

**3. 快速点定位指令**

快速点定位指令控制刀具以点位控制的方式快速移动到目标位置,其移动速度由参

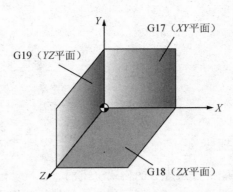

图 2.22　各坐标平面选择指令

数来设定。指令执行开始后，刀具沿着各个坐标轴方向同时按参数设定的速度移动，最后减速到达终点，如图 2.23（a）所示。

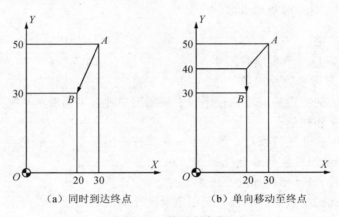

（a）同时到达终点　　　　　（b）单向移动至终点

图 2.23　快速点定位

⚠️**注意**：刀具在各坐标轴方向上有可能不是同时到达终点。刀具移动轨迹是几条线段的组合，不是一条直线。例如，在 FANUC 系统中，运动总是先沿 45°角的直线移动，最后在某一轴单向移动至目标点位置，如图 2.23（b）所示。编程人员应了解所使用的数控系统的刀具移动轨迹情况，以避免加工中可能出现的碰撞。

格式：

　　G00 X __ Y __ Z __ ;

说明：X、Y、Z 的值是快速点定位的终点坐标值。

例如，从 A 点到 B 点快速移动的程序段为

　　G90 G00 X20 Y30;

⚠️**注意：**

1）G00 是模态指令，在上面例子中，由 A 点到 B 点实现快速点定位时，因前面程

序段已设定了 G00，后面程序段可不再重复设定 G00，只写出坐标值即可。

2）快速点定位移动速度不能用程序指令设定，它的速度已由生产厂家预先调定或由引导程序确定。若在快速点定位程序段前设定了进给速度 F，指令 F 对 G00 程序段无效。

3）快速点定位指令 G00 使刀具由程序起始点开始加速移动至最大速度，然后保持快速移动，最后减速到达终点，从而实现快速点定位。这样可以提高数控机床的定位精度。

4. 直线插补指令

直线插补指令用于产生按指定进给速度 F 实现的空间直线运动。

格式：

　　G01 X ＿ Y ＿ Z ＿ F ＿;

说明：X、Y、Z 的值是直线插补的终点坐标值。

例如，实现图 2.24 中从 A 点到 B 点的直线插补运动，其程序段如下。

绝对方式编程：

　　G90 G01 X10 Y10 F100;

增量方式编程：

　　G91 G01 X － 10 Y － 20 F100;

5. 圆弧插补指令

G02 为按指定进给速度的顺时针圆弧插补指令；G03 为按指定进给速度的逆时针圆弧插补指令。

圆弧顺逆方向的判别：沿着不在圆弧平面内的坐标轴，由正方向向负方向看，顺时针方向为 G02，逆时针方向为 G03，如图 2.25 所示。

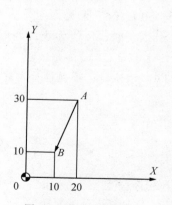

图 2.24　直线插补运动

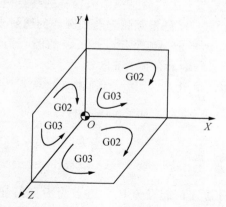

图 2.25　圆弧方向判别

各平面内圆弧情况如图 2.26 所示，图 2.26（a）表示 XY 平面的圆弧插补，图 2.26（b）表示 ZX 平面的圆弧插补，图 2.26（c）表示 YZ 平面的圆弧插补。

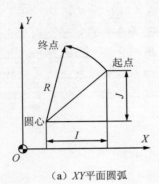

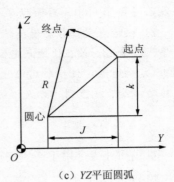

（a）XY平面圆弧　　　　　　（b）ZX平面圆弧　　　　　　（c）YZ平面圆弧

图 2.26　各平面内圆弧情况

格式如下。

XY 平面：

```
G17 G02 X __ Y __ I __ J __ (R __) F __;
G17 G03 X __ Y __ I __ J __ (R __) F __;
```

ZX 平面：

```
G18 G02 X __ Z __ I __ K __ (R __) F __;
G18 G03 X __ Z __ I __ K __ (R __) F __;
```

YZ 平面：

```
G19 G02 Z __ Y __ J __ K __ (R __) F __;
G19 G03 Z __ Y __ J __ K __ (R __) F __;
```

说明：

1）X、Y、Z 的值是指圆弧插补的终点坐标值。

2）I、J、K 是指圆弧起点到圆心的增量坐标，与 G90、G91 无关。

3）R 为指定圆弧半径，当圆弧的圆心角小于等于 180°时，R 值为正；当圆弧的圆心角大于 180°时，R 值为负。

例如，在图 2.27 中，当圆弧 $A$ 的起点为 $P_1$，终点为 $P_2$ 时，圆弧插补程序段为

```
G02 X321.65 Y280 I40 J140 F50;
```

或

```
G02 X321.65 Y280 R-145.6 F50;
```

当圆弧 $A$ 的起点为 $P_2$，终点为 $P_1$ 时，圆弧插补程序段为

```
G03 X160 Y60 I-121.65 J-80 F50;
```

或

```
G03 X160 Y60 R-145.6 F50;
```

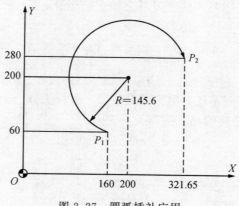

图 2.27 圆弧插补应用

6. F 指令

F 指令用于控制切削进给量，在程序中，有两种使用方法。

（1）每转进给量

格式：

    G95 F __;

说明：F 后面的数字表示的是主轴每转进给量，单位为 mm/r。
例如，G95 F0.2 表示进给量为 0.2mm/r。

（2）每分钟进给量

格式：

    G94 F __;

说明：F 后面的数字表示的是每分钟进给量，单位为 mm/min。
例如，G94 F100 表示进给量为 100mm/min。

7. S 指令

S 指令用于控制主轴转速。

格式：

    S __;

说明：S 后面的数字表示主轴转速，单位为 r/min。在具有恒线速功能的机床上，S 指令还有如下作用。

（1）最高转速限制

格式：

    G50 S __;

说明：S 后面的数字表示的是最高转速，单位为 r/min。

例如，G50 S3000 表示最高转速限制为 3000r/min。

（2）恒线速控制

格式：

```
G96 S __ ;
```

说明：S 后面的数字表示的是恒定的线速度，单位为 m/min。

线速度 $v$ 与转速 $S$ 之间的相互换算关系为

$$v = \pi D n / 1000$$
$$n = 1000 v / \pi D$$

式中：$v$——切削线速度（m/min）；

$D$——刀具直径（mm）；

$n$——主轴转速（r/min）。

例如，G96 S150 表示切削点线速度控制在 150m/min。

对于图 2.28 所示的零件，为保持 $A$、$B$、$C$ 各点的线速度在 150m/min，则各点在加工时的主轴转速分别如下。

$A$：$n = 1000 \times 150 \div (\pi \times 40) \approx 1194$（r/min）。

$B$：$n = 1000 \times 150 \div (\pi \times 60) \approx 796$（r/min）。

$C$：$n = 1000 \times 150 \div (\pi \times 70) \approx 682$（r/min）。

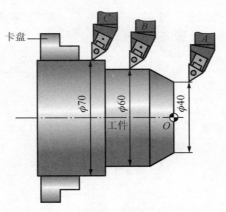

图 2.28　恒线速切削方式

（3）恒线速控制取消

格式：

```
G97 S __ ;
```

说明：S 后面的数字表示恒线速控制取消后的主轴转速，如 S 未指定，将保留 G96 的最终值。

例如，G97 S3000 表示恒线速控制取消后主轴转速为 3000r/min。

**8. T 指令**

T 指令用于选择加工所用刀具。

格式：

　　T＿；

说明：T 后面通常用两位数表示所选择的刀具号码。但也有 T 后面用 4 位数字的，前两位是刀具号，后两位是刀具长度补偿号和刀尖圆弧半径补偿号。

例如，T0303 表示选用 3 号刀具及选用 3 号刀具长度补偿值和刀尖圆弧半径补偿值；T0300 表示取消刀具补偿。

**9. M 指令**

（1）程序暂停

指令：M00。

功能：在完成程序段其他指令后，机床停止自动运行，此时所有存在的模态信息保持不变，用循环启动执行 M00 后面的指令，使机床自动运行。

（2）计划停止

指令：M01。

功能：与 M00 作用相似，但 M01 可以用机床"任选停止按钮"选择是否有效。

（3）主轴顺时针方向旋转、主轴逆时针方向旋转、主轴停止

指令：M03、M04、M05。

功能：M03 指令可使主轴按右旋螺纹进入工件的方向旋转，即主轴正转；M04 指令可使主轴按右旋螺纹离开工件的方向旋转，即主轴反转；M05 指令可使主轴停止。

格式：

　　M03 S＿；
　　M04 S＿；
　　M05；

（4）换刀

指令：M06。

功能：自动换刀，用于具有自动换刀装置的机床，如加工中心等。

格式：

　　M06　T＿；

说明：当数控系统不同时，换刀的格式有所不同，具体编程时应参考操作说明书。

（5）程序结束

指令：M02、M30。

功能：M02 为程序结束指令，该指令执行后，表示本加工程序内所有内容均已完成，但程序结束后，机床 CRT 显示器上的执行光标不返回程序开始段。

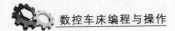 

M30 与 M02 相似，表示程序结束，不同之处在于当程序内容结束后，随即关闭主轴、切削液等所有机床动作，机床显示器上的执行光标返回程序开始段，为加工下一个工件做好准备。

（6）切削液开、关

指令：M08、M09。

功能：M08 表示切削液开，M09 表示切削液关。

10. 加工坐标系设置

格式：

G50 X __ Z __;

说明：X、Z 的值是起刀点相对于加工原点的位置。

在数控车床编程时，所有 X 坐标值均使用直径值，如图 2.29 所示。

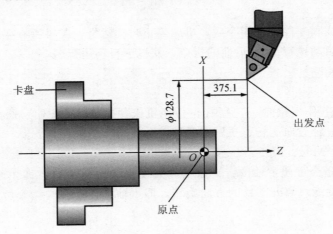

图 2.29　设定加工坐标系

⚠️ **注意**：有的数控系统使用 G92 指令，其功能与 G50 指令一样。

例如，按图 2.29 设置加工坐标的程序段为

G50 X128.7 Z375.1;

## 任务实施

### 2.2.6　指令选择示例

零件如图 2.19 所示，编程原点设定在 $A$ 点，使用 93° 外圆偏刀进行精加工轮廓，精加工加工路径为 $A \rightarrow B \rightarrow C \rightarrow D \rightarrow E$，试在精加工编程中选用正确的指令，并试着编制精加工程序。

1. 建立编程坐标系

通过对刀操作，建立编程坐标系，编程原点建立在 A 点。

2. 基点计算

根据图 2.19 可知 A 点为（0，0），B 点为（40，−20），C 点为（40，−72），D 点为（58，−87），E 点为（58，−150）（数控车床编程中一般采用直径编程）。

3. 判定走刀轨迹

从 A 点到 B 点为圆弧，通过圆弧判定原则，该圆弧为逆圆弧。
从 B 点到 C 点为直线。
从 C 点到 D 点为圆弧，通过圆弧判定原则，该圆弧为逆圆弧。
从 D 点到 E 点为直线。

4. 指令选择

从 A 点到 B 点为逆圆弧，而且进行切削加工，故选用圆弧插补指令 G03。
从 B 点到 C 点为直线，而且进行切削加工，故选用直线插补指令 G01。
从 C 点到 D 点为逆圆弧，而且进行切削加工，故选用圆弧插补指令 G03。
从 D 点到 E 点为直线，而且进行切削加工，故选用直线插补指令 G01。

5. 编程

参考程序见表 2.5。

表 2.5 参考程序

| 程序内容 | 程序说明 |
| --- | --- |
| O0001； | 程序名 |
| …… | |
| G03 X40 Z−20R20 F150； | A 点到 B 点 |
| G01 Z−72； | B 点到 C 点 |
| G03 X58 Z−87 R20； | C 点到 D 点 |
| G01 Z−150； | D 点到 E 点 |
| …… | |
| M5； | 主轴停止 |
| M2； | 程序结束 |

## 任务评价

填写基本指令的选择评分表，见表 2.6。

表 2.6　基本指令的选择任务评分表

| 项目 | 配分 | 考核标准 | 得分 |
|---|---|---|---|
| 坐标系的建立 | 20 | 一般建立在工件右端面的中心，错误不得分 | |
| 基点计算 | 24 | 一处错误扣 5 分，扣完为止 | |
| 判定走刀轨迹 | 28 | 一处错误扣 7 分，扣完为止 | |
| 指令选择及程序编写 | 28 | 一处错误扣 7 分，扣完为止 | |

## 巩固训练

1）指出图 2.30 中从 $A$ 点快速移动到 $B$ 点应选用的指令，并试着编制程序。

2）指出图 2.31 中从 $P_1$ 点以 100mm/min 的速度移动到 $P_2$ 点应选用的指令，并试着编制程序。

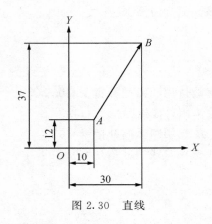

图 2.30　直线

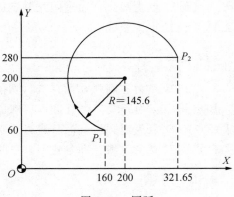

图 2.31　圆弧

提示

上述两题主要考核的是对基本指令的运用，只有在对基本指令功能了解的基础上才能做出正确的选择，同时选择出用哪一条指令后，还要知道指令的格式，才能编制出合格的程序。

3）已知如图 2.32 所示的圆弧 $a$ 和圆弧 $b$，试：

① 使用 R 利用绝对值编程和增量值编程编制圆弧 $a$ 和圆弧 $b$ 的程序。

② 使用 I，J 利用绝对值编程和相对值编程编制图 2.32 中圆弧 $a$ 和圆弧 $b$ 的程序。

参考程序如下。

① 使用 R 时：

```
G90 G03 X0 Y30 R30；
G91 G03 X30 Y30 R30；
G90 G03 X0 Y30 I-30 J0；
G91 G03 X30 Y30 I-30 J0；
```

② 使用 I，J 时：

G90 G03 X0 Y30 R-30;

G91 G03 X30 Y30 R-30;

G90 G03 X0 Y30 I0 J30;

G91 G03 X30 Y30 I0 J30;

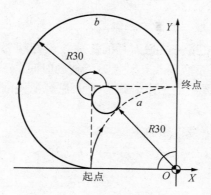

图 2.32　圆弧编程

### 2.2.7　数控加工工艺分析

#### 1.加工方法的选择

数控车床适合于加工圆柱形、圆锥形等各种成形回转表面以及螺纹和各种盘类工件，并可进行钻、扩、镗孔加工。

立式数控铣镗床或立式加工中心适合加工箱体、箱盖、盖板、壳体、平面凸轮、样板、形状复杂的平面或立体工件，以及模具的内、外型腔等。

卧式数控铣镗床或卧式加工中心适合于加工复杂的箱体、泵体、阀体、壳体等工件；多坐标联动数控铣床还能加工各种复杂曲面、叶轮、模具等工件。

#### 2.加工工序的编排原则

在数控机床上加工时，其加工工序一般按如下原则进行划分：

1）按工序集中划分工序的原则。工序集中划分原则是指每道工序应包括尽可能多的加工内容，从而使工序的总数减少。采用工序集中划分原则有利于提高加工精度（特别是位置精度）、提高生产效率、缩短生产周期和减少机床数量，但专用设备和工艺装备投资大、调整维修比较麻烦、生产准备周期较长，不利于转产。

2）按粗、精加工划分工序的原则。即粗加工完成的那部分工艺过程为一道工序，精加工完成的那部分工艺过程为一道工序。这种划分方法用于加工后变形较大，需粗、精加工分开的工件，如毛坯为铸件、焊接件或锻件的工件。

3）按刀具划分工序的原则。以同一把刀完成的那一部分工艺过程为一道工序，这种方法适用于工件待加工表面较大，机床连续工作时间较长，加工程序的编制和检查难度较大等情况。

4）按加工部位划分工序的原则。即完成相同型面的那一部分工艺过程为一道工序，对于加工表面多而复杂的工件，可按其结构特点（如内形、外形、曲面和平面等）划分成多道工序。

数控加工工序顺序的安排可参考下列原则：

1）同一定位装夹方式或用同一把刀具的工序，最好相邻连接完成，这样可避免因重复定位而造成的误差，以及减少装夹、换刀等辅助时间。

2）如一次装夹进行多道加工工序，则应考虑把对工件刚度削弱较小的工序安排在先，以减小加工变形。

3）上道工序应不影响下道工序的定位与装夹。

4）先安排内型腔加工工序，后安排外形加工工序。

**3. 工件的装夹**

在决定零件的装夹方式时，应力求使设计基准、工艺基准和编程基准统一，同时还应力求装夹次数最少。在选择夹具时，一般应注意以下几点：

1）尽量采用通用夹具、组合夹具，必要时才设计专用夹具。

2）工件的定位基准应与设计基准保持一致，注意防止过定位干涉现象，且便于工件的装夹，决不允许出现欠定位的情况。

3）由于在数控机床上通常一次装夹完成工件的全部工序，因此应防止工件夹紧引起的变形对工件加工造成的不良影响。

4）夹具在夹紧工件时，要使工件上的加工部位开放，夹紧机构上的各部件不得妨碍走刀。

5）尽量使夹具的定位、夹紧装置部位无切屑积留，清理方便。

**4. 对刀点和换刀点位置的确定**

在数控加工中，还要注意对刀的问题，也就是对刀点的问题。对刀点是加工零件时刀具相对于零件运动的起点，因为数控加工程序是从这一点开始执行的，所以对刀点也称为起刀点。

选择对刀点的原则如下：

1）便于数学处理（基点和节点的计算）和使编程简单。

2）在机床上容易找正。

3）加工过程中便于测量检查。

4）引起的加工误差小。

对于数控车床、加工中心等数控机床，若加工过程中需要换刀，在编程时应考虑合适的换刀点。所谓换刀点是指刀架转位换刀时的位置。该点可以是某一固定点（如加工中心上换刀机械手的位置是固定的），也可以是任意一点（如数控车床刀架）。

选择换刀点的原则如下：换刀点的位置应根据换刀时刀具不碰到工件、夹具和机床的原则而定。换刀点往往是固定的且应设在工件或夹具的外部或设在距离工件较远的地方。

### 5. 加工路线的确定

编程时，确定加工路线的原则主要有以下几点：

1) 应尽量缩短加工路线，减少空刀时间以提高加工效率。
2) 能够使数值计算简单，程序段数量少，简化程序，减少编程工作量。
3) 被加工工件具有良好的加工精度和表面质量（如表面粗糙度）。
4) 确定轴向移动尺寸时，应考虑刀具的引入长度和超越长度。

### 6. 刀具的选择

1) 选用刚性和耐用度高的刀具，以缩短对刀和换刀的停机时间。
2) 刀具尺寸稳定，安装调整简便。

### 7. 切削用量的选择

1) 粗加工以提高生产率为主，半精加工和精加工以保证加工质量为主。
2) 注意拐角处的过切和欠切。

数控加工工艺的确定原则见表 2.7。

**表 2.7　数控加工工艺的确定原则**

| | |
|---|---|
| 工件装夹的确定原则 | ① 力求设计基准、工艺基准和编程基准统一；<br>② 尽可能一次装夹完成全部加工，减少装夹次数；<br>③ 避免使用需要占用数控机床时间的装夹方案，充分发挥数控机床功效 |
| 对刀点的确定原则 | ① 便于数学处理和加工程序的简化；<br>② 在机床上定位简便；<br>③ 在加工过程中便于检查；<br>④ 由对刀点引起的加工误差较小 |
| 加工路线的确定原则 | ① 应尽量缩短加工路线，减少空刀时间以提高加工效率；<br>② 能够使数值计算简单，程序段数量少，简化程序，减少编程工作量；<br>③ 被加工工件具有良好的加工精度和表面质量（如表面粗糙度）；<br>④ 确定轴向移动尺寸时，应考虑刀具的引入长度和超越长度 |
| 数控刀具的确定原则 | ① 选用刚性和耐用度高的刀具，以缩短对刀和换刀的停机时间；<br>② 刀具尺寸稳定，安装调整简便 |
| 切削用量的确定原则 | ① 粗加工以提高生产率为主，半精加工和精加工以保证加工质量为主；<br>② 注意拐角处的过切和欠切 |

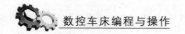 

## 2.2.8 编程中的数学处理

根据被加工零件图样，按照已经确定的加工工艺路线和允许的编程误差，计算数控系统所需要输入的数据，此过程称为数学处理。数学处理一般包括两个内容：根据零件图样给出的形状、尺寸和公差等直接通过数学方法（如三角函数、几何与解析几何法等）计算出编程时所需要的各有关点的坐标值；当按照零件图样给出的条件不能直接计算出编程所需的坐标，也不能按零件给出的条件直接进行工件轮廓几何要素的定义时，就必须根据所采用的具体工艺方法、工艺装备等加工条件，对零件原图样及有关尺寸进行必要的数学处理或改动后，再进行各点的坐标计算和编程工作。

### 1. 选择编程原点

从理论上讲编程原点选在零件上的任何一点都可以，但实际上，为了换算尺寸尽可能简便，减少计算误差，应选择一个合理的编程原点。

车削零件编程原点的 $X$ 向零点应选在零件的回转中心。$Z$ 向零点一般应选在零件的右端面、设计基准或对称平面内。车削零件的编程原点选择如图 2.33 所示。

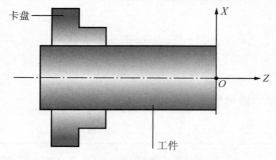

图 2.33　车削零件的编程原点选择

铣削零件编程原点的 $X$、$Y$ 向零点一般可选在设计基准或工艺基准的端面或孔的中心线上，对于有对称结构的工件，可以选在对称面上，以便用镜像等指令来简化编程。$Z$ 向的编程原点习惯选在工件上表面，这样当刀具切入工件后 $Z$ 向尺寸字均为负值，以便于检查程序。铣削零件的编程原点选择如图 2.34 所示。

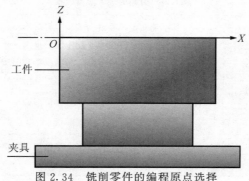

图 2.34　铣削零件的编程原点选择

编程原点选定后，就应把各点的尺寸换算成以编程原点为基准的坐标值。在加工过程中为了有效地控制尺寸公差，按尺寸公差的中值来计算坐标值。

## 2. 基点

零件的轮廓是由许多不同的几何要素所组成的，如直线、圆弧、二次曲线等，各几何要素之间的连接点称为基点。基点坐标是编程中必需的重要数据。

例如，如图 2.35 所示零件中，$A$、$B$、$C$、$D$、$E$ 为基点。$A$、$B$、$D$、$E$ 的坐标值从图中很容易找出，$C$ 点是直线与圆弧切点，要通过联立方程求解。以 $B$ 点为计算坐标系原点，联立下列方程：

直线方程：

$$Y = \tan(\alpha + \beta) X$$

圆弧方程：

$$(X - 80)^2 + (Y - 14)^2 = 30^2$$

可求得 $C$ 点坐标为（64.2786，39.5507），换算到以 $A$ 点为原点的编程坐标系中，$C$ 点坐标为（64.2786，51.5507）。

可以看出，对于如此简单的零件，基点的计算都很麻烦，那么对于复杂的零件，其计算工作量可想而知。为提高编程效率，可应用 CAD/CAM 软件辅助编程。

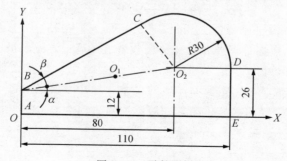

图 2.35  零件图样

## 3. 非圆曲线数学处理的基本过程

数控系统一般只能做直线插补和圆弧插补的切削运动。如果工件轮廓是非圆曲线，数控系统就无法直接实现插补，而需要通过一定的数学处理。数学处理的方法是，用直线段或圆弧段去逼近非圆曲线，逼近线段与被加工曲线交点称为节点。

例如，对如图 2.36 所示的曲线用直线逼近时，其交点 $A$、$B$、$C$、$D$、$E$、$F$ 等即为节点。

在编程时，首先要计算出节点的坐标，节点的计算一般都比较复杂，靠手工计算已很难胜任，必须借助计算机辅助处理。求得各节点后，就可按相邻两节点间的直线来编写加工程序。

这种通过求得节点再编写程序的方法，使得节点数目决定了程序段的数目。图 2.36

中有 6 个节点，即用 5 段直线逼近了曲线，因而就有 5 个直线插补程序段。节点数目越多，由直线逼近曲线产生的误差 $\delta$ 越小，程序的长度则越长。可见，节点数目的多少，决定了加工的精度和程序的长度。因此，正确确定节点数目是很关键的。

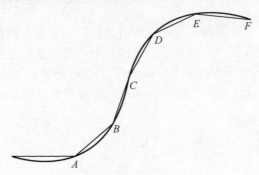

图 2.36  零件轮廓的节点

### 4. 数控加工误差的组成

数控加工误差 $\Delta_{数加}$ 是由编程误差 $\Delta_{编}$、机床误差 $\Delta_{机}$、定位误差 $\Delta_{定}$、对刀误差 $\Delta_{刀}$ 等误差综合形成的，即

$$\Delta_{数加} = f(\Delta_{编} + \Delta_{机} + \Delta_{定} + \Delta_{刀})$$

说明：

1）编程误差 $\Delta_{编}$ 由逼近误差 $\delta$ 和圆整误差组成。逼近误差 $\delta$ 是在用直线段或圆弧段去逼近非圆曲线的过程中产生的，如图 2.37 所示。圆整误差是在数据处理时，将坐标值四舍五入圆整成整数脉冲当量值而产生的误差。脉冲当量是指每个单位脉冲对应坐标轴的位移量。普通精度级的数控机床，一般脉冲当量值为 0.01mm；较精密数控机床的脉冲当量值为 0.005mm 或 0.001mm 等。

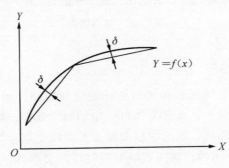

图 2.37  逼近误差

2）机床误差 $\Delta_{机}$ 是由数控系统误差、进给系统误差等产生的。
3）定位误差 $\Delta_{定}$ 是当工件在夹具上定位、夹具在机床上定位时产生的。
4）对刀误差 $\Delta_{刀}$ 是在确定刀具与工件的相对位置时产生的。

═══项目小结═══

为更好地了解数控程序基本知识，本项目主要从判定坐标系和基本指令选择两个任务出发，重点介绍了坐标系的确定、工件坐标系、编程坐标系、确定刀具与工件的位置、绝对坐标与相对坐标、数控程序编制内容与步骤、数控程序编制方法、字与字的功能、程序的格式、常用编程基本指令、加工工艺等内容。使初学者能够运用所学知识分析数控机床运动系统的组成，建立正确机床坐标系；并能够对简单零件图样选择正确的指令，编制程序，并读懂常用简单程序。本项目的知识框图如图 2.38 所示。

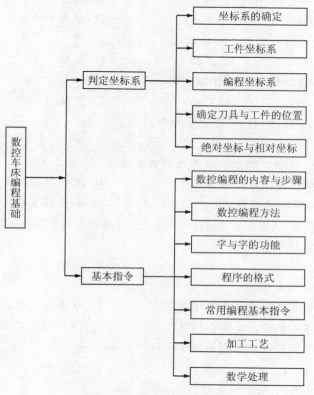

图 2.38　项目 2 知识框图

═══复习与思考═══

**1. 选择题**

（1）下列指令属于准备功能字的是（　　）。

　　A. G01　　　　　　B. M08　　　　　　C. T01　　　　　　D. S500

（2）根据加工零件图样选定的编制零件程序的原点是（　　）。

　　A. 机床原点　　　　B. 编程原点　　　　C. 加工原点　　　　D. 刀具原点

（3）通过当前的刀位点来设定加工坐标系的原点，不产生机床运动的指令是（　　）。

　　A. G54　　　　　　B. G53　　　　　　C. G55　　　　　　D. G92

(4) 用来指定圆弧插补的平面和刀具补偿平面为 $XY$ 平面的指令是（　　　）。

    A. G16           B. G17           C. G18           D. G19

(5) 主轴逆时针方向旋转的指令是（　　　）。

    A. G03           B. G04           C. G05           D. G06

(6) 程序结束并复位的指令是（　　　）。

    A. M02           B. M03           C. M30           D. M00

(7) 辅助功能 M00 的作用是（　　　）。

    A. 条件停止                         B. 无条件停止

    C. 程序结束                      D. 单程序段结束

(8) 一般取产生切削力的主轴轴线为（　　　）。

    A. $X$ 轴           B. $Y$ 轴           C. $Z$ 轴           D. $C$ 轴

(9) 数控机床的旋转轴之一 $B$ 轴是绕（　　）旋转的轴。

    A. $X$ 轴           B. $Y$ 轴           C. $Z$ 轴           D. $W$ 轴

(10) 以下指令中，（　　　）是辅助功能。

    A. M03           B. G90           C. X25           D. S700

(11) 根据 ISO 标准，数控机床在编程时采用（　　　）规则。

    A. 刀具相对静止，工件运动         B. 工件相对静止，刀具运动

    C. 按实际运动情况确定               D. 按坐标系确定

(12) 确定机床 $X$、$Y$、$Z$ 坐标轴时，规定平行于机床主轴的刀具运动坐标轴为（　　　），取刀具远离工件的方向为（　　　）方向。

    A. $X$ 轴 正           B. $Y$ 轴 正           C. $Z$ 轴 正           D. $Z$ 轴 负

(13) 不同的数控系统（　　　）。

    A. 程序格式不同，G 指令不相同         B. 程序格式相同，G 指令不相同

    C. 程序格式相同，G 指令相同           D. 程序格式不相同，G 指令相同

(14) 用于主轴旋转速度控制的指令是（　　　）。

    A. T 指令           B. G 指令           C. S 指令           D. H 指令

(15) 数控机床用 T 指令的是指（　　　）。

    A. 主轴功能           B. 辅助功能           C. 进给功能           D. 刀具功能

## 2. 判断题

(1) 对几何形状不复杂的零件，自动编程的经济性好。              （　　）

(2) 数控加工程序的顺序号必须按顺序排列。                   （　　）

(3) 增量尺寸指机床运动部件坐标尺寸值相对于前一位置给出。     （　　）

(4) G00 快速点定位指令控制刀具沿直线快速移动到目标位置。     （　　）

(5) 工件坐标系的原点即编程零点，与工件基准点一定要重合。     （　　）

(6) 数控机床的进给速度指令为 G 指令。                   （　　）

(7) 数控机床是采用了笛卡儿直角坐标系，各轴的方向是用右手来判断的。（　　）

(8) G98 指令下，F 值为每分进给速度，单位为 mm/min。        （　　）

(9) G01 指令是模态的。　　　　　　　　　　　　　　　　（　　）

(10) 逆时针圆弧插补指令是 G03。　　　　　　　　　　　　（　　）

(11) M02 指令表示程序结束。　　　　　　　　　　　　　　（　　）

(12) G96 指令定义为恒线速切削指令。　　　　　　　　　　（　　）

(13) 在同一个程序中，既可以用绝对值编程，又可以用增量值编程。（　　）

(14) 机床参考点是机床上的一个固定点，与加工程序无关。　（　　）

(15) 用圆弧半径 $R$ 编程只适于整圆的圆弧插补，不适于非整圆加工。（　　）

## 3. 简答题

(1) 简述数控程序的编制步骤。

(2) 数控程序的编制方法有哪些？它们分别适用什么场合？

(3) 用 G92 程序段设置的加工原点在机床坐标系中的位置是否不变？

(4) 如何选择一个合理的编程原点？

(5) 什么叫基点？什么叫节点？它们在零件轮廓上的数目如何确定？

(6) 何为 F 代码？何为 T 代码？

## 4. 综合题

下面是使用 FANUC 系统的车床精加工某零件的程序段。请根据该程序段，画出零件图，并标注尺寸。

```
O0001;
T0101 M03 S800;
G42 G00 X50 Z5;
G01 X0 F120;
Z0;
G03 X24 Z－12 R12;
G01W－12;
U6 W－3;
Z－51;
G03 X38 W－15 R25;
Z－80;
G00 X50;
G40 Z50;
M30;
```

# 项目 3
# 数控车床基本操作

**项目教学目标**

【知识目标】

1. 了解 FANUC 0i Mate-TC 系统数控车床面板功能区划分，并能阐述各按键的含义与功能。
2. 掌握对刀的原理、目的、作用及常用的对刀方法。

【能力目标】

1. 能够通过数控车床面板进行简单的数控车床操作。
2. 会熟练地切换界面，并能进行程序编辑。
3. 能熟练地完成外圆偏刀的对刀操作。

　　要想操作某一种设备，我们首先要对该设备各部位的名称及作用有一个细致的了解，就如开车一样，如果不清楚各部件的功能和作用，相信你绝不敢去开车，试想如果把刹车与油门混淆了，将会造成多么可怕的后果。对于操作数控车床也一样，首先要了解机床各部分机构的名称和作用，其次要对数控车床的操作面板的划分及各按键的含义和作用进行全面的掌握，才能去操纵数控车床。本项目主要是对数控系统面板、数控车床的基本操作、数控车床的对刀操作进行细致的介绍。

# 任务 *3.1* 认识数控系统面板及操作数控车床

**知识目标** ☞

1. 了解 FANUC 0i Mate-TC 系统数控车床的系统面板按键功能区划分，并能阐述各按键的含义与功能。
2. 掌握数控机床回参考点的作用，并能完成回参考点操作。
3. 熟悉数控机床限位、行程的概念，并了解数控机床限位的作用。

**能力目标** ☞

1. 能够通过数控车床面板进行简单的数控车床操作。
2. 会熟练的切换界面，并能进行程序编辑。

**工作任务**

如图 3.1 和图 3.2 所示为 FANUC 0i Mate-TC 系统数控车床系统面板和操作面板，试说出各按键的含义，并能对该系统机床进行操作。

图 3.1　FANUC 0i Mate-TC 系统
数控车床系统面板

图 3.2　FANUC 0i Mate-TC 系统
数控车床操作面板

## 相关知识

### 3.1.1　数控车床系统面板按键功能说明

数据车床的系统面板按键功能说明见表 3.1。

**表 3.1　数据车床的系统面板按键功能说明**

| 名称 | 功能说明 |
| --- | --- |
| 复位键 | 按该键可以使 CNC 复位或者取消报警等 |
| 帮助键 HELP | 当对 MDI 键的功能不了解时，按该键可以获得帮助 |

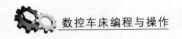

续表

| 名称 | 功能说明 |
|---|---|
| 软键 ▢ | 根据不同的画面，软键有不同的功能。软键功能显示在屏幕的底端 |
| 字母和数字键 O<sub>P</sub> | 按这些键可以输入字母、数字或者其他字符 |
| 切换键 SHIFT | 在键盘上的某些键具有两种功能，按 SHIFT 键可以在这两个功能之间进行切换 |
| 输入键 INPUT | 当按一个字母键或者数字键时，再按该键数据被输入到缓冲区，并且显示在屏幕上。要将输入缓冲区的数据复制到偏置寄存器中等，也应按该键。这个键与软键中的 INPUT 键是等效的 |
| 取消键 CAN | 用于删除最后一个进入输入缓存区的字符或符号 |
| 程序编辑功能键<br>ALTER INSERT DELETE | ALTER：替换键，用输入的数据代替光标处数据；<br>INSERT：插入键，把输入的数据移到当前光标之后的位置；<br>DELETE：删除键，删除光标处数据 |
| 界面切换功能键<br>POS PROG OFFSET SETTING<br>SYSTEM MESSAGE CUSTOM GRAPH | 按这些键，可切换不同功能的显示屏幕 |
| 光标移动键 | →：用于将光标向右或者向前移动；<br>←：用于将光标向左或者往回移动；<br>↓：用于将光标向下或者向前移动；<br>↑：用于将光标向上或者往回移动 |
| 翻页键 | PAGE↑：用于将屏幕显示的页面往前翻页；<br>PAGE↓：用于将屏幕显示的页面往后翻页 |

## 3.1.2 功能键和软键

功能键用来选择将要显示的屏幕页面。按功能键之后再按与屏幕文字相对的软键，即可选择与所选功能相关的页面。

### 1. 界面转换功能键

POS：按该键可以显示位置在页面。

PROG：按该键可以显示程序页面。

■：按该键可以显示偏置/设置（SETTING）页面。

■：按该键可以显示系统页面。

■：按该键可以显示信息页面。

■：按该键可以显示用户宏页面。

2. 软键

要显示一个更详细的页面，可以在按功能键后按软键。最左侧带有向左箭头的软键为菜单返回键，最右侧带有向右箭头的软键为菜单继续键。

### 3.1.3  输入缓冲区

当按下一个字母或数字键时，与该键相应的字符就立即被送入输入缓冲区。输入缓冲区的内容显示在 CRT 显示器的底部。为了标明这是从键盘输入的数据，在该字符前面会立即显示一个符号"＞"。在输入数据的末尾显示一个符号"＿"表明下一个输入字符的位置，如图 3.3 所示。

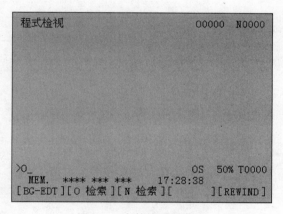

图 3.3  字符输入缓冲区

为了输入同一个键上右下方的字符，首先按 SHIFT 键，然后按需要输入字符对应的键即可。例如，要输入字母 P，首先按 SHIFT 键，这时 SHIFT 键变为红色，然后按 ■ 键，缓冲区内就可显示字母 P；再按 SHIFT 键，SHIFT 键恢复成原来颜色，表明此时不能输入右下方字符。

按 CAN 键可取消缓冲区最后输入的字符或者符号。

### 3.1.4  数控车床操作面板按键功能说明

数控车床操作面板按键功能说明见表 3.2。

表 3.2 数控车床操作面板功能按键说明

| 按键名称 | 功能说明 |
|---|---|
| 工作方式选择键<br><br>编辑 自动 MDI JOG<br><br>手摇 | 用来选择系统的运行方式。<br><br>编辑：按该键，进入编辑运行方式。<br><br>自动：按该键，进入自动运行方式。<br><br>MDI：按该键，进入 MDI 运行方式。<br><br>JOG：按该键，进入 JOG 运行方式。<br><br>手摇：按该键，进入手轮运行方式 |
| 操作选择键<br><br>单段 照明 | 用来开启单段工作方式。<br><br>单段：按该键，进入单段运行方式 |
| 主轴旋转键<br><br>停止 正转 反转 | 用来开启和关闭主轴。<br><br>正转：按该键，主轴正转。<br><br>停止：按该键，主轴停转。<br><br>反转：按该键，主轴反转。 |
| 循环启动/停止键  | 用来开启和关闭，在自动和 MDI 工作方式运行程序都会用到它们 |
| 主轴倍率键<br><br>主轴100% 主轴升速 主轴降速 | 当 S 指令的主轴速度偏高或偏低时，可用该键来修调程序中编制的主轴速度。按 主轴100% 键（指示灯亮），主轴修调倍率被置为 100%，按一次 主轴升速 键，主轴修调倍率递增 5%；按一次 主轴降速 键，主轴修调倍率递减 5% |
| 进给轴和方向选择开关 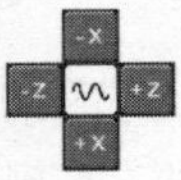<br><br>-X<br>-Z 〰 +Z<br>+X | 用来选择机床欲移动的轴和方向。<br><br>其中的 〰 为快进开关，当按下该键后，该键变为红色，表明快进功能开启；再按一次该键，该键的颜色恢复成白色，表明快进功能关闭 |
| JOG 进给倍率刻度盘  | 用来调节 JOG 进给的倍率。倍率值范围为 0～150%，每格为 10%。<br><br>单击旋钮，旋钮逆时针旋转一格；右击旋钮，旋钮顺时针旋转一格 |
| 系统启动/停止 <br><br>系统启动 系统停止 | 用来开启和关闭数控系统。在通电开机和关机的时候会用到 |
| 急停键  | 用于锁住机床。按下急停键时，机床立即停止运动。<br><br>急停键抬起后，该键下方有阴影，如图（a）所示；急停键按下时，该键下方没有阴影，如图（b）所示。  <br><br>（ ）　（ ） |

## 3.1.5 手摇轮操作面板说明

手摇轮操作面板说明见表3.3。

表 3.3 手摇轮操作面板说明

| 名称 | 功能说明 |
| --- | --- |
| 手摇轮进给倍率键<br>X1 X10 X100 | 用于选择手摇轮移动倍率，按所选的倍率键后，该键左上方的红灯亮。<br>按 X1 键表示倍率为 0.001，按 X10 键表示倍率为 0.010，按 X100 键表示倍率为 0.100 |
| 手摇轮 | 手摇轮模式下用来使机床移动。<br>单击手摇轮旋钮，手摇轮逆时针旋转，机床向负方向移动；右击手摇轮旋钮，手摇轮顺时针旋转，机床向正方向移动。<br>单击手摇轮旋钮，则手摇轮旋转刻度盘上的一格，机床根据所选择的移动倍率移动一个挡位。如果按住鼠标左键，则3s后手摇轮开始连续旋转，同时机床根据所选择的移动倍率进行连续移动，松开鼠标后，机床停止移动 |
| 手摇轮进给轴选择开关 | 手摇轮模式下用来选择机床要移动的轴。<br>单击开关，开关扳手向上指向 X，表明选择的是 X 轴；开关扳手向下指向 Z，表明选择的是 Z 轴 |

## 任务实施

## 3.1.6 数控车床操作

在介绍了 FANUC 0i Mate-TC 系统数控车床操作面板各按键的含义与功能后，下面介绍如何操作数控车床。

1. 开启机床

开启机床的步骤：打开机床电源开关→启动系统面板电源开关→松开机床急停开关。

**提示**

机床电源打开后，有的机床主轴润滑油泵也工作了，这时要观察主轴油窗是否打油，若不打油应检查油箱是否有油，油泵电动机或带是否正常，油路是否畅通。

2. 机床回参考点

由于机床编码器的种类不同，当采用旋转增量编码器时，开机需要回参考点；当采用绝对编码器时，开机不需回参考点。

1）绝对编码器由机械位置决定每个位置的唯一性，它无需记忆，无需找参考点，而且不用一直计数，当需要知道位置时，即可去读取它的位置。这样，编码器的抗干扰特性、数据的可靠性大大提高。

2）旋转增量编码器以转动时输出脉冲，通过计数设备来知道其位置，当编码器不动或停电时，依靠计数设备的内部记忆来记住位置。这样，当停电后，编码器不能有任何的移动，当来电工作时，在编码器输出脉冲的过程中，也不能有干扰以防丢失脉冲。否则，计数设备记忆的零点就会偏移，而且这种偏移的量是无从知道的，只有错误的生产结果出现后才能知道。解决的方法是增加参考点，编码器每经过参考点，将参考位置修正进入计数设备的记忆位置。但在参考点以前，是不能保证位置的准确性的，为此在工控中就有每次操作先找参考点。

3）机床回参考点的方法：按🔲键→按🔲键刀架沿 $X$ 坐标轴正方向移动，灯亮说明已回到 $X$ 坐标轴零点→按🔲键刀架沿 $Z$ 坐标轴正方向移动，灯亮说明已回到 $Z$ 坐标轴零点→按🔲键，查看机床机械坐标值，如图 3.4 和图 3.5 所示。

FANUC 系统面板机械坐标回零显示如图 3.4 所示。

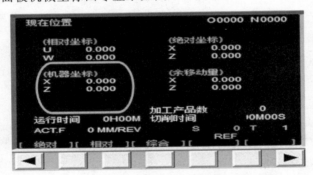

图 3.4　FANUC 系统面板机械坐标回零显示

SIEMENS 系统面板机械坐标回零显示如图 3.5 所示。

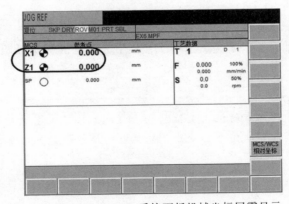

图 3.5　SIEMENS 802D 系统面板机械坐标回零显示

> **提示**
>
> 　　1) 回机床参考点时，首先要看机床限位块与限位开关的距离。
>
> 　　2) 回机床参考点时必须先回 $X$ 轴，再回 $Z$ 轴，否则会出现刀架与尾座发生碰撞的危险。
>
> 　　3) 回机床参考点时倍率开关一般应调低，以防止缓冲过快导致机床误差较大或引起超程等现象。

　　4) 机床限位和行程。

　　① 限位。由于机床的加工范围有限，为了防止刀架脱离导轨而超程，在机床的 $X$ 轴和 $Z$ 轴的正、负方向安装有限位开关，机床只能在限位开关限定的行程范围以内工作。

　　② 行程。机床的行程就是它的最大工作区域。

**课堂互动**

　　1) 开机回机床参考点的目的是什么？

　　2) 如果机床 $X$、$Z$ 轴发生超程，应怎样进行超程解除？在数控车床实物上指出 $X$、$Z$ 轴限位块与限位开关。

　　3) 如何从数控车床实物结构区分什么机床需要回机床参考点？

　　4) 机床参考点与机床原点是同一点吗？

　　5) 数控车床上安装急停按钮的作用是什么？

**3. 手摇轮的操作**

在手摇轮方式下，可使用手摇轮使机床发生移动。具体操作步骤如下：按手摇轮键，进入手摇轮方式。按手摇轮进给轴选择开关，选择机床要移动的轴。按手摇轮进给倍率键，选择移动倍率。根据需要移动的方向，按下手摇轮旋钮，手摇轮旋转，同时机床发生移动。单击手摇轮旋钮，则手摇轮旋转刻度盘上的一格，机床根据所选择的移动倍率移动一个挡位。如果按住鼠标左键，则 3s 后手摇轮开始连续旋转，同时机床根据所选择的移动倍率进行连续移动，松开鼠标后，机床停止移动。

**4. JOG 进给**

JOG 进给就是手动连续进给。在 JOG 方式下，按机床操作面板上的进给轴和方向选择开关，机床沿选定轴的选定方向移动。手动连续进给速度可用 JOG 进给倍率刻度盘调节。具体操作步骤如下：按下 JOG 键，系统处于 JOG 运行方式。按下进给轴和方向选择开关，机床沿选定轴的选定方向移动。可在机床运行前或运行中使用 JOG 进给倍率刻度盘根据实际需要调节进给速度。如果在按下进给轴和方向选择开关前按下快速移动开关，则机床按快速移动速度运行。

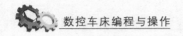

5. 自动运行程序

自动运行就是机床根据编制的零件加工程序来运行。自动运行程序包括存储器运行和 MDI 运行。

（1）存储器运行

存储器运行就是指将编制好的零件加工程序存储在数控系统的存储器中，调出要执行的程序来使机床运行。按编辑键，进入编辑运行方式；按数控系统面板上的 PROG键；按数控屏幕下方的"DIR"软键，屏幕上显示已经存储在存储器里的加工程序列表；按字母键 O；按数字键输入程序号；按数控屏幕下方的"O 检索"软键。这时被选择的程序就被打开显示在屏幕上。按自动键，进入自动运行方式。按机床操作面板上的循环键中的白色启动键，开始自动运行。

运行中按循环键中的红色暂停键，机床将减速停止运行；再按白色启动键，机床恢复运行。

如果在数控系统面板上按 RESET 键，自动运行结束并进入复位状态。

（2）MDI 运行

MDI 运行是指用键盘输入一组加工命令后，机床根据这个命令执行操作。按 MDI键，进入 MDI 运行方式。在数控系统面板上按 PROG 键，屏幕显示页面如图 3.6 所示，其中程序号 O0000 是自动生成的。

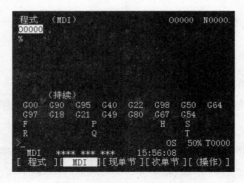

图 3.6  MDI 运行输入界面

（3）程序再启动

该功能指定程序段的顺序号，以便下次从指定的程序段开始重新启动加工。

该功能有两种再启动方法：P 型和 Q 型。

P 型操作可在程序的任何地方开始重新启动。程序再起动的程序段不必是被中断的程序段，可在任何程序段再启动。当执行 P 型再启动时，再启动程序段必须使用与被中断时相同的坐标系。

Q 型操作在重新启动前，机床必须移动到程序起点。

（4）单段

单段方式是通过一段一段执行程序的方法来检查程序的。具体操作步骤如下：按操作选择键中的单段键，进入单段运行方式。按循环启动键，执行程序的一个程序段，然后机床停止。再按循环启动键，执行程序的下一个程序段，机床停止。如此反复，直到执行完所有程序段。

6. 创建和编辑程序

下列各项操作均是在编辑状态下程序被打开的情况下进行的。

（1）创建程序

在机床操作面板的方式选择键中按编辑键，进入编辑运行方式；在数控系统面板上按PROG键，数控屏幕上显示程式页面；使用字母和数字键，输入程序号；按 INSENT 键。这时程序屏幕上显示新建立的程序名和结束符％，下面即可输入程序内容。

新建的程序会自动保存到 DIR 页面中的零件程序列表中。但这种保存是暂时的，退出 VNUC 系统后，列表中的程序会消失。

（2）字的检索

按"操作"软键；按最右侧带有向右箭头的菜单继续键，直到软键中出现"检索"软键；输入需要检索的字。例如，要检索 M03，则输入 M03。按"检索"软键，带向下箭头的"检索"软键为从光标所在位置开始向程序后面检索，带向上箭头的"检索"软键为从光标所在位置开始向程序前面进行检索，可以根据需要选择一个"检索"软键；光标找到目标字后，定位在该字上。

（3）跳到程序头

当光标处于程序中间，而需要将其快速返回到程序头时，可选用下列两种方法。

方法一：按下 RESET 键，光标即可返回到程序头。

方法二：连续按软键最右侧带向右箭头的菜单继续键，直到软键中出现"REWIND"软键，按该软键，光标即可返回到程序头。

（4）字的插入

例如，要在第一行的最后插入"X20"，使用光标移动键，将光标移到需要插入的后一位字符上；键入要插入的字和数据"X20"，按 INSERT 键，"X20"被插入。

（5）字的替换

使用光标移动键，将光标移到需要替换的字符上；键入要替换的字和数据；按ALTER键；光标所在的字符被替换，同时光标移到下一个字符上。

（6）字的删除

使用光标移动键，将光标移到需要删除的字符上；按 DELETE 键，光标所在的字符被删除，同时光标移到被删除字符的下一个字符上。

（7）输入过程中的删除

在输入过程中，即字母或数字还在输入缓存区，不能按 INSERT 键时，可以按CAN 键来进行删除。每按一次 CAN 键，删除一个字母或数字。

（8）程序号检索

在机床操作面板的方式选择键中按编辑键，进入编辑运行方式。按 PROG 键，数控屏幕上显示程式页面，屏幕下方出现软键"程式"、"DIR"，默认进入的是程式页面；也可以按"DIR"软键进入 DIR 页面，即加工程序列表页。输入地址 O。按数控系统面板上的数字键，键入要检索的程序号。按"O 检索"软键。

被检索到的程序被打开显示在程式页面中。如果第二步中按 DIR 键进入 DIR 页面，那么这时屏幕页面会自动切换到程式页面，并显示所检索的程序内容。

（9）删除程序

在机床操作面板的方式选择键中按编辑键，进入编辑运行方式。按 PROG 键，数控屏幕上显示程式页面。按"DIR"软键进入 DIR 页面，即加工程序列表页。输入地址 O，按数控系统面板上的数字键，键入要检索的程序号。

按数控系统面板上的 DELETE 键，键入程序号的程序被删除。需要注意的是，如果删除的是从计算机中导入的程序，那么这种删除只是将其从当前的程序列表中删除，并没有将其从计算机中删除，以后仍然可以通过从外部导入程序的方法再次将其打开和加入列表。

## 任务评价

填写机床操作评分表，见表 3.4。

表 3.4　机床操作评分表

| 项目 | 配分 | 考核标准 | 得分 |
|---|---|---|---|
| 机床的开关机步骤 | 10 | 要求能准确地说明机床的开关机步骤及开关所在的位置，不正确扣分 | |
| 各按键的名称及功能作用 | 20 | 错一个扣 10 分 | |
| 手摇轮、方向键的操作 | 30 | 根据教师既定的要求操作 | |
| 程序的编辑 | 20 | 根据教师给定的程序进行程序的编辑，错一处扣 5 分 | |
| 安全文明操作 | 20 | 违反安全文明操作规程的酌情扣 10～20 分 | |

## 知识拓展

由于生产数控机床的厂家不同，同一种数控系统的操作面板的区域划分与功能按键的标示会不一样。有的按键只标示图形，有的只标示英文，有的标示汉字，如图 3.7 所示。

图 3.7　4 种操作面板按键的标示

任务 *3.2* 数控车床的对刀操作

知识目标 ☞

1. 了解对刀原理、目的、作用及常用的对刀方法，并能够完成对刀操作。
2. 掌握游标卡尺的结构和使用注意事项，并能准确读取工件测量尺寸。
3. 熟悉数控机床的面板操作。

能力目标 ☞

1. 能够独立完成对数控车床进行开机前与开机后的检查任务，并可以区分机床是否为完好状态。
2. 利用工件试切法完成 93° 外圆右偏刀的对刀。

**工作任务**

如图 3.8 所示，完成 93° 外圆右偏刀的对刀，把 O 点定为编程原点。

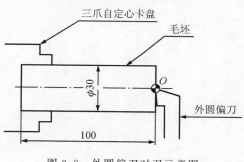

图 3.8　外圆偏刀对刀示意图

## 相关知识

### 3.2.1　对刀的作用和原理

1. 对刀的作用

对刀的作用是确定工件在机床坐标系中的位置，也就是确定工件坐标系与机床坐标系之间的关系。

2. 对刀原理

为了计算和编程方便，通常将编程原点设定在工件右端面的回转中心上，尽量使编程基准与设计基准、装配基准重合。机床坐标系是机床运动的唯一基准，所以必须弄清楚编程原点在机床坐标系中的位置，这是在对刀过程中完成的。

如图 3.9 所示，O 是编程原点，O′ 是机床原点。编程人员按编程坐标系中的坐标数据编制刀具（刀尖）的运动轨迹。由于刀尖的初始位置（机床原点）与编程原点存在 X 向、Z 向偏移距离，使得实际的刀尖位置与编程指令的位置有同样的偏移距离，因此，

---

必须将该距离测量出来并输入到数控系统中，使系统据此调整刀尖的运动轨迹。所谓对刀，其实质就是测量编程原点与机床原点之间的偏移距离，并设置编程原点在以刀尖为参照的机床坐标系中的坐标。

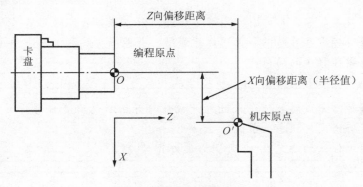

图 3.9　对刀原理示意图

## 3.2.2　对刀点和换刀点

1. 对刀点

（1）对刀点的定义

对刀点是程序执行时刀具相对于工件运动的起点，也称起刀点，是加工程序的起点。

（2）对刀点位置的确定原则

1）尽量与工件尺寸的设计基准或工艺基准相一致。

2）尽量使加工程序的编写工作简单方便。

3）便于用常规量具和量仪在机床上找正，在加工过程中便于检查。

4）便于确定工件坐标系与机床坐标系的相对位置。

5）引起的加工误差要小。

（3）对刀点的选择

对刀点可选择在工件上，也可选在夹具或机床上，但必须与工件的定位基准（相当于工件坐标系）有已知的准确尺寸关系，这样才能确定工件坐标系与机床坐标系的关系。

2. 换刀点

（1）换刀点的定义

对数控车床、加工中心等数控机床，若加工过程中需要换刀，在编程时应考虑选择合适的换刀点。换刀点是指刀架转位换刀时的位置，该点可以是某一固定点（如加工中心上换刀机械手的位置是固定的），也可以是任意一点（如数控车床的刀架）。

（2）换刀点的选择

换刀点的位置应根据换刀时刀具不碰到工件、夹具和机床的原则进行选择。

**课堂互动**

1) 为什么要对刀？对刀点是不是工件坐标系原点？
2) 选择对刀点、换刀点时，要考虑哪些因素？
3) 如果工件坐标系的原点建在工件的左端面，应如何进行对刀？

### 3.2.3 常用对刀方法

数控车床常用的对刀方法有 3 种：刀具试切法对刀、机外对刀仪对刀（接触式）、光学自动对刀仪对刀（非接触式）。

**1. 刀具试切法对刀**

刀具试切法对刀就是指通过手动控制刀具试切工件来完成的对刀操作。

1) Z 轴对刀（端面对刀）：使刀具沿着工件端面车削，然后沿着 X 轴退刀，在相应的刀具参数中输入"Z0"按"测量"软键，系统自动将此时刀具的 Z 轴坐标减去刚才输入的数值，即得到工件坐标系 Z 轴原点的位置。

2) X 轴对刀（轴向对刀）：使刀具车削一外（内）圆，然后沿着 Z 轴退刀，主轴停转，测量工件直径，把测量的数值输入到相应的刀具参数补偿中，按"测量"软键，系统自动用刀具当前 X 坐标值减去试切出的那段外圆直径，即得到工件坐标系中 X 轴原点的位置。

**2. 机外对刀仪对刀**

机外对刀仪对刀的本质是将刀具的刀尖与对刀仪的百分表测头接触，测量出刀具的假想刀尖点到刀具台基准之间 X 及 Z 向的距离（刀偏置）。利用机外对刀仪可将刀具预先在机床外校对好，以便装上机床后，将对刀长度输入到相应刀具补偿号中即可使用，如图 3.10 所示。

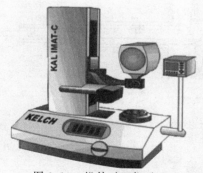

图 3.10 机外对刀仪对刀

### 3.2.4 游标卡尺简介

游标卡尺是测量零件尺寸的主要量具之一，可以用来测量工件的长度、外径、内径及深度等。常用的游标卡尺主要有 3 种：普通游标卡尺、带表游标卡尺、数显游标卡尺，如图 3.11 所示。

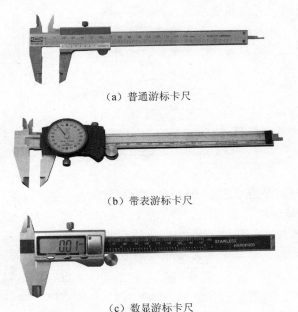

（a）普通游标卡尺

（b）带表游标卡尺

（c）数显游标卡尺

图 3.11　常用的游标卡尺

游标卡尺作为一种被广泛使用的高精度测量工具，由尺身和附在尺身上能滑动的游标两部分构成。如果按游标的刻度值来分，游标卡尺又分为 0.1mm、0.05mm、0.02mm 三种。游标卡尺的测量范围有 0～150mm、0～200mm、0～300mm 等规格，如图 3.12 所示。

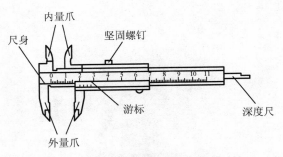

图 3.12　普通游标卡尺的构造

1. 游标卡尺使用前的准备工作

1）检查相互作用。拉动游标，应能沿尺身灵活滑动，无卡滞现象，紧固螺钉作用正常可靠。

2）检查测量面。用干净面纱或软布把测量面擦净，对着光线检查量爪测量面和测量刃口是否平直无损，合拢后应没有明显的间隙和漏光现象。

3）校正零点。使用前对游标卡尺要进行检查，查看游标和尺身的零刻度线是否对齐，若不对齐，则在测量后应根据原始误差修正读数。

　　2. 游标卡尺的正确使用

作为一种常用量具，其可具体应用在以下 4 个方面：测量工件宽度、测量工件外径、测量工件内径、测量工件深度。

游标卡尺是比较精密的量具，使用时应注意如下事项：

1）使用前，应先擦干净两卡脚测量面，合拢两卡脚，检查游标零刻度线与尺身零线是否对齐，若未对齐，应根据原始误差修正测量读数。

2）测量工件时，卡脚测量面必须与工件的表面平行或垂直，不得歪斜，且用力不能过大，以免卡脚变形或磨损，影响测量精度。

3）读数时，视线要垂直于尺面，否则测量值不准确。

4）测量内径尺寸时，应轻轻摆动，以便找出最大值。

5）游标卡尺用完后，仔细擦净，抹上防护油，平放在盆内，以防生锈或弯曲。

　　3. 游标卡尺的读数

1）读数时首先以游标零刻度线为准在尺身上读取毫米整数，即以毫米为单位的整数部分；然后看游标上第几条刻度线与尺身的刻度线对齐，如第 6 条刻度线与尺身刻度线对齐，则小数部分即为 0.6mm（若没有正好对齐的线，则取最接近对齐的线进行读数）。如有零误差，则一律用上述结果减去零误差（零误差为负，相当于加上相同大小的零误差），读数结果为 $L=$ 整数部分＋小数部分－零误差。

2）判断游标上哪条刻度线与尺身刻度线对准，可用下述方法：选定相邻的 3 条线，如左侧的线在尺身对应线之右，右侧的线在尺身对应线之左，中间那条线便可以认为是对准了。如果需测量几次取平均值，不需每次都减去零误差，只要从最后结果减去零误差即可。

**课堂互动**

1）游标卡尺的种类有哪些？

2）游标卡尺使用前如何进行校正？

3）如果对刀时测量不准确，会影响加工精度吗？为什么？

**任务实施**

## 3.2.5 外圆偏刀的对刀操作

　　1. 工作准备

1）刀具：93°外圆右偏刀。

2）量具：游标卡尺。

3）工具：卡盘扳手、刀架扳手。

4）材料：$\phi30\text{mm}\times100\text{mm}$ 塑料棒。

2．引导操作

1）开机前的检查：

① 检查电源、电压是否正常，润滑油油量是否充足。

② 检查机床可动部位是否松动。

③ 检查材料、工件、量具等物品放置是否合理，是否符合要求。

2）开机后的检查：

① 检查电动机、机械部分、冷却风扇是否正常。

② 检查各指示灯显示是否正常。

③ 检查润滑、冷却系统是否正常。

3）机床起动（需要回参考点的机床先进行回参考点操作）。

4）工件装夹及找正（注意工件装夹牢固可靠）。

⚠ 注意：

1）工件装夹时，工件伸出长度不能小于工件加工部分长度，但也不宜伸出太长，伸出长度比加工部分长度长 $10\sim15\text{mm}$ 即可。

2）工件装夹要牢固，必要时要使用加力杆加紧。

3）进行刀具安装及找正时，注意刀具安装牢固可靠。

4）安装外圆车刀时，保证外圆车刀的主切削刃与工件的夹角大于 $90°$。

5）刀具夹紧时，不能用加力杆夹紧。

3．对刀操作

以试切法对刀为例，通过手摇轮或手动方式使主轴按一定的速度旋转，移动刀架至刀具试切工件一端端面，然后沿着 X 坐标轴退刀，按 OFESET 键显示如图 3.13 所示的界面，然后按"磨耗"软键会显示如图 3.14 所示的界面，再按"形状"软键会显示如图 3.15 所示的界面。

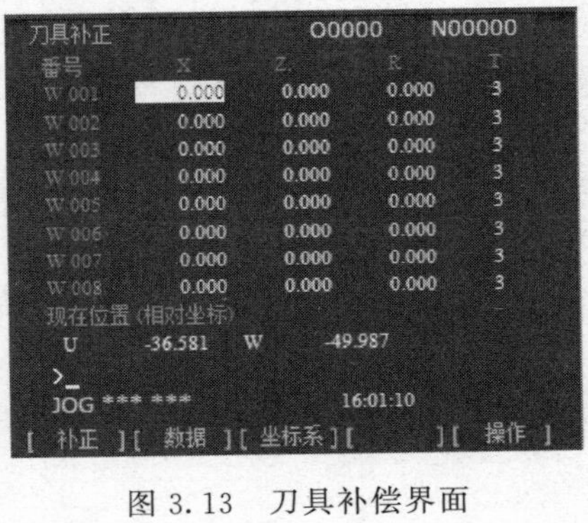

图 3.13　刀具补偿界面

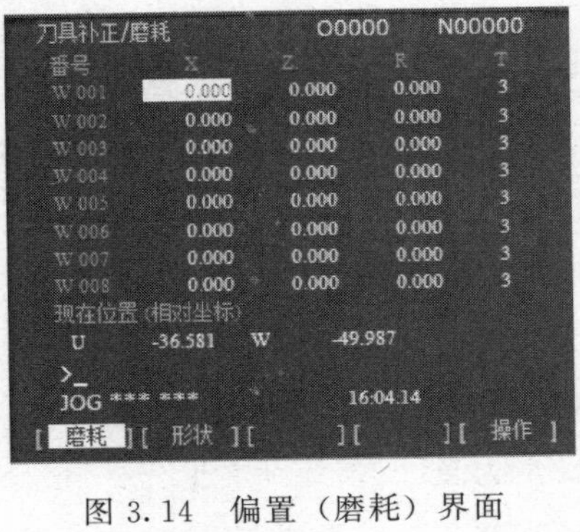

图 3.14　偏置（磨耗）界面

在图 3.15 中光标移动到的位置是对应的 1 号刀（所对的外圆偏刀安装在 1 号刀位上）的 Z 轴坐标值上，通过操作面板的数字、字母键盘编辑区（图 3.16）输入"Z0"，会显示如图 3.17 所示的界面。

图 3.15　偏置（形状）界面

图 3.16　数字、字母键盘编辑区

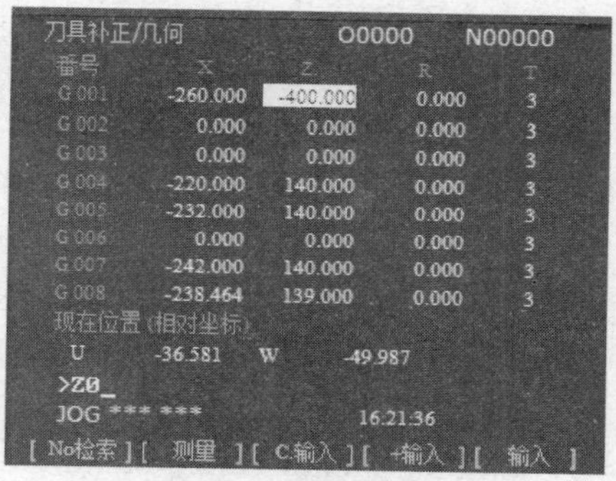

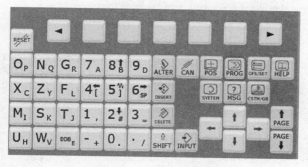

图 3.17　端面对刀形状界面

然后按"测量"软键，系统自动将此时刀具的 Z 坐标值减去刚才输入的数值，即得到工件坐标系 Z 轴原点的位置。然后，选择 MDI 工作方式，选择【PROG】界面，如图 3.18 所示。

图 3.18　MDI 界面

然后按"MDI"软键，会显示如图 3.19 所示的界面。

输入 T0101，按 INSERT 键，会显示如图 3.20 所示的界面。

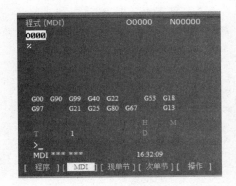

图 3.19　MDI 输入界面

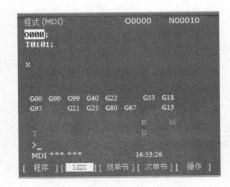

图 3.20　MDI 输入界面输入内容的显示

接着按操作面板循环启动键 ，再按 POS 键，查看当前的 $Z$ 轴绝对坐标值，显示 Z0，说明 $Z$ 轴已经对好，如图 3.21 所示。

接下来对 $X$ 轴，通过手摇轮或手动方式使主轴按一定的速度旋转，移动刀架至刀具接触工件，试切一段外圆，如图 3.22 所示，然后保持 $X$ 轴坐标值不变，移动 $Z$ 轴使刀具离开工件，如图 3.23 所示，主轴停止，测量出试车该段外圆的直径（假设为 $\phi27mm$）。将光标移到相应的 1 号刀补 $X$ 轴坐标上，输入测量的数值 X27，如图 3.24 所示，按 "测量" 软键，系统自动用刀具当前 $X$ 轴坐标值减去试切出的那段外圆直径，即得到工件坐标系 $X$ 轴原点的位置。

图 3.21　坐标位置界面的显示

图 3.22　试切外圆

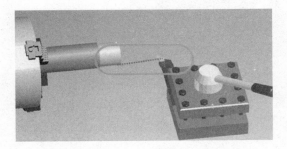

图 3.23　刀具试切外圆后 $Z$ 向退刀

图 3.24　刀具补偿形状界面的显示

然后，选择 MDI 工作方式，选择【PROG】界面，输入 T0101，按 INSERT 键，接着按操作面板循环启动键 ，此时按 POS 键，查看当前的 X 轴绝对坐标值，显示 X27，说明 X 轴已经对好，如图 3.25 所示。

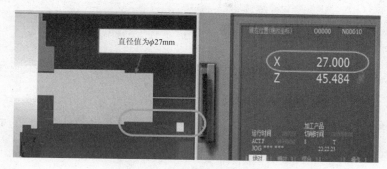

图 3.25　坐标位置界面的显示

**提示**

1）试切时，主要背吃刀量不能过大，切勿一刀试切后毛坯直径比成品工件直径还要小。

2）通过手动和手轮方式试切工件时，注意控制移动速度，当刀具越接近工件时，刀具移动应越慢，以免撞刀。

3）对刀时，主轴应处于转动状态，背吃刀量不能太大，否则会崩刀。

4）对刀时，最好用手摇轮方式，且手摇轮倍率应小于×100；如果在手动方式下对刀，则应将进给倍率调小至适当值，否则容易崩刀。

## 任务评价

填写外圆偏刀的对刀操作评分表，见表 3.5。

表 3.5　外圆偏刀的对刀操作评分表

| 项目 | 配分 | 考核标准 | 得分 |
|---|---|---|---|
| 刀具对刀前的准备 | 10 | 工具、材料准备齐全，工具、夹具和量具摆放整齐，一项达不到要求扣 2 分 | |
| 对刀过程 | 50 | ① 机床操作正确、熟练，否则，酌情扣分；<br>② 对刀原理理解透彻，否则，酌情扣分 | |
| 质量检验 | 20 | 对刀尺寸正确，误差超过 0.1mm 无分 | |
| 安全文明操作 | 20 | 违反安全文明操作规程酌情扣 10~20 分 | |

## 项目小结

通过本项目的学习，大家应该掌握数控机床的整体结构、开关机操作步骤、操作面板各按键的含义和作用；学会程序的建立、输入、修改、调用和校验；通过对刀操作练习，理解数控车床对刀的原理；对于练习中应该注意的事项，操作中易出现的问题和错误，进行自我总结，并要反复练习以达到熟练的程度。

——复习与思考——

**1. 选择题**

(1) 数控车床的程序保护开关处于（　　）位置时，可以对程序进行编辑。

　　A. ON　　　　　　B. IN　　　　　　C. OUT　　　　　　D. OFF

(2) 数控车床机床锁定开关的作用是（　　）。

　　A. 程序保护　　　　　　　　　　B. 试运行程序

　　C. 关机　　　　　　　　　　　　D. 屏幕坐标值不变化

(3) 数控车床试运行开关扳到"DRY RUN"位置，在 MDI 状态下运行机床时，程序中给定的（　　）无效。

　　A. 主轴转速　　　B. 快进速度　　　C. 进给速度　　　D. 以上均对

(4) 数控车床手动进给时，模式选择开关应放在（　　）。

　　A. JOG FEED　　　　　　　　　B. RELEASE

　　C. ZERO RETURN　　　　　　　D. HANDLE FEED

(5) 机床回零时，到达机床原点行程开关被按下，所产生的机床原点信号送入（　　）。

　　A. 伺服系统　　　B. 数控系统　　　C. 显示器　　　D. PLC

(6) 在数控车床各坐标轴的终端设置有极限开关，由极限开关设置的行程称为（　　）。

　　A. 软极限　　　　B. 硬极限　　　　C. 极限行程　　　D. 行程保护

(7) 限位开关在电路中起的作用是（　　）。

　　A. 短路保护　　　B. 过载保护　　　C. 欠电压保护　　　D. 行程控制

(8) 下列关于参考点的描述，不正确的是（　　）。

　　A. 参考点是确定机床坐标系原点的基准，而且还是轴的软限位和各种误差补偿生效的条件

　　B. 采用绝对编码器时，必须进行返回参考点的操作，这样数控系统才能找到参考点，从而确定机床各轴的原点

　　C. 机床参考点是靠行程开关和编码器的零脉冲信号确定的

　　D. 大多数数控机床都采用带增量编码器的伺服电动机，因此必须通过返回参考点操作才能确定机床坐标系原点

**2. 简答题**

(1) 列举操作面板上常见的 5 种工作方式，并上机演示每种工作方式如何操作，记录每种工作方式的操作步骤。

(2) 数控车床操作面板由哪几部分组成？每一部分有哪些功能按键？每个按键有什么作用？怎样操作使用？

# 项目 4

# 阶梯轴、阶梯孔的编程与加工

通过前面几个项目的学习，我们对数控代码指令、数控车床基本操作有了一定的了解，而最终我们是想利用数控车床把工件完成。其实在数控车床上加工工件和在普通车床上加工工件的工艺与车削步骤很接近，就是把普通车床需要执行的动作用数控代码指令表示出来，输入到数控装置中去，使其执行相应的动作来完成加工。下面以简单的阶梯轴、阶梯孔的编程和加工为例，利用数控车床完成工件的加工，从中了解数控车床加工工件的过程。

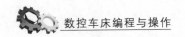数控车床编程与操作

# 任务 *4.1* 阶梯轴工艺分析

知识目标 👉

1. 了解阶梯轴零件的绘图方法，分析阶梯轴类零件的工艺与技术要求。
2. 掌握加工零件的工艺规程制定内容。
3. 掌握加工零件的工艺卡及刀具卡的填写内容。

能力目标 👉

1. 能够根据所给定的图样进行加工工艺的编制。
2. 能够对一般轴类零件进行加工工序卡、加工刀具卡等的填写。
3. 会选用符合工艺要求的最佳切削用量，并能够调整加工方案。

**工作任务**

完成如图 4.1 所示的阶梯轴的工艺分析。

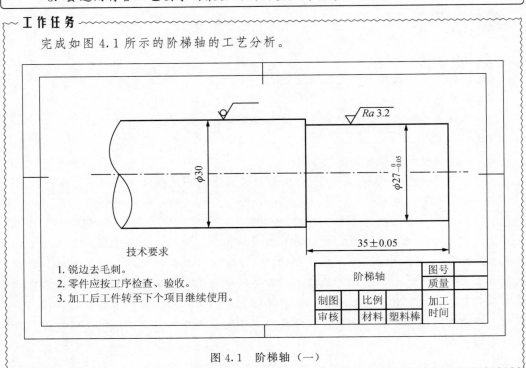

图 4.1　阶梯轴（一）

## 相关知识

### 4.1.1　工艺制定原则

　　无论是普通车床加工还是数控车床加工，在加工工件前都要对所加工的零件进行工艺过程分析，拟定加工方案，确定加工线路和加工内容，选择合适的刀具和切削用量，设计合适的夹具及装夹方法。特别是在数控车床加工中，加工工艺的制定比普通车床显得更为重要，也更为详细。

90

1. 数控车床加工零件工艺性分析

利用数控车床加工时必须根据数控车床的性能特点、应用范围，对零件加工工艺进行分析。

1）分析零件数控加工的可能性：对零件毛坯的可安装性、材质的加工性、刀具运动的可行性和加工余量状况进行分析。

2）分析程序编制的方便性：查看零件图样尺寸的标注方法是否便于坐标计算和程序编制，能否减少刀具的规格和换刀次数，以提高生产效率和加工质量。

3）通过工艺分析选择合适的加工方案：对于同一零件，由于装夹定位的方式、刀具的配备、加工路径的选取、工件坐标系的设置以及生产规模等的差异，往往会有许多可能的加工方案，要根据零件的技术要求选择经济、合理的工艺方案。

具体需要分析的内容大致有如下几个方面：

1）分析零件图样标示的构成零件轮廓的几何元素的条件是否充分。

2）分析零件图样尺寸的标注方法是否适应数控加工。通常零件图样的尺寸标注方法要根据装配要求和零件的使用特性分散地从设计基准引注，这样的标注方法会给工序安排、坐标计算和数控加工增加许多麻烦。而数控加工零件图样则要求从同基准引注尺寸或直接给出相应的坐标值（或坐标尺寸），这样有利于编程和协调设计基准、工艺基准、测量基准，以及对编程零点的设置和计算。

3）材质的加工性分析，主要分析所提供的毛坯材质本身的力学性能和热处理状态，毛坯的铸造品质和被加工部位的材料硬度，是否有白口、夹砂、疏松等，同时判断其加工的难易程度，为刀具材料和切削用量的选择提供依据。

4）零件毛坯的可安装性分析，主要分析被加工零件的毛坯是否便于定位和装夹，是否需要增加工艺辅助装置，安装基准是否需要进行加工，装夹方式和装夹点的选取是否会妨碍刀具的运动，夹压变形是否会对加工质量造成影响等，从而为工件定位、装夹和夹具设计提供依据。

5）刀具运动的可行性分析，主要分析工件毛坯（或坯件）外形和内腔是否有妨碍刀具定位、运动和切削的地方，有无加工干涉现象，对有妨碍部位检验是否通过，从而为刀具运动路线的确定和程序设计提供依据。

6）加工余量状况的分析，主要分析毛坯（或坯料）是否留有足够的加工余量，孔加工部位是通孔还是盲孔，有无加工干涉等，从而为刀具选择、加工安排和加工余量分配提供依据。

7）分析零件结构工艺性是否有利于数控车床加工，主要分析零件的外形、内腔是否可以采取统一的几何类型或尺寸，尽可能减少刀具数量和换刀次数。

8）分析加工工序的划分是否有利于数控车床加工，各工序尺寸是否容易保证，是否对加工质量有影响，能否提高加工效率，是否经济合理。

2. 数控车床加工工艺设计

工艺设计是数控车床加工过程中较为复杂又非常重要的环节，与加工程序的编制、零件加工的质量、效益都有密切的联系。要掌握数控车床加工工艺设计环节，不仅要掌握普通车床加工的工艺规程、切削知识，还应具有扎实的加工工艺基础知识，以及对数控车床加工工艺方案制定的各个方面都有比较全面的了解。在数控车床的加工中，造成加工失误或质量、效益不尽如人意的主要原因就是对工艺设计考虑不周。做好工艺设计、处理工作，对数控车床加工中程序的编制和零件的加工是非常重要的。但工艺设计工作的实践性很强，在学习中，要善于思考，充分利用所掌握的各项知识，理论联系实际，在大量的实际运用中，不断总结、提高自己的工艺设计、处理水平。现对数控车床加工工艺设计过程给予分析。

（1）数控车床加工工艺路线的设计

数控车床的加工过程分为多个阶段。粗加工阶段：主要是切除大部分加工余量，使毛坯在形状和尺寸上接近零件成品；半精加工阶段：使主要表面达到一定的精度，为主要表面的精加工做好准备，并完成一些次要表面的加工。精加工阶段：使各主要表面达到图样规定的质量要求。

（2）数控车床加工夹具与刀具的设计

单件小批量生产时，应优先选用组合夹具，通用夹具或可调夹具。成批生产时，可采用专用夹具。另外，还要求夹具在数控机床上安装正确，能协调工件和机床坐标系的尺寸关系。一般优先采用标准刀具，也可采用各种复合刀具以及其他专用刀具，还可选用各种先进刀具，如可转位刀具，硬质合金刀具、陶瓷刀具等。

（3）数控车床加工走刀路线的设计

确定走刀路线应考虑确保加工质量，尽可能地缩短走刀路线，编程计算简单，程序段要少，以及"少换刀"、"少走空刀"等。

（4）数控车床加工切削用量的设计

切削用量主要包括被吃刀量、主轴转速及进给速度等。背吃刀量对刀具耐用度影响最大，其次是进给量，切削速度影响最小。考虑到切削用量与刀具耐用度的关系，在选择粗加工切削用量时，应优先考虑采用大的背吃刀量，其次考虑采用大的进给量，最后才是选择合理的切削速度。精加工时，刀尖磨损往往是影响加工精度的重要因素，因此应选用耐磨性好的刀具材料，并尽可能使之在最佳切削速度范围内工作。

3. 切削用量的确定

数控车床加工中的切削用量是表示机床主体的主运动和进给运动速度大小的重要参数，包括背吃刀量、主轴转速和进给速度，并与普通车床加工中所要求的各切削用量基本一致。但由于数控车床的各种配置较好，切削参数应比普通车床高一个档次。在加工程序的编制工作中，选择好切削用量，使背吃刀量、主轴转速和进给速度三者间能互相适应，以形成最佳切削参数，这是工艺处理的重要内容之一。

1）车削运动和加工后形成的表面如图 4.2 所示。

① 待加工表面：工件上待切除多余金属层的表面。

② 过渡表面：工件上主切削刃正在加工的表面，过渡表面总是位于待加工表面和

已加工表面之间。

③ 已加工表面：工件上经刀具切削后产生的新表面。

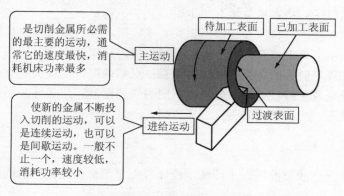

图 4.2　车削运动和加工后形成的表面

2）切削三要素的定义。数控车床加工中切削三要素包括背吃刀量（$a_p$）、切削速度（$v_c$）或主轴转速（$n$）、进给量（$f$）或进给速度（$v_f$）。

① 背吃刀量：在垂直于进给运动的方向上测量的主切削刃切入工件的深度，单位为 mm。

② 切削速度：在单位时间内工件和刀具沿主运动方向相对移动的距离，单位为 m/min。

③ 进给量：主运动每转一周，刀具与工件之间沿进给运动方向的相对位移，单位为 mm/r。有时也用进给速度表示，单位为 mm/min。

3）数控车床加工时切削用量的确定方法。对于不同的加工方法，需要选用不同的切削三要素。所谓合理的切削三要素，是指在保证零件的加工精度和表面粗糙度的前提下，充分发挥刀具的切削性能和机床性能，最大限度提高生产率，降低成本。

① 背吃刀量的确定。在车床主体、夹具、刀具、零件所组成系统刚性允许的条件下，尽可能选取较大的背吃刀量，以减少走刀次数，提高生产效率。当零件的精度要求较高时，则应考虑适当留出精车余量，其所留精车余量一般比普通车削时所留余量小，常取 0.1～0.5mm。

② 主轴转速的确定。主轴转速的确定方法，除螺纹加工外，与普通车削加工时一样，应根据零件上被加工部位的直径，并按零件和刀具的材料及加工性质等条件所允许的切削速度来确定。在实际生产中，主轴转速可用下式计算：

$$n = 1000 v_c / \pi d$$

式中：$n$——主轴转速（r/min）；

$v_c$——切削速度（m/min）；

$d$——零件待加工表面的直径（mm）。

在确定主轴转速时，首先要确定其切削速度，而切削速度又与背吃刀量和进给量有关。一般在粗车时，应尽量保证较高的金属切除率和必要的刀具使用寿命。选择切削三

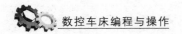

要素时，应首先选取尽可能大的背吃刀量；其次根据机床动力和刚度的限制条件，选取尽可能大的进给量；最后根据刀具使用寿命的要求，确定合适的切削速度。增大背吃刀量可使走刀次数减少，增大进给量有利于断屑。

而在精车时，对加工精度和表面粗糙度要求较高，加工余量不大且较均匀，故一般选用较小的进给量和背吃刀量，而尽可能选用较快的切削速度。

在编制加工程序时，大多凭实践经验或通过试切确定其速度值。应该注意的是，对一些精度要求较高或断屑、切削效果拿捏不定的切削用量，应进行必要的试切削，以得到最佳的切削效果，为程序编制提供可靠依据。

### 4．工件的定位与装夹

在加工条件允许的情况下，工件的定位和装夹应尽量保证工件的刚性要求。

### 5．车刀的类别与安装方法

（1）车刀的类别

1）按被加工表面特征分为尖形车刀、圆弧形车刀、成形车刀。

2）按车刀结构分为整体式车刀、焊接式车刀、机械夹固式车刀。

3）按加工方式分为外圆车刀、端面车刀、内孔车刀、螺纹车刀、切断刀等。

（2）车刀的正确安装方法

根据工件及加工工艺要求选择恰当的刀具和刀片，将选择好的刀具安装在刀架上。车刀安装的正确性，直接影响车削过程和工件的加工质量，所以在安装车刀时必须注意下列事项：

1）安装前保证刀杆及刀片定位面的清洁和无损伤。

2）将刀杆安装在刀架上时，应保证刀杆方向正确。

3）车刀安装在刀架上的伸出部分应尽量短，以增强其刚度。伸出长度为刀杆长度的1～1.5倍。车刀下面垫片的数量要尽量少，并与刀架边缘对齐，且至少用两个螺钉平整压紧，以防振动。

4）安装刀具时需注意使刀尖等高于主轴的回转中心。车刀刀尖高于工件轴线，会使车刀的实际后角减小，车刀后面与工件之间的摩擦增大。车刀刀尖低于工件轴线，会使车刀的实际前角减小，切削阻力增大。刀尖不对中心，在车至端面中心时会留有凸头。使用硬质合金车刀时，若忽视这一点，车到中心会造成车刀刀尖碎裂。为使车刀刀尖对准工件中心，通常采用下列几种方法：

① 根据车床主轴的中心高度，用钢直尺测量装刀。

② 根据机床尾座顶尖的高度装刀。

③ 将车刀靠近工件端面，用目测估计车刀的高度，然后夹紧车刀，试车端面，再根据端面的中心来调整车刀。

**课堂互动**

1）怎样检验刀具是否安装正确？举例说明。

2）刀具装高了或装低了，对加工有什么影响？举例说明。

3）假如安装90°外圆偏刀，刀具主切削刃与工件之间的夹角小于90°，能够加工吗？对加工有什么影响？

### 4.1.2　工艺制定文件

数控加工工艺文件是编程人员在编制加工程序时做出的与程序相关的技术文件，主要包括数控加工工序卡、数控加工刀具卡、数控加工程序单等。它们是数控零件加工、产品验收的依据，也是操作人员遵守执行的规程。但对于不同的数控机床，其加工工艺文件的格式和内容不完全相同。

1. 数控加工工序卡

数控加工工序卡主要反映的是使用的辅具、刃具的切削参数、切削液等，它是操作者配合数控程序进行数控加工的主要指导性工艺文件，它是编程工作的原始资料。在加工内容比较简单时，可在工序卡中附工序简图，并在图中注明编程原点及对刀点。

2. 数控加工刀具卡

数控加工刀具卡主要反映的是刀具编号、刀具结构、刀具几何尺寸、刀具型号和材料、加工零部件的名称等，它是组装和调整刀具的依据。

3. 数控加工程序单

数控加工程序单是一种记录数控加工工艺过程、工艺参数及刀具位移数据等数字信息的文件，操作者依据程序单向数控系统输入加工程序，实现数控加工。

### 任务实施

### 4.1.3　具体阶梯轴工艺分析

根据所掌握的相关知识完成如图4.1所示的阶梯轴的工艺分析，并填写数控加工工序卡与数控加工刀具卡。

如图4.1所示，材料为塑料棒，毛坯尺寸为$\phi$30mm×100mm，加工件数为一件。

1. 图样及工艺性分析

该零件图素较为简单，且是加工材料为塑料的单件，切削性能好，但是尺寸精度及表面粗糙度要求较高，需要分粗、精加工来完成。

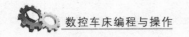

**2. 装夹方式**

由于是单件加工，材料为圆棒料，材料可预留足够夹持长度，可在三爪自定心卡盘上直接找正夹紧加工。

**3. 刀具选择**

由于工件只进行一个阶梯轴的加工，对刀具的要求不是太高，故选择主偏角为 93°的外圆右偏刀即可。

**4. 拟定工艺路线**

1）工件坐标系设定在工件右端面中心，采用主偏角为 93°的外圆右偏刀，一个程序、一次装夹完成。加工顺序如下：

① 平端面。三爪自定心卡盘夹住毛坯一端，伸出长度为 40mm 左右，MDI 方式下用外圆偏刀平端面见平。

② 外圆表面的加工。自动方式下用外圆偏刀完成 $\phi$27mm×35mm 的粗、精车加工。

③ 测量，取下工件。

2）填写阶梯轴加工工序卡，见表 4.1。

表 4.1　阶梯轴加工工序卡

| 单位名称 | | | | 零件名称 | | | 阶梯轴 | | |
|---|---|---|---|---|---|---|---|---|---|
| 工序号 | 002 | 程序号 | O0001 | 夹具名称 | 三爪自定心卡盘 | 使用设备规格/系统 | CAK5085di/FANUC 0i Mate-TD | | |
| 工步 | 工步内容 | | 刀具号 | 刀具规格 | $n$/（r/min） | $f$/（mm/r） | $a_p$/mm | 备注 | |
| 1 | 车端面 | | T01 | 25mm×25mm | 1200 | 0.1 | 1 | | |
| 2 | 粗车 27mm×35mm 外圆 | | T01 | 25mm×25mm | 500 | 0.2 | 2 | | |
| 3 | 精车 27mm×35mm 外圆 | | T01 | 25mm×25mm | 1200 | 0.1 | 0.5 | | |

3）填写阶梯轴加工刀具卡，见表 4.2。

表 4.2　阶梯轴加工刀具卡

| 零件名称 | | | | 阶梯轴 | | |
|---|---|---|---|---|---|---|
| 序号 | 刀具号 | 刀具规格名称 | 数量 | 加工表面 | 刀尖半径 | 备注 |
| 1 | T01 | 93°外圆右偏刀 | 1 | 车端面、车外圆 | 0.4mm | |

## 巩固训练

根据所学知识对如图 4.3 所示零件进行工艺分析，并完成相应的加工工序卡（表 4.3）及加工刀具卡（表 4.4）的制作（毛坯材料为塑料棒，毛坯尺寸为 $\phi$30mm×100mm）。

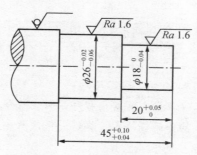

图 4.3  阶梯轴（二）

**表 4.3  加工工序卡**

| 单位名称 | | | 零件名称 | | | | | |
|---|---|---|---|---|---|---|---|---|
| 工序号 | | 程序号 | | 夹具名称 | | 使用设备规格/系统 | | |
| 工步 | 工步内容 | 刀具号 | | 刀具规格 | 主轴转速 | 进给量 | 背吃刀量 | 备注 |
| | | | | | | | | |
| | | | | | | | | |
| | | | | | | | | |
| | | | | | | | | |

**表 4.4  加工刀具卡**

| 零件名称 | | | | | | |
|---|---|---|---|---|---|---|
| 序号 | 刀具号 | 刀具规格名称 | 数量 | 加工表面 | 刀尖半径 | 备注 |
| | | | | | | |
| | | | | | | |

# 任务评价

填写阶梯轴工艺分析评分表，见表 4.5。

**表 4.5  阶梯轴工艺分析评分表**

| 项目 | 配分 | 考核标准 | 得分 |
|---|---|---|---|
| 图样及工艺性分析 | 15 | 要求能根据图样对工件进行合理性工艺分析，分析错误不得分 | |
| 装夹方式选择 | 10 | 能正确装夹工件，得分；否则，不得分 | |
| 刀具选择 | 30 | 能正确选择刀具，得分；否则，不得分 | |
| 拟定工艺路线 | 30 | 工艺路线制定正确得分，错一处扣 5 分，扣完为止 | |
| 填写工序卡片 | 15 | 能正确填写工序卡片，得分；错一处扣 5 分，扣完为止 | |

# 任务 4.2 阶梯轴的编程及加工

## 知识目标 ☞

1. 了解数控车床程序的构成及编写格式。

2. 掌握数控车床基本编程指令并解读程序，叙述程序中每个指令的功能含义。

3. 能够通过数控车床操作面板输入、编辑、修改程序，以及调用、校验程序。

4. 熟悉 G00、G01 指令的应用。

## 能力目标 ☞

1. 能够结合相关知识完成如图 4.1 所示工件的加工。

2. 能够根据加工内容合理选择车削刀具，并能正确安装刀具。

3. 能够合理选择刀具进刀点和退刀点。

4. 能够正确运用 G00、G01 指令编制加工程序，并完成零件的加工。

5. 能够根据加工图样的要求，结合切削三要素选择原则合理选择加工参数，完成工件加工。

6. 会正确使用游标卡尺和千分尺进行几何精度与表面粗糙度的检测。

### ⊢ 工作任务

完成如图 4.1 所示阶梯轴的编程和加工。

## 相关知识

### 4.2.1 车削加工进刀方式

对于车削加工，进刀时采用快速走刀来接近工件切削起始点附近的某个点，再改用切削进给，以减少空走刀的时间，提高加工效率。切削起始点的确定与毛坯余量大小有关，应以刀具快速走到该点时刀尖不与工件发生碰撞为原则。

### 4.2.2 千分尺简介

外径千分尺简称千分尺，又称为螺旋测微器，如图 4.4 和图 4.5 所示，它是比游标卡尺更精密的长度、直径测量仪器，测量精度为 0.01mm。

1. 千分尺的结构

1）千分尺由固定的尺架、测砧、测微螺杆、固定套管、微分筒、锁紧装置、微调旋钮等组成。固定套管上有一条水平线，这条线上、下各有一行间距为 1mm 的刻度线，下面的刻度线恰好在上面两相邻刻度线中间。微分筒上的刻度线是将圆周分为 50 等份的水平线，微分筒可旋转。

2）固定测砧和固定套筒压合在尺架上的相应孔内，测微螺杆的左端为可动测砧，两测砧都镶有硬质合金头，测微螺杆右端的螺母部分与固定套筒右端的螺母配合，组成精密螺旋副。普通千分尺的结构如图 4.6 所示。

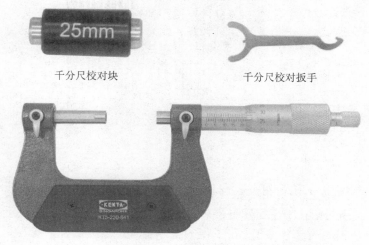

千分尺校对块　　　　　　　　　千分尺校对扳手

图 4.4　普通千分尺

图 4.5　数显千分尺

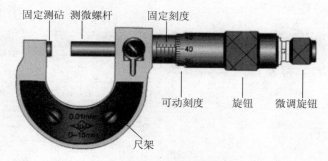

固定测砧　测微螺杆　固定刻度

可动刻度　旋钮　微调旋钮

尺架

图 4.6　普通千分尺的结构

### 2. 螺旋刻线原理

1）千分尺使用前应校正零位，测量前先检查零点读数。当使测微螺杆和测砧并合时，微分筒的边缘对到主尺的"0"刻度线且微分筒圆周上的"0"线也正好对准基准线，如图 4.7（a）所示，则零点读数为 0.000mm。如果未对准则应记下零点读数，顺刻度方向读出的零点读数记为正值，逆刻度方向读出的零点读数记为负值。测量值为测量读数值减去零点读数值。测量时测力要适当，靠近工件时改用微调旋钮，当发出"吱吱"响声时，表示两测砧已与被测件接触好，此时即可读数。

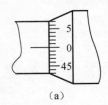　　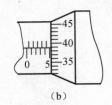　　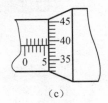

（a）　　　　　　　　　　（b）　　　　　　　　　　（c）

图 4.7　普通千分尺读数

2）千分尺的刻度由固定刻度和可动刻度两部分构成，固定刻度又分为整刻度和半刻度，每个刻度为 1mm，当微分筒旋转一周时，测微螺杆前进或后退一个螺距，即 0.5mm。微分筒上的刻度等分为 50 小格，每小格为 0.5mm/50＝0.01mm，故其最小测量精度为 0.01mm。

3. 千分尺的读数

1）螺旋测微器尺身分度值为 0.5mm。所以在读数时要特别注意半毫米刻度线是否露出来。图 4.7（b）所示，读数是 5.386mm，而图 4.7（c）中的读数应该是 5.886mm。

2）不论是读取零点读数，还是夹持物体测量，都不准直接旋转微分筒，必须利用尾钮 G 带动微分筒旋转，尾钮 G 中的棘轮装置可以保证夹紧力不会过大，否则不仅测量不准，还会夹坏待测物或损坏螺旋测微器的精密螺旋。

3）千分尺用完后，在测微螺杆和测砧之间要留有一定的间隙，以免测微螺杆受热膨胀而损坏千分尺。实验室通常使用量程为 0～25mm 的一级千分尺，分度值为 0.01mm，示值误差限为 0.004mm。

## 任务实施

### 4.2.3　阶梯轴的编程及加工具体步骤

1. 工作准备

刀具：90°外圆偏刀。

量具：游标卡尺。

工具：卡盘扳手、刀架扳手。

材料：$\phi$30mm×100mm 塑料棒。

2. 引导操作

（1）开机前的检查

1）检查电源、电压是否正常，润滑油油量是否充足。

2）检查机床可动部位是否松动。

3）检查材料、工件、量具等物品放置是否合理，是否符合要求。

（2）开机后的检查

1）检查电动机、机械部分、冷却风扇是否正常。

2）检查各指示灯是否正常显示。

3）检查润滑、冷却系统是否正常。

4）机床起动（需要回参考点的机床先进行回参考点操作）。

5）工件装夹及找正（注意工件装夹牢固可靠）。

6）刀具安装及找正（注意刀具装夹牢固可靠）。

（3）对刀操作

以工件右端面中心为工件原点建立工件坐标系，进行对刀操作。

（4）编制程序

结合在普通车床上加工阶梯轴工件的步骤，转换成数控代码指令，编制加工如图4.1所示的数控程序。参考程序如下：

```
O0001;              //首先定义一个程序名
M03 S500;           //主轴带动工件旋转，转速500r/min为宜
T0101;              //所需要的外圆偏刀安装在1号刀位上，把外圆偏刀转到切削位置
F0.2;               //选择合理的进给量
G00 X27 Z2;         //刀具快速移动接近工件到离开右端面2mm，直径到27mm处
G01 Z-35;           //长度方向自动车削工件（把多余的毛坯料车掉）
G01 X32;            //直径方向退刀（大于毛坯尺寸，保证加工面的表面粗糙度）
G00 X100 Z100;      //刀具快速退刀到换刀点
M05;                //主轴停转
M30;                //程序结束
```

（5）程序输入及校验

选择"编辑"工作方式→按PROG键→按"DIR"软键（看有无要输入的程序名称，如要输入的程序名已存在，就要更换其他没有的程序名或删掉同名的程序后再输入）→输入O0001→按INSERT键→输入M03S500；至M30；，结束程序的输入。

**课堂互动**

1）通过程序的编辑输入练习会发现操作面板上编辑区域的3个键 INSERT INPUT CAN 都是输入的功能键，它们有什么区别？

2）你在程序编辑校验过程中碰到了哪些问题？是如何处理的？

（6）自动加工

运行程序进行加工，选择自动工作方式，单步运行，结合程序观察走刀路线。

（7）零件精度控制

通过尺寸的测量，会发现即使对刀很准确，自动加工后工件的尺寸也不能每次都达

到要求，这一方面是由于精车的切削三要素和对刀时的切削三要素不完全相同；另一方面是因为机床本身也存在反向间隙。一般情况可以采用补刀的方法来控制尺寸。

精度控制采用的方法是对好刀后先在磨耗界面输入一个值，如外部尺寸先放大 1mm（精车的余量）。具体操作步骤如下：

1）按 OFS/SET 键显示如图 4.8 所示的界面。

2）按"补正"软键，按"磨耗"软键，进入磨耗参数设置界面，如图 4.9 所示。

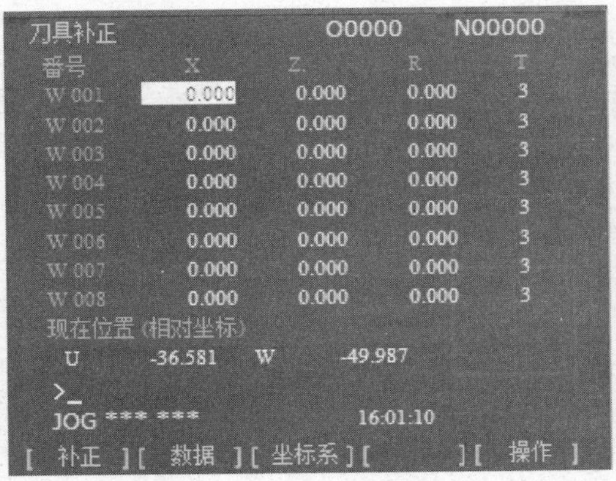

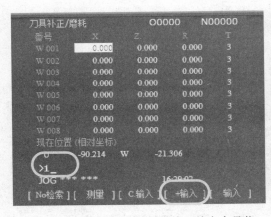

图 4.8　刀具补偿界面

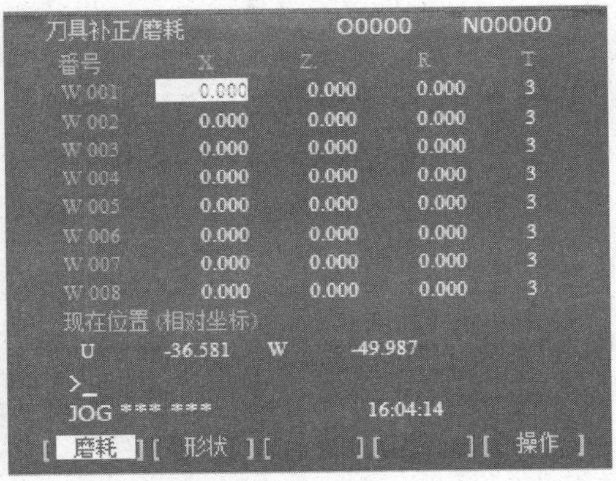

图 4.9　刀补磨耗界面

3）输入磨耗补偿值，如 1，按"＋输入"软键，如图 4.10 所示。

4）输入磨耗补偿值后，界面如图 4.11 所示。

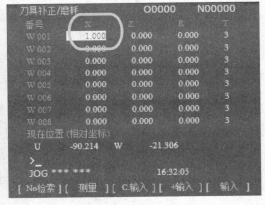

图 4.10　对应刀补磨耗界面输入精车余量值

图 4.11　对应刀补磨耗界面显示输入值

5）进行第一次加工，停机床测量各部分尺寸，看看还差多少进入公差要求，如差 0.96mm 进入公差，在磨耗参数设置界面输入－0.96，按"＋输入"软键，如图 4.12 所示。

6）输入磨耗补偿值后，界面如图 4.13 所示。

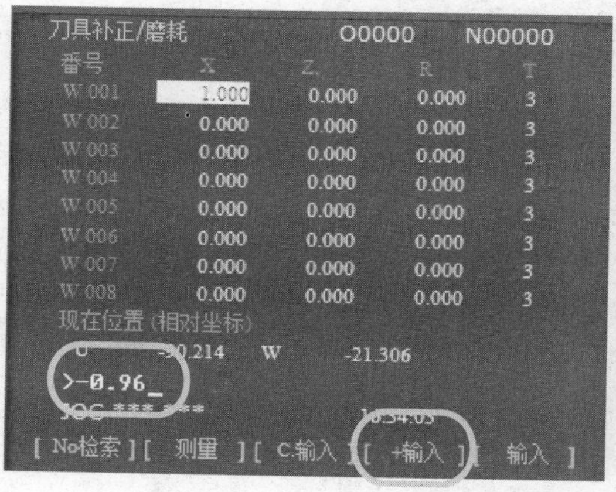

图 4.12  输入修正值

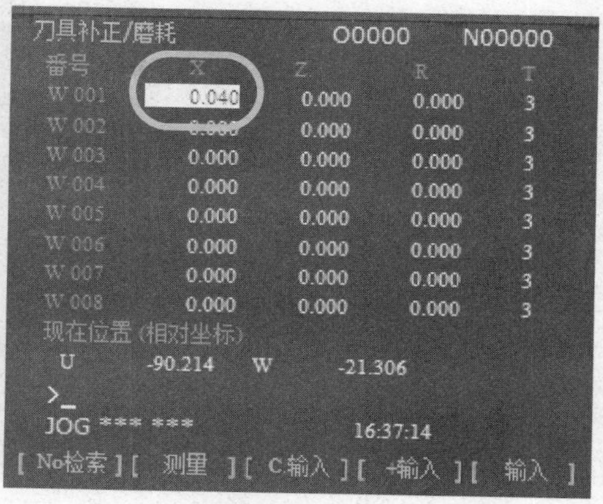

图 4.13  对应刀补磨耗界面显示数值

7）调用精加工程序，进行第二次精加工。

**课堂互动**

长度尺寸精度如何控制？

（8）机床维护与保养

1）清除铁屑，擦拭机床，并打扫周围卫生。

2）添加润滑油、切削液。

3）机床如有故障，应立即保修。

（9）填写设备使用记录

加工完成后，认真填写设备使用记录。

## 巩固训练

在完成上述学习后，按要求完成如图 4.14 所示工件的编程与加工，巩固所学知识和技能。

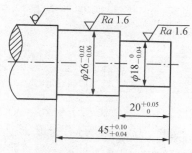

图 4.14  阶梯轴（三）

## 任务评价

填写阶梯轴加工评分表，见表 4.6。

表 4.6　阶梯轴加工评分表

| 序号 | 检测项目 | 检测内容 | 配分 | 检测要求 | 学生自评 | | 教师点评 | |
|---|---|---|---|---|---|---|---|---|
| | | | | | 自测 | 得分 | 检测 | 得分 |
| 1 | 长度 | $35^{+0.05}_{-0.05}$ mm | 15 | 超差 0.02mm 扣 1 分，扣完为止 | | | | |
| 2 | 直径 | $\phi 27^{\ 0}_{-0.05}$ mm | 25 | 超差 0.01mm 扣 2 分，扣完为止 | | | | |
| 3 | 表面粗糙度 | | 10 | 一处不合格扣 2 分，扣完为止 | | | | |
| 4 | 时间 | 工件按时完成 | 10 | 未按时完成全扣 | | | | |
| 5 | 现场操作规范 | 安全操作 | 20 | 违反操作规程扣 20 分 | | | | |
| | | 工量具的使用 | 10 | 工量具使用错误，每项扣 2 分 | | | | |
| | | 设备维护与保养 | 10 | 违反设备维护与保养规程，每项扣 5 分 | | | | |
| | 合计（总分） | | 100 | 机床编号 | | | 总得分 | |
| | 开始时间 | | | 结束时间 | | | 加工时间 | |

知识拓展

### 4.2.4　G90 指令的运用

如果给定的毛坯尺寸较大，如图 4.15 所示，若采用单步编程会造成程序冗长。那么有没有简单的指令来解决这个问题呢？下面了解一个新指令的功能。

G90;　　　　　　　　　　　　//单一固定形状循环加工圆柱面及圆锥面

下面以车削圆柱面为例来说明 G90 指令的功能

格式：

G90X（U）__ Z（W）__ F __ ;

说明：

1）X __ Z __ 表示纵向切削终点（图 4.16 中的 $P$ 点）的坐标值。

2）U __ W __ 表示至纵向切削终点的移动量。

3）F __ 表示切削进给速度。

本指令的意义在于刀具起点与指定的终点间形成一个封闭的矩形，刀具从起点先按 $X$ 向快速进刀，走一个矩形循环，如图 4.16 所示。

G90 指令的走刀路线：刀具 G00 指令快速定位到（X82，Z2），第一刀；刀具 G00 指令快速定位到（X76，Z2），第二刀；G01 指令速度车削 40mm 长度；G00 快速退刀至 X82，G00 指令快速退刀至 Z2，形成一个矩形的循环。继续循环车削直至到最终尺寸，即执行一个 G90 程序段刀具走 4 步。

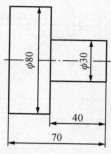

图 4.15　阶梯轴（四）

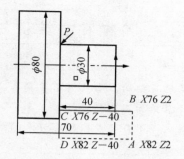

图 4.16　G90 指令的走刀路线

参考程序见表 4.7。

表 4.7　参考程序

| 程序内容 | 程序说明 |
| --- | --- |
| O0002； | 程序名称 |
| M03 S700 T0101 F0.2； | 主轴正转 700r/min，1 号刀具 1 号刀补，进给量 0.2mm/r |
| G00 X82 Z2； | 刀具从起点快速定位到工件坐标系（X82，Z2） |
| G90 X76 Z−40； | 第一刀车削到直径 X76 长度 |
| X72； | 第二刀车削到直径 X72，长度 Z−40 |
| X68； | 第三刀车削到直径 X68，长度 Z−40 |
| X64； | 第四刀车削到直径 X64，长度 Z−40 |
| X60； | 第五刀车削到直径 X60，长度 Z−40 |
| X56； | 第六刀车削到直径 X56，长度 Z−40 |
| ... | |
| X30； | ... |
| G00 X100 Z100； | |
| M30； | 程序结束 |

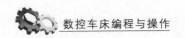

# 任务 4.3 阶梯孔的编程与加工

**知识目标** ☞

1. 了解麻花钻的刃磨几何角度要求。

2. 掌握根据加工图样进行加工工步、工序安排的原则。

3. 熟悉内径千分尺或内径百分表的构造和读数原理。

**能力目标** ☞

1. 能够看懂孔的制图及标注方法。

2. 能够根据图样加工要求，合理选择孔加工用的刀具，并能正确刃磨、安装车孔刀具。

3. 能够正确安装麻花钻并找正，完成钻孔加工，并能够运用 G00、G01 等基本指令合理选择切削参数，完成阶梯孔的编程和加工。

4. 能够结合工步、工序安排原则，合理安排端面、外圆、孔等数控车削加工内容的先后顺序。

5. 会正确使用游标卡尺、千分尺、内径千分尺或内径百分表进行几何精度与表面粗糙度的检测。

**⌇工作任务**

完成如图 4.17 所示的阶梯孔的编程与加工。

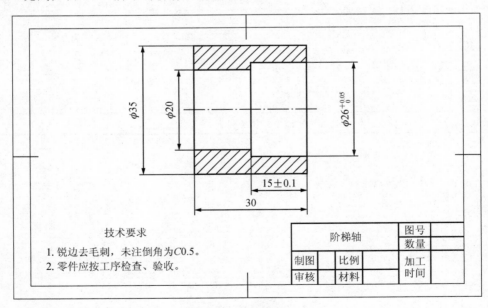

技术要求

1. 锐边去毛刺，未注倒角为C0.5。
2. 零件应按工序检查、验收。

| 阶梯轴 | | 图号 | |
|---|---|---|---|
| | | 数量 | |
| 制图 | 比例 | 加工时间 | |
| 审核 | 材料 | | |

图 4.17　阶梯孔（一）

相关知识

### 4.3.1  内孔加工刀具类型与选用

孔加工刀具主要有麻花钻、扩孔钻、镗刀与铰刀。

1. 麻花钻

（1）麻花钻的组成

标准麻花钻由工作部分、柄部、颈部3部分组成。

1）工作部分是钻头的主要组成部分。它位于钻头的前半部分，也就是具有螺旋槽的部分。工作部分包括切削部分和导向部分，切削部分主要起切削的作用，导向部分主要起导向、排屑、切削部分后备的作用。

麻花钻的切削部分由两个前面、两个后面、两个副后面、两条主切削刃、两条副切削刃和一条横刃组成，如图4.18所示。

前面 $A_r$：靠近主切削刃的螺旋槽表面。

后面 $A_a$：与工件过渡表面相对的表面。

第一后面 $A_{a1}$：又称刃带，是钻头外圆上沿螺旋槽凸起的圆柱部分。

主切削刃 $S$：前面与后面的交线。

副切削刃 $S'$：前面与第一后面的交线。

横刃：两个后面的交线。

2）柄部位于钻头的后半部分，起夹持钻头、传递转矩的作用，如图4.19所示。柄部有直柄（圆柱形）和莫氏锥柄（圆锥形）之分，钻头直径在 $\phi13mm$ 以下做成直柄，利用钻夹头夹持住钻头；直径在 $\phi12mm$ 以上做成莫氏锥柄，利用莫氏锥套与机床锥孔连接，莫氏锥柄后端有一个扁尾榫，其作用是供楔铁把钻头从莫氏锥套中卸下，在钻削时，扁尾榫可防止钻头与莫氏锥套打滑。

3）颈部是工作部分和柄部的连接处（焊接处），如图4.19所示。颈部的直径小于工作部分和柄部的直径，其作用是便于磨削工作部分和柄部时砂轮的退刀；颈部也起标记打印的作用。小直径的直柄钻头没有颈部。

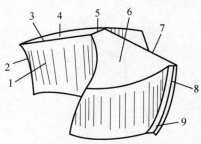

图 4.18  麻花钻的切削部分

1—前面；2、8—副切削刃；

3、7—主切削刃；4、6—后面；

5—横刃；9—棱边

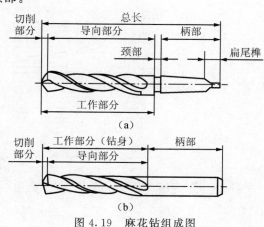

图 4.19  麻花钻组成图

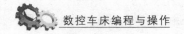

（2）麻花钻的选择

钻孔时，对于精度要求不高的内孔，可以用麻花钻直接钻出；对于精度要求较高的内孔，钻孔后还需要进一步加工才能完成，应留出下道工序的加工余量。选择麻花钻长度时，一般应使麻花钻加工部分的长度大于孔深，直径以所车削的最小孔来确定。

（3）麻花钻的安装与找正

1）麻花钻的安装。一般情况下，直柄麻花钻安装在钻头或钻夹套上，再将钻夹头的锥柄插入尾座锥孔内。

2）麻花钻的找正。使钻头的中心与工件的旋转中心对准，否则可能导致孔径钻大、钻偏，甚至折断钻头。

3）钻孔方法。钻孔前，应将工件端面车平，以利于钻头定心，即用钻尖略钻入工件，然后摇动尾座手轮，钻出一定深度的孔深，也可先在工件的端面上钻出中心孔，然后再用钻头钻削。

## 2. 扩孔钻

扩孔钻主要有高速钢扩孔钻和硬质合金扩孔钻两类。其用途为提高钻孔、铸造与锻造孔的孔径精度，使达到 H11 级以上，表面粗糙度达到 $Ra3.2\mu m$，从而使孔达到镗加工底孔的工序尺寸与尺寸公差的要求。

扩孔钻有直柄、锥柄和套装 3 种类型，如 4.20 所示。

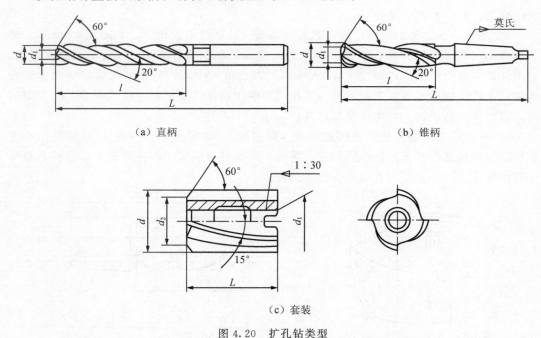

（a）直柄　　　　　　　　　　　　　　（b）锥柄

（c）套装

图 4.20　扩孔钻类型

扩孔钻分为柄部、颈部、工作部分 3 段，其切削部分则有主切削刃、前面、后面、钻心和棱边 5 个结构要素。

3. 镗刀

（1）镗刀的类型

1）按镗刀切削刃数量分为单刃、双刃和多刃 3 种镗刀。

2）按加工面分为内孔镗刀与端面镗刀，内孔镗刀可分为通孔镗刀、阶梯孔镗刀和不通孔镗刀。

① 通孔镗刀的主偏角 $\kappa_r = 60° \sim 70°$，副偏角 $\kappa_r' = 15° \sim 30°$。为了防止后面和孔壁的摩擦，又不使主后角磨得太大，一般磨双重主后角 $\alpha_{01} = 6° \sim 12°$，$\alpha_{02} = 30°$ 左右。

② 盲孔镗刀的主偏角 $\kappa_r = 92° \sim 95°$。主后角要求和通孔镗刀的不同之处是盲孔镗刀夹在刀杆的最前端，刀尖到刀杆外端的距离应小于孔半径，否则无法镗平孔的底面。如图 4.21（a）所示为通孔镗刀，如图 4.21（b）所示为盲孔镗刀，如图 4.21（c）所示为两个后角。

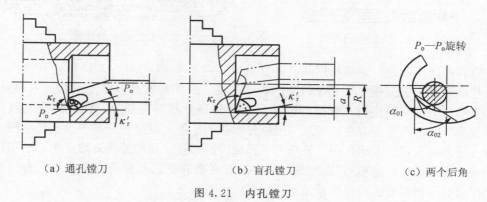

（a）通孔镗刀　　　　（b）盲孔镗刀　　　　（c）两个后角

图 4.21　内孔镗刀

3）按镗刀结构分整体式、机夹式和可调式 3 种。

（2）镗刀的选用

1）镗刀的切削参数有镗削深度、刀具半径、切削速度、切削量、进给量。

2）镗刀伸入孔内的有效加工深度与加工孔径决定了镗削速度。

3）镗刀刀尖半径与镗刀伸入孔内的有效加工深度决定了镗刀的基础柄。

4）内孔的表面粗糙度与刀尖圆弧半径决定了镗刀的进给量。

（3）镗刀的安装

1）刀杆伸出刀架的长度应尽可能短，以增加刚度，避免因刀杆弯曲变形而使孔产生锥形误差，一般比被加工孔长 5～6mm。

2）刀尖应等高或略高于工件旋转中心，以减小振动和扎刀现象，防止镗刀下部碰坏孔壁而影响加工精度。

3）刀杆要装正，应平行于工件轴线，不能歪斜，以防止刀杆后半部分碰到工件孔口。

4）盲孔镗刀安装时，内圆偏刀的主切削刃应与孔底成 30°～50°，并且在车削时要求横向有足够的退刀余量。

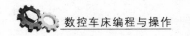

4. 铰刀

铰刀是对已有孔进行精加工的一种刀具。铰削切除余量很小，一般只有 0.1～0.5mm。铰削后的孔精度可达 IT6～IT9，表面粗糙度可达 $Ra0.4～1.6\mu m$。铰刀加工孔直径的范围为 $\phi1～\phi100mm$，它可以加工圆柱孔、圆锥孔、通孔和盲孔。它可以在钻床、车床、数控机床等多种机床上进行铰削，也可以进行手工铰削。铰刀是一种应用十分普遍的孔加工刀具。

铰刀按刀具材料分为高速钢铰刀和硬质合金铰刀；按加工孔的形状分为圆柱铰刀和圆锥铰刀（图 4.22）；按铰刀直径调整方式分为整体式铰刀和可调式铰刀（图 4.23）。

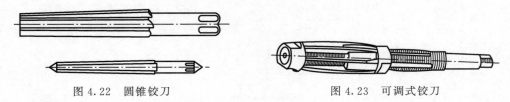

图 4.22　圆锥铰刀　　　　　　　　　　图 4.23　可调式铰刀

铰刀由工作部分、柄部和颈部 3 部分组成，如图 4.24 所示。工作部分分为切削部分和校准部分。切削部分又分为引导锥和切削锥，引导锥使铰刀能方便地进入预制孔；切削锥起主要的切削作用。校准部分又分为圆柱部分和倒锥部分，圆柱部分起修光孔壁、校准孔径、测量铰刀直径以及切削部分后备的作用；倒锥部分起减少孔壁摩擦，防止铰刀退刀时孔径扩大的作用。柄部是夹固铰刀的部位，起传递动力的作用。手用铰刀的柄部均为直柄（圆柱形），机用铰刀的柄部有直柄和莫氏锥柄（圆锥形）之分。颈部是工作部分与柄部的连接部位，用于标注打印刀具尺寸。

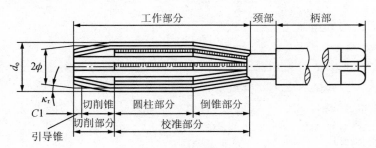

图 4.24　铰刀的组成

## 4.3.2　内径千分尺与内径百分表的使用

1. 内径千分尺

内径千分尺适用于测量内孔尺寸，如图 4.25 所示，内径千分尺有一定的测量范围，图 4.25（a）为 5～30mm 规格的内径千分尺，图 4.25（b）为 25～50mm 规格的内径千分尺，图 4.25（c）为 50～75mm 规格的内径千分尺。

110

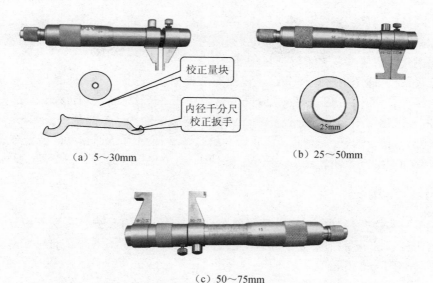

　　（a）5~30mm　　　　　　　　　　（b）25~50mm

　　　　　　　　（c）50~75mm

图 4.25　内径千分尺规格

（1）使用方法

1）测量前应先清洁测量面，并校准零位，用已知尺寸的环规或平行平面（千分尺）调整零位及孔轴向的最小尺寸。

2）测量时应查看测微头固定和松开时的变化量。

3）在日常生产中，用内径千分尺测量孔时，将其测量触头测量面支撑在被测表面上，调整微分筒，使微分筒一侧的测量面在孔的径向截面内摆动，找出最小尺寸。然后拧紧固定螺钉取出并读数，也有不拧紧螺钉直接读数的，这时就存在姿态测量问题。

4）锁紧装置，锁紧是顺时针方向，放松是逆时针方向。

5）内径千分尺测量时支承位置要正确。接长后的大尺寸内径千分尺会产生重力变形，涉及直线度、平行度、垂直度等几何公差。

（2）内径千分尺校正

测量前应校准零位：每把内径千分尺都会配一个校准环，如图 4.26 所示，其孔直径为 5mm，使用内径千分尺测量的结果为 5mm，如图 4.27 所示。

图 4.26　5mm 校准环

显示数值为5.00mm

图 4.27　内径千分尺的校准环

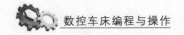

（3）内径千分尺使用注意事项

1）内径千分尺是精密量具，使用时要轻拿轻放，用完之后应在裸露部位涂上防锈油，并放进盒内，将盒放在干燥通风的地方。

2）测量时不能用力转动微分筒，以免影响精度。

3）微分筒不要向右移动超过 25.5mm，以免损坏千分尺和影响它的精度。

4）不要试图拆下内径千分尺的零部件，以免造成损坏而不能使用。

5）两测量面上有硬质合金，测量时不能过分地调整内径千分尺的位置，这样容易损坏测量面和引起测量不正确。

2．内径百分表

内径百分表也是测量内孔尺寸精度的一种量具，内径百分表是将测头的直线位移变为指针的角位移的计量器具，用比较测量法完成测量，用于不同孔径的尺寸及其形状误差的测量，如图 4.28 所示。

（1）内径百分表的工作原理

内径百分表是借用百分表为读数机构，配备杠杆传动系统或楔形传动系统的杆部组合而成的。

（2）内径百分表的正确使用方法

1）把内径百分表插入量表直管轴孔中，压缩百分表一圈，紧固。

2）选取并安装可换测头，紧固。

3）测量时手握隔热装置。

4）根据被测尺寸调整零位。

（3）内径百分表的安装和对零

1）根据被测物品尺寸公差的情况，先选择一个千分尺（普通千分尺的分度值为 0.01mm，数显千分尺的分度值为 0.002mm）。

2）把千分尺调整到被测值名义尺寸并锁紧。

3）一手握内径百分表，一手握千分尺，将表的测头放在千分尺内进行校准，注意要使内径百分表的表杆尽量垂直于千分尺。

4）调整内径百分表使压表量在 0.2～0.3mm，并将表针置零。按被测物品尺寸公差调整表圈上的误差指示拨片。

（4）内径百分表的读数

内径百分表可配普通百分表（精度为 0.01mm）或千分表头（精度为 0.001mm），从而根据要求改变测量范围。不同测量范围的内径百分表有不同的测头。

内径百分表左边是读取正数还是负数的依据：当指针正好在零刻线处，说明被测孔径与标准孔径相等；若指针顺时针方向离开零位，表示被测孔径小于标准环规的孔径；若指针逆时针方向离开零位，表示被测孔径大于标准环规的孔径。

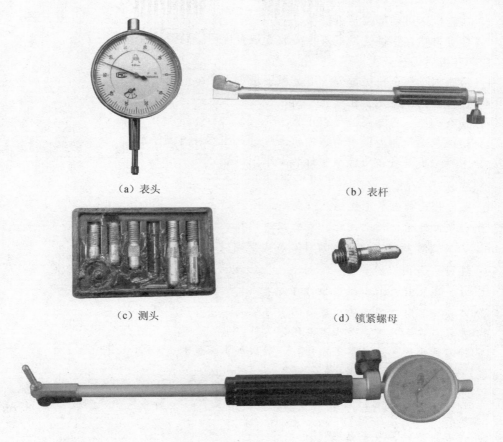

（a）表头　　　　　　　　　　　（b）表杆

（c）测头　　　　　　　　　　（d）锁紧螺母

（e）装配好的内径百分表

图 4.28　内径百分表

## 任务实施

### 4.3.3　阶梯孔的编程与加工过程

1. 工作准备

刀具：$\phi20mm$ 的麻花钻、$93°$外圆偏刀、内孔刀具（刀杆尺寸 $\phi16mm$）。

量具：游标卡尺。

工具：卡盘扳手、刀架扳手。

材料：$\phi40mm \times 100mm$ 塑料棒。

2. 引导操作

（1）开机前的检查

1）检查电源、电压是否正常，润滑油油量是否充足。

2）检查机床可动部位是否松动。

3）检查材料、工件、量具等物品放置是否合理，是否符合要求。

（2）开机后的检查

1）检查电动机、机械部分、冷却风扇是否正常。

2）检查各指示灯是否正常显示。

3）检查润滑、冷却系统是否正常。

4）机床起动（需要回参考点的机床先进行回参考点操作）。

5）工件装夹及找正（注意工件装夹牢固可靠）。

⚠️ **注意：**

① 工件伸出部位尽可能短，以提高工件的刚性。

② 如果工件的材料比较软，装夹工件时要注意夹紧力不宜过大。

6）刀具安装及找正（注意刀具安装应牢固可靠）。

⚠️ **注意：**

① 刀具安装时，不能使用加力杆夹紧。

② 刀具安装时，不宜使用过多的垫片垫高，垫片应尽可能少。

③ 安装车孔车刀时，防止刀具蹭到工件。

④ 镗刀伸出的长度应尽可能短，一般比加工深度长 5～10mm 即可。

（3）对刀操作

以工件右端面中心为原点建立工件坐标系，进行对刀操作。

⚠️ **注意：**

① 镗刀对刀时，要先钻底孔。

② 手动或手轮车孔时，要注意进退刀方向，先判断正确后再移动。

（4）填写加工工序卡

填写如表 4.8 所示的加工工艺卡。

表 4.8　阶梯孔加工工艺卡

| 工步 | 工步内容 | 刀具号 | 刀具规格 | $n/$ (r/min) | $f/$ (mm/r) | $a_p$/mm | 备注 |
|---|---|---|---|---|---|---|---|
| 1 | 车端面 | T01 | 25mm×25mm | 1200 | 0.1 | 1 | |
| 2 | 粗车 $\phi$35mm×30mm 外圆 | T01 | 25mm×25mm | 500 | 0.2 | 2 | |
| 3 | 精车 $\phi$35mm×30mm 外圆 | T01 | 25mm×25mm | 1200 | 0.1 | 0.5 | |
| 4 | 钻 $\phi$20mm 底孔 | T02 | $\phi$20mm | 500 | | | 手动 |
| 5 | 粗车 $\phi$26mm×15mm 内孔 | T03 | $\phi$16mm | 600 | 0.15 | 1.5 | |
| 6 | 精车 $\phi$26mm×15mm 内孔 | T03 | $\phi$16mm | 1200 | 0.08 | 0.5 | |

（5）填写加工刀具卡

填写如表 4.9 所示的加工刀具卡。

表 4.9　阶梯孔加工刀具卡

| 序号 | 刀具号 | 刀具规格名称 | 数量 | 加工表面 | 刀尖半径 | 备注 |
|------|--------|--------------|------|----------|----------|------|
| 1 | T01 | 93°外圆右偏刀 | 1 | 车端面、车外圆 | 0.4mm | |
| 2 | T02 | $\phi$20mm 麻花钻 | 1 | 钻 $\phi$20mm 底孔 | | |
| 3 | T03 | 刀杆直径 $\phi$16mm | 1 | 车内孔 | 0.4mm | |

（6）编制程序

1）结合所学习的相关知识，编制数控程序。

```
O0002;                    //首先定义一个程序名
M3 S500;                  //主轴带动工件旋转，转速为 500r/min
T0101;                    //所需要的外圆偏刀装在 1 号刀位上，把外圆偏刀转到切削位置
F0.2;                     //选择合理的进给量
G00 X36 Z2;               //刀具快速移动接近工件到离开右端面 2mm，直径到 36mm 处
G01 Z-30;                 //长度方向自动车削工件（把多余的毛坯料车掉）
G00 X38 Z2;               //正方向退刀
M3 S1200 T0101 F0.08;     //主轴提速转速 1200r/min，进给量为 0.08mm/r，进行精车
G01 Z-30;                 //长度方向自动车削工件
G00 X100 Z100;            //刀具快速退刀到换刀点
M3 S600 T0303 F0.15;      //主轴降速 600r/min，换镗刀具，进给量为 0.15mm/r
G00 X23 Z2;               //镗孔刀快速定位到离开右端面 2mm，直径到 23mm（第一次粗车）
G01 Z-15;                 //孔长度方向车削
G00 X21 Z2;               //镗刀快速退刀（X 负方向退刀）
X25.4;                    //镗刀定位到 25.4mm，（第二次粗车，留精车余量 0.6mm）
G01 Z-15;                 //孔长度方向车削
G00 X23 Z2;               //镗刀快速退刀（X 负方向退刀）
M3 S1200 T0303 F0.08;     //主轴提速转速 1200r/min，进给量为 0.08mm/r，进行孔精车
X27;                      //镗刀快速定位
G01 Z0;                   //刀具接近工件端面
X26Z-1;                   //孔去锐处理
Z-15;                     //孔长度方向车削，进行精车孔
G00 X24 Z2;               //镗刀快速退刀（X 负方向退刀）
G00 Z100;                 //镗刀快速退刀 Z 向至安全位置
X100;                     //镗刀快速退刀 X 向至安全位置
M05;                      //主轴停转
M30;                      //程序结束
```

2）编程时的注意事项如下：

① 车孔的进退刀方向与车外圆方向相反，外圆是从大车到小，内孔是从小车到大，退刀先退 Z 轴再退 X 轴。

② 换刀点应远离工件，以车孔刀为准，确保换刀时刀具和工件不发生干涉。

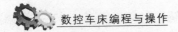

③ 孔加工时，其转速、进给速度一般低于外圆加工，主要受刀杆刚度的影响。

（7）钻通孔

由于 $\phi20mm$ 的孔尺寸要求不高，以直接用直径为 20mm 的麻花钻钻深度为 30mm 的通孔。

（8）程序输入及校验

程序校验时需锁定机床。

（9）自动进行加工

运行程序进行加工，选择自动工作方式，单步运行，结合程序观察走刀路线。

（10）机床维护与保养

1）清除铁屑，擦拭机床，并打扫周围卫生。

2）添加润滑油、切削液。

3）机床如有故障，应立即保修。

（11）填写设备使用记录

加工完成后，认真填写设备使用记录。

## 巩固训练

完成如图 4.29 所示加工要求，制定加工方案，编制加工程序，完成工件的加工，巩固所学知识和技能。

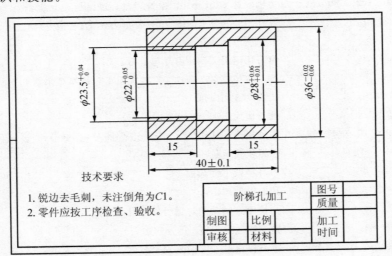

技术要求

1. 锐边去毛刺，未注倒角为 $C1$。
2. 零件应按工序检查、验收。

| 阶梯孔加工 | | 图号 | |
| --- | --- | --- | --- |
| | | 质量 | |
| 制图 | 比例 | 加工时间 | |
| 审核 | 材料 | | |

图 4.29 阶梯孔（二）

## 任务评价

填写阶梯孔加工评分表，见表 4.10。

表 4.10　阶梯孔加工评分表

| 序号 | 检测项目 | 检测内容 | 配分 | 检测要求 | 学生自评 | | 教师点评 | |
|---|---|---|---|---|---|---|---|---|
| | | | | | 自测 | 得分 | 检测 | 得分 |
| 1 | 外圆长度 | 30mm | 5 | 超差 0.02mm 扣 1 分，扣完为止 | | | | |
| 2 | 内孔长度 | $15^{+0.1}_{-0.1}$mm | 10 | | | | | |
| 3 | 外圆 | $\phi35$mm | 10 | 超差 0.01mm 扣 2 分，扣完为止 | | | | |
| 4 | 内孔 | $\phi26^{+0.05}_{0}$mm | 15 | 超差 0.01mm 扣 2 分，扣完为止 | | | | |
| 5 | 表面粗糙度 | | 10 | 一处不合格扣 2 分，扣完为止 | | | | |
| 6 | 时间 | 工件按时完成 | 10 | 未按时完成全扣 | | | | |
| 7 | 现场操作规范 | 安全操作 | 20 | 违反操作规程扣 20 分 | | | | |
| | | 工具、量具的使用 | 10 | 工具、量具使用错误，每项扣 2 分 | | | | |
| | | 设备维护与保养 | 10 | 违反设备维护与保养规程，每项扣 5 分 | | | | |
| 合计（总分） | | | 100 | 机床编号 | | | 总得分 | |

=项目小结=

通过本项目的学习，大家应该真正掌握利用数控车床完成零件的加工过程，对于整个加工流程，应有全面的认识。在练习中，要熟练地去操作机床，把细节能处理得更好，这是一个加强练习的过程。

=复习与思考=

**选择题**

(1) 麻花钻的两个螺旋槽表面是（　　）。

　　A. 后面　　　　B. 副后面　　　　C. 前面　　　　D. 切削平面

(2) 百分表的示值范围通常有 0～3mm、0～5mm 和（　　）三种。

　　A. 0～8mm　　B. 0～10mm　　C. 0～12mm　　D. 0～15mm

(3) 使用内径百分表可以测量深孔件的（　　）。

　　A. 表面粗糙度　B. 位置度　　　　C. 直线度　　　D. 圆度精度

(4) 千分尺测微螺杆上的螺纹的螺距为（　　）mm。

　　A. 0.1　　　　B. 0.01　　　　C. 0.5　　　　D. 1

(5) 以下（　　）不是选择进给量的主要依据。

　　A. 工件加工精度　　　　　　　B. 工件表面粗糙度

　　C. 机床精度　　　　　　　　　D. 工件材料

(6) 车孔时，如果车孔刀逐渐磨损，车出的孔（　　）。

　　A. 表面粗糙度大　　　　　　　B. 圆柱度超差

　　C. 圆度超差　　　　　　　　　D. 同轴度超差

(7) 刀具材料的工艺性包括刀具材料的热处理性能和（　　）性能。

  A. 使用　　　　　B. 耐热性　　　　　C. 强度　　　　　D. 刃磨

(8) 铰孔时，如果铰刀尺寸大于要求，铰出的孔会出现（　　）。

  A. 尺寸误差　　　　　　　　　B. 形状误差

  C. 表面粗糙度超差　　　　　　D. 位置超差

(9) 对刀具寿命影响最大的是（　　）。

  A. 背吃刀量　　B. 进给速度　　　　C. 切削速度　　　D. 切削液

(10) 数控机床回零时，要（　　）。

  A. $X$、$Z$ 向同时　　　　　　　　B. 先刀架，后主轴

  C. 先 $Z$ 向，后 $X$ 向　　　　　　　D. 先 $X$ 向，后 $Z$ 向

(11) 粗加工时切削速度的选择，主要取决于（　　）。

  A. 工件余量　　B. 刀具材料

  C. 刀具耐用度　　D. 工件材料

(12) 在 FANUC 系统中，G90 是（　　）切削循环指令。

  A. 钻孔　　　　B. 端面　　　　　　C. 外圆　　　　　D. 复合

(13) 程序段 G90 X52 Z−100 R−10 F0.3 中，R−10 的含义是（　　）。

  A. 进刀量　　　　　　　　　　B. 圆锥大、小端的直径差

  C. 圆锥大、小端的直径差的一半　　D. 退刀量

# 项目 5

# 圆锥零件的编程与加工

## 项目教学目标

**【知识目标】**

1. 掌握使用基本指令编制圆锥加工程序的方法。

2. 掌握 G71 指令的格式及各参数含义。

3. 掌握锥度与锥角的测量方法。

4. 掌握内锥零件的加工方法。

**【能力目标】**

1. 能使用基本指令完成锥面轴零件的编程与加工。

2. 会使用复合循环指令 G71 完成外锥面轴零件的编程与加工。

3. 会测量零件，并会应用刀具补偿参数。

在机械行业中，圆锥配合是机械设备常用的典型结构。圆锥配合的优点包括：可自动定心，对中性良好，装拆简便，配合间隙或过盈的大小可以自由调整，能利用自锁性来传递转矩，密封性良好等。鉴于此，本项目介绍如何利用数控车床运用正确的编程指令来实现锥度加工。

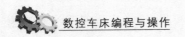
# 任务 5.1 使用基本指令完成锥面轴加工

**知识目标** ☞

1. 了解圆锥的分类及处理方法。
2. 掌握使用基本指令编制圆锥加工程序的方法。
3. 掌握运用加工指令编制圆锥类零件加工程序的方法。

**能力目标** ☞

1. 能够根据加工内容合理选择车削刀具，并能正确安装刀具。
2. 会使用数控车床面板输入循环指令程序。
3. 能够熟练地在数控车床上加工圆锥类零件。

**工作任务**

使用基本指令完成如图 5.1 所示的外锥面轴的编程与加工。已知毛坯尺寸为 $\phi35\text{mm}\times55\text{mm}$，材料为 45 钢。

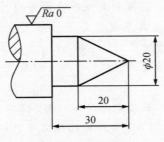

图 5.1 外锥面轴

## 相关知识

### 5.1.1 锥度的概念

在机床和工具中，有许多实用圆锥面配合的场合，如车床主轴锥孔与顶尖的配合，车床尾座锥孔与麻花钻锥柄的配合等。

加工圆锥面时，除了对尺寸精度、几何公差和表面粗糙度有较高要求外，还有对角度（或锥度）的精度要求。角度的精度用加、减角度的分或秒表示。对于精度要求较高的圆锥面，常用涂色法检验，其精度以接触面的大小评定。

锥度计算相关尺寸如图 5.2 所示。

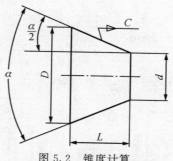

图 5.2　锥度计算

$D$ —大端直径；$d$ —小端直径；$L$ —锥长；$C$ —锥度；$\alpha$ —圆锥角；$\dfrac{\alpha}{2}$ —圆锥半角

锥度的计算公式：

$$C=\frac{D-d}{L} \tag{5.1}$$

### 5.1.2　圆锥车削进给路线的选择

在车床上车削圆锥时大体上有 3 种进给路线，分别是三角形切削路线、阶梯切削路线和相似三角形切削路线。

#### 1. 三角形切削路线

三角形切削路线的特点是起点改变，终点不变。按图 5.3 所示的斜线加工路线，只需确定每次背吃刀量，而不需计算终刀距，编程较方便。但在每次切削中背吃刀量是变化的，且刀具切削运动的路线较长。

#### 2. 阶梯切削路线

按图 5.4 所示的阶梯切削路线，二刀粗车，最后一刀精车；二刀粗车的终刀距 $S$ 要做精确的计算，可由相似三角形得：

$$\frac{\dfrac{D-d}{2}}{L}=\frac{\dfrac{D-d}{2}-a_{\mathrm{p}}}{S} \tag{5.2}$$

$$S=\frac{2L\left(\dfrac{D-d}{2}-a_{\mathrm{p}}\right)}{D-d} \tag{5.3}$$

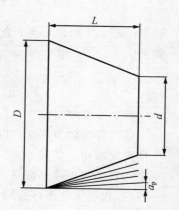

图 5.3　三角形切削路线

此种加工路线，粗车时刀具背吃刀量相同，但精车时背吃刀量不同，同时刀具切削运动的路线最短。

#### 3. 相似三角形切削路线

按图 5.5 所示的相似三角形切削路线，也需计算粗车时终刀距 $S$，可由相似三角形得：

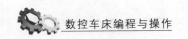 

$$\frac{D-d}{2L}=\frac{a_{\mathrm{p}}}{S} \tag{5.4}$$

$$S=\frac{2La_{\mathrm{p}}}{D-d} \tag{5.5}$$

按此种加工路线，刀具切削运动的距离较短。

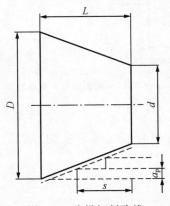

图 5.4　阶梯切削路线

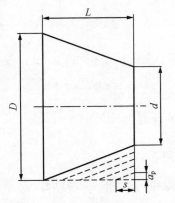

图 5.5　相似三角形切削路线

<h2>任务实施</h2>

### 5.1.3　使用基本指令完成外锥面轴加工的工艺

编制如图 5.1 所示外锥面轴的加工程序并完成零件加工。

1. 识读、分析零件图样

由图 5.1 可以看出，此零件是典型的轴类零件，主要几何要素包括外圆柱面、外圆锥面。

2. 制定加工工艺

（1）装夹与定位

该零件为轴类零件，以其轴心线为工艺基准，用三爪自定心卡盘夹持外圆左端，一次装夹完成粗、精加工。

（2）确定工件坐标系、对刀点和换刀点

1）根据零件图样的尺寸标注特点及基准统一的原则，选择零件右端面与轴心线的交点作为工件原点，建立工件坐标系。

2）采用手动试切对刀法把该点作为对刀点。

3）换刀点设置在工件坐标系下（X100，Z100）处。

（3）制作数控加工刀具卡和工艺卡。

数控加工刀具卡见表 5.1，数控加工工艺卡见表 5.2。

表 5.1  数控加工刀具卡

| 序号 | 刀位号 | 刀补号 | 刀具名称 | 刀具说明 | 备注 |
|------|--------|--------|----------|----------|------|
| 1 | T01 | 01 | 外圆粗车刀 | 后角 55° | |
| 2 | T01 | 01 | 外圆精车刀 | 后角 55° | |

表 5.2  数控加工工艺卡

| 工步号 | 工 艺 内 容 | 刀具号 | 切削用量 | | |
|--------|-------------|--------|-----------------|-----------------|-----------------|
| | | | $n$ / (r/min) | $f$ / (mm/r) | $a_p$ / mm |
| 1 | 平端面 | T01 | 1800 | 0.25 | 2.0 |
| 2 | 粗加工零件至 $Z-30$ 处 | T01 | 600 | 0.2 | 2 |
| 3 | 精加工零件至 $Z-30$ 处 | T01 | 1200 | 0.1 | 0.5 |

**3. 编制数控程序**

采用 3 种加工路线进行圆锥车削的示意图如图 5.6 所示。

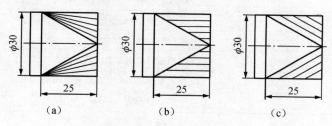

（a）              （b）              （c）

图 5.6  圆锥车削示意图

参考程序见表 5.3～表 5.5。

表 5.3  三角形切削路线

| 加工程序 | 程序说明 |
|----------|----------|
| …… | |
| G00 X20 Z0; | 快速定位到（X20，Z0）处 |
| G01 X15; | 每刀车削 5mm 至 X15 处进行分刀车削 |
| X20 Z−20; | 圆锥终点为（X20，Z−20） |
| G00 Z0; | 快速 Z 向退刀至 Z0 处 |
| G01 X10; | 每刀车削 5mm 至 X10 处进行分刀车削 |
| X20 Z−20; | 圆锥终点为（X20，Z−20） |
| G00 Z0; | 快速 Z 向退刀至 Z0 处 |
| G01 X5; | 每刀车削 5mm 至 X5 处进行分刀车削 |
| X20 Z−20; | 圆锥终点为（X20，Z−20） |
| G00 Z0; | 快速 Z 向退刀至 Z0 处 |

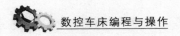 

| 加工程序 | 程序说明 |
| --- | --- |
| G01 X0.5; | 每刀车削 5mm 至 X0.5 处进行分刀车削,留 0.5mm 进行精车削 |
| X20 Z−20; | 圆锥终点为 (X20,Z−20) |
| G00 Z0; | 快速 Z 向退刀至 Z0 处 |
| G01 X0; | 最后车削 0.5mm 进行精车削 |
| X20 Z−20; | 圆锥终点为 (X20,Z−20) |
| G00 X100 Z100; | 快速退刀 |
| M30; | 程序结束并返回到程序开头 |

表 5.4 阶梯切削路线

| 加工程序 | 程序说明 |
| --- | --- |
| …… | |
| G00 X20 Z0; | 快速定位到 (X20,Z0) 处 |
| G01 X15; | 分刀车削 5mm 至 X15 处进行分刀车削 |
| Z−15; | 车削阶台长为 15mm |
| G00 X20 Z0; | 快速退刀至 (X20,Z0) 处 |
| G01 X10; | 分刀车削 5mm 至 X10 处进行分刀车削 |
| Z−10; | 车削阶台长为 10mm |
| G00 X20 Z0; | 快速退刀至 (X20,Z0) 处 |
| G01 X5; | 分刀车削 5mm 至 X5 处进行分刀车削 |
| Z−5; | 车削阶台长为 5mm |
| G00 X20 Z0; | 快速退刀至 (X20,Z0) 处 |
| G01 X0.5; | 分刀车削至 X0.5 处进行粗车削锥度,留 0.5mm 进行精车削 |
| X20 Z−20; | 圆锥终点为 (X20,Z−20) |
| G00 Z0; | 快速 Z 向退刀至 Z0 处 |
| G01 X0; | 最后车削 0.5mm 进行精车削 |
| X20 Z−20; | 圆锥终点为 (X20,Z−20) |
| G00 X100 Z100; | 快速退刀 |
| M30 | 程序结束并返回到程序开头 |

表 5.5 相似三角形切削路线

| 加工程序 | 程序说明 |
| --- | --- |
| …… | |
| G00 X20 Z0; | 快速定位到 (X20,Z0) 处 |

续表

| 加工程序 | 程序说明 |
|---|---|
| G01 X15; | 每刀车削 5mm 至 X15 处进行分刀车削 |
| X35 Z−20; | 圆锥终点为（X35，Z−20） |
| G00 Z0; | 快速 Z 向退刀至 Z0 处 |
| G01 X10; | 每刀车削 5mm 至 X10 处进行分刀车削 |
| X30 Z−20; | 圆锥终点为（X30，Z−20） |
| G00 Z0; | 快速 Z 向退刀至 Z0 处 |
| G01 X5; | 每刀车削 5mm 至 X5 处进行分刀车削 |
| X20 Z−20; | 圆锥终点为（X25，Z−20） |
| G00 Z0; | 快速 Z 向退刀至 Z0 处 |
| G01 X0.5; | 每刀车削 5mm 至 X0.5 处进行分刀车削，留 0.5mm 进行精车削 |
| X20.5 Z−20; | 圆锥终点为（X20.5，Z−20） |
| G00 Z0; | 快速 Z 向退刀至 Z0 处 |
| G01 X0; | 最后车削 0.5mm 进行精车削 |
| X20 Z−20; | 圆锥终点为（X20，Z−20） |
| G00 X100 Z100; | 快速退刀 |
| M30; | 程序结束并返回到程序开头 |

4. 数控加工

1）开机前的检查：

① 检查电源、电压是否正常，润滑油油量是否充足。

② 检查机床可动部位是否松动。

③ 检查材料、工件、量具等物品放置是否合理，是否符合要求。

2）开机后的检查：

① 检查电动机、机械部分、冷却风扇是否正常。

② 检查各指示灯是否正常显示。

③ 检查润滑、冷却系统是否正常。

3）机床起动（需要回参考点的机床先进行回参考点操作）。

4）工件装夹及找正（注意工件装夹牢固可靠）。

5）对刀操作（以工件右端面中心为原点建立工件坐标系）。

6）选择自动状态，调出程序，防护门关闭，按循环启动键自动加工。

## 任务评价

填写锥面轴加工任务评分表，见表 5.6。

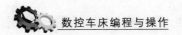

表 5.6  锥面轴加工任务评分表

| 项目 | 配分 | 考核标准 | 得分 |
|---|---|---|---|
| 锥面轴概念的掌握 | 20 | 可以清晰明了地阐述锥面轴的适用场合 | |
| 对于锥面轴编程方法的掌握 | 60 | ① 采用三角形切削路线编制锥面轴加工程序；<br>② 采用阶梯切削路线编制锥面轴加工程序；<br>③ 采用相似三角形切削路线编制锥面轴加工程序 | |
| 安全文明操作 | 20 | 违反安全文明操作规程的酌情扣 5~10 分 | |

## 任务 *5.2* 使用复合循环指令完成外锥面轴加工

### 知识目标 ☞

1. 掌握 G71 指令的格式及各参数含义。
2. 了解 G71 指令的走刀轨迹。
3. 熟悉刀具切削用量的选择。

### 能力目标 ☞

1. 能够根据加工内容合理选择车削刀具，并能正确安装刀具。
2. 会使用数控车床面板输入循环指令程序。
3. 会选择并应用数控刀具。
4. 会设置刀具参数。
5. 会测量零件尺寸，会应用刀具补偿参数。
6. 会对零件进行质量分析。

### ┌ 工作任务 ┐

使用复合循环指令 G71 和 G70 完成如图 5.1 所示外锥面轴的编程与加工。

## 相关知识

### 5.2.1　粗车复合循环指令 G71

使用复合循环指令能使编程简化，只需对零件的轮廓定义，就可以完成从粗加工到精加工的全过程。

格式：

G71 U（Δd）R（e）；

G71 P（ns）Q（nf）U（Δu）W（Δw）F（f）S（s）T（t）；

说明：

1）Δd 表示每次 X 向循环的背吃刀量，用半径值，无正负号。

2）e 表示每次 X 向退刀量，用半径值，无正负号。

3）ns 表示精加工轮廓程序段中的开始程序段号。

4）nf 表示精加工轮廓程序段中的结束程序段号。

5）Δu 表示 X 向精加工余量，用直径值。

6）Δw 表示 Z 向精加工余量。

7）f、s、t 表示 F、S、T 指令。

G71 为纵向切削复合循环指令，应用于纵向粗车量较多的情况，内、外径加工皆可使用。G71 指令的循环加工路线如图 5.7（a）所示，G71 指令的用法如图 5.7（b）所示。

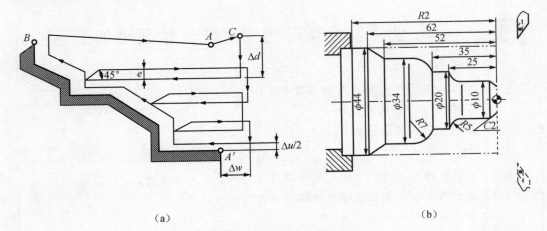

（a） （b）

图 5.7 内、外径粗切复合循环 G71

参考程序如下：

| | |
|---|---|
| O3333； | //主程序名 |
| N10 G54； | //选定坐标系 G54 |
| N20 T0101 S400 M03； | //主轴转速 400r/min，选择 1 号刀具 |
| N30 G01 X46 Z2 F100； | //刀具到循环起点 |
| N40 G71 U1.5 R1； | //粗加工背吃刀量 1.5mm，退刀量 1mm |
| N50 G71 P60 Q140 U0.4 W0.1 F100； | //精加工余量：U0.4mm，W0.1mm |
| N60 G00 X2； | //精加工轮廓起始行，到倒角延长线 |
| N70 G01 X10 Z－2； | //精加工 C2 倒角 |
| N80 Z－20； | //精加工 $\phi$10mm 外圆 |
| N90 G02 U10 W－5 R5； | //精加工 R5mm 圆弧 |
| N100 G01 W－10； | //精加工 $\phi$20mm 外圆 |
| N110 G03 U14 W－7 R7； | //精加工 R7mm 圆弧 |
| N120 G01 Z－52； | //精加工 $\phi$34mm 外圆 |
| N130 U10 W－10； | //精加工外圆锥 |
| N140 W－20； | //精加工 $\phi$44mm 外圆，精加工轮廓结束行 |
| N150 X50； | //退出已加工面 |
| N160 G00 X100 Z20； | //回对刀点 |
| N170 M30； | //程序结束 |

## 5.2.2 精加工复合循环指令 G70

### 1. 指令格式

格式：

G70 P（ns）Q（nf）F（f）；

说明:

1) ns 表示精加工路线第一个程序段的顺序号。

2) nf 表示精加工路线最后一个程序段的顺序号。

3) f 表示循环加工时的进刀速度。

例如:

```
G70 P100 Q200 F0.1;
```

2. 指令的运动轨迹及工艺说明

执行 G70 循环时,刀具沿工件的实际轨迹进行切削。循环结束后刀具返回循环起点。

G70 指令只能用在 G71 指令的程序内容之后,不能单独使用。

精车之前,如需进行转刀点的选择,对于倾斜床身后置式刀架,一般先回机床参考点,再进行转刀。G70 指令执行过程中的 F 值和 S 值,由段号 "ns" 和 "nf" 之间给定的 F 值和 S 值确定。

精车余量的确定:精车余量的大小受机床、刀具、工件材料、加工方案等因素影响,故应根据前、后工步的表面质量、尺寸、位置及安装精度确定,其值不能过大也不宜过小。确定加工余量的常用方法有经验估算法、查表修正法、分析计算法 3 种。车削外圆时的加工余量为正值。

## 任务实施

### 5.2.3　使用复合循环指令完成外锥面轴加工的工艺

1. 识读、分析零件图样

由图 5.1 可以看出,此零件是典型的轴类零件,主要几何要素包括外圆柱面、外圆锥面。

2. 制定加工工艺

(1) 装夹与定位

该零件为轴类零件,其轴心线为工艺基准,用三爪自定心卡盘夹持外圆左端,一次装夹完成粗、精加工。

(2) 确定工件坐标系、对刀点和换刀点

1) 根据零件图样的尺寸标注特点及基准统一的原则,选择零件右端面与轴心线的交点作为工件原点,建立工件坐标系。

2) 采用手动试切对刀法把该点作为对刀点。

3) 换刀点设置在工件坐标系下($X100$,$Z100$)处。

(3) 制作数控加工刀具卡和工艺卡

数控加工刀具卡见表 5.7,数控加工工艺卡见表 5.8。

数控车床编程与操作

表 5.7　数控加工刀具卡

| 序号 | 刀位号 | 刀补号 | 刀具名称 | 刀具说明 | 备注 |
|---|---|---|---|---|---|
| 1 | T01 | 01 | 外圆粗车刀 | 后角 55° | |
| 2 | T01 | 01 | 外圆精车刀 | 后角 55° | |

表 5.8　数控加工工艺卡

| 工步号 | 工艺内容 | 刀具号 | 切削用量 | | |
|---|---|---|---|---|---|
| | | | $n/$（r/min） | $f/$（mm/r） | $a_p$/mm |
| 1 | 平端面 | T01 | 1800 | 0.25 | 2.0 |
| 2 | 粗加工零件至 Z－30 处 | T01 | 600 | 0.2 | 2 |
| 3 | 精加工零件至 Z－30 处 | T01 | 1200 | 0.1 | 0.5 |

**3. 编制数控程序**

参考程序见表 5.9。

表 5.9　参考程序

| 程序内容 | 程序说明 |
|---|---|
| O0001； | 程序名 |
| M3 S600 T0101 F0.25； | 给定转速、刀具刀补号、进给量 |
| G0 X35 Z2； | 定位到毛坯位置 |
| G71 U2 R1； | 外圆固定轮廓粗加工循环 |
| G71 P10 Q20 U1； | 相关参数，X 向留 1mm 精加工余量 |
| N10 G0 X0； | 循环起始程序段，快速定位至 XD 处 |
| G1 Z0； | 刀具移至工件端面 Z0 处 |
| X20 Z－20； | 车削锥度至（X20，Z－20）处 |
| Z－30； | 车削 X20 阶台至 Z－30 处 |
| N20 G0 X35； | 循环最后一个程序段，X 向退刀至 X35 毛坯处 |
| M3 S1200 T0202 F0.1； | 给定精加工转速、刀具刀补号、进给量 |
| G0 X35 Z1； | 定位到毛坯位置 |
| G70 P10 Q20； | 精加工轮廓 |
| G0 X100 Z100； | 快速退刀 |
| M30； | 程序结束 |

4. 数控加工

1) 开机前的检查：

① 检查电源、电压是否正常，润滑油油量是否充足。

② 检查机床可动部位是否松动。

③ 检查材料、工件、量具等物品放置是否合理，是否符合要求。

2) 开机后的检查：

① 检查电动机、机械部分、冷却风扇是否正常。

② 检查各指示灯是否正常显示。

③ 检查润滑、冷却系统是否正常。

3) 机床起动（需要回参考点的机床先进行回参考点操作）。

4) 工件装夹及找正（注意工件装夹牢固可靠）。

5) 对刀操作（以工件右端面中心为原点建立工件坐标系）。

6) 选择自动状态，调出程序，防护门关闭，按循环启动键自动加工。

## 任务评价

填写锥面轴加工评分表，见表 5.10。

表 5.10 锥面轴加工评分表

| 序号 | 检测项目 | 检测内容 | 配分 | 检测要求 | 学生自评 | | 教师点评 | |
| --- | --- | --- | --- | --- | --- | --- | --- | --- |
| | | | | | 自测 | 得分 | 检测 | 得分 |
| 1 | 直径 | $\phi20$mm | 5 | 超差 0.1mm 扣 1 分 | | | | |
| 2 | 直径 | $\phi30$mm | 5 | 超差 0.1mm 扣 1 分 | | | | |
| 3 | 长度 | 20mm | 10 | 超差 0.1mm 扣 1 分 | | | | |
| 4 | 锥度 | | 20 | 超差 0.1mm 扣 1 分 | | | | |
| 5 | 表面粗糙度 | | 10 | 一处不合格扣 2 分 | | | | |
| 6 | 时间 | 完成时间 | 10 | 未按时完成全扣 | | | | |
| 7 | 现场操作规范 | 安全操作 | 20 | 违反规程扣 20 分 | | | | |
| | | 工量具的使用 | 10 | 工量具使用错误，每项扣 2 分 | | | | |
| | | 设备维护与保养 | 10 | 违反设备维护规程，每项扣 5 分 | | | | |
| 合计（总分） | | | 100 | 机床编号 | | | 总得分 | |
| 开始时间 | | 结束时间 | | | | | 加工时间 | |

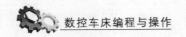

# 任务 5.3 顶尖零件的编程与加工

知识目标 ☞

1. 了解顶尖的用途。

2. 熟悉用 G71 指令编写顶尖零件的方法。

3. 能够通过数控车床操作面板输入、编辑、修改程序，以及调用、校验程序。

能力目标 ☞

1. 能够结合相关知识的学习完成顶尖零件的加工。

2. 学会根据加工内容合理选择车削刀具，并能正确安装刀具。

3. 掌握合理选择进刀点和退刀点位置的方法。

4. 熟练运用加工指令编写加工程序并完成加工。

**工作任务**

用复合循环指令 G71 编制顶尖零件加工程序及完加工，顶尖零件如图 5.8 所示。

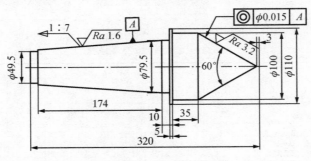

图 5.8　顶尖零件

## 任务实施

1. 识读、分析零件图样

由图 5.8 可以看出，此零件是典型的轴类零件，主要几何要素包括外圆柱面、外圆锥面。

2. 制定加工工艺

（1）装夹与定位

该零件为轴类零件，其轴心线为工艺基准，用三爪自定心卡盘夹持外圆左端，一次装夹完成粗、精加工。

（2）确定工件坐标系、对刀点和换刀点

1）根据零件图样的尺寸标注特点及基准统一的原则，选择零件右端面与轴心线的交点作为工件原点，建立工件坐标系。

2）采用手动试切对刀法把该点作为对刀点。

3）换刀点设置在工件坐标系下（$X100$，$Z100$）处。

（3）制作数控加工刀具卡和工艺卡

数控加工刀具卡见表 5.11，数控加工工艺卡见表 5.12。

表 5.11　数控加工刀具卡

| 序号 | 刀位号 | 刀补号 | 刀具名称 | 刀具说明 | 备注 |
|---|---|---|---|---|---|
| 1 | T01 | 01 | 外圆粗车刀 | 后角 55° | |
| 2 | T01 | 01 | 外圆精车刀 | 后角 55° | |

表 5.12　数控加工工艺卡

| 工步号 | 工 艺 内 容 | 刀具号 | 切削用量 | | |
|---|---|---|---|---|---|
| | | | $n/$（r/min） | $f/$（mm/r） | $a_p/$mm |
| 1 | 平端面 | T01 | 1800 | 0.25 | 2.0 |
| 2 | 粗加工工件右端至 $Z-131.6$ 处 | T01 | 600 | 0.2 | 2 |
| 3 | 精加工工件右端至 $Z-131.6$ 处 | T01 | 1200 | 0.1 | 0.5 |
| 4 | 调头加工，控制总长 320mm | — | — | — | — |
| 5 | 粗加工工件左端 | T01 | 600 | 0.2 | 2 |
| 6 | 精加工工件左端 | T01 | 1200 | 0.1 | 0.5 |

### 3. 编制数控程序

参考程序见表 5.13。

表 5.13　加工程序

| 加工程序 | 程序说明 |
|---|---|
| O0003； | 程序名 |
| M3 S700 T0101 F0.25； | 给定转速、刀具、进给量 |
| G00 X120； | $X$ 向快速定位 |
| Z1； | $Z$ 向快速定位 |
| G71 U1.5 R1； | 粗加工循环赋值进刀量、退刀量 |
| G71 P10 Q20 U1 F0.25； | 粗加工循环赋值精加工余量、进给量 |
| N10 G00 X0； | 循环首段，$X$ 向定位 |
| G01 Z0； | $Z$ 向走刀 |
| X100 Z−86.6； | $X$、$Z$ 向走刀 |
| W−35； | $Z$ 向走刀 |
| X110； | $X$ 向走刀 |

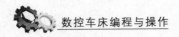

| 加工程序 | 程序说明 |
|---|---|
| W-10; | Z 向走刀 |
| N20 G00 X120; | 循环末段 X 向退刀 |
| M3 S1500 T0101 F0.08; | 精加工给定转速、进给量 |
| G00 X120; | X 向快速定位 |
| Z1; | Z 向快速定位 |
| G70 P10 Q20; | 精加工循环 |
| G00 X200; | X 向快速退刀 |
| Z150; | Z 向快速退刀 |
| M30; | 程序结束并返回起始点 |
| | 调头装夹工件，加工另一端 |
| O0004; | 程序名 |
| M3 S500 T0101 F0.2; | 给定转速、刀具、进给量 |
| G00 X120 Z2; | X、Z 向快速定位 |
| G71 U2 R1; | 粗加工循环赋值进刀量、退刀量 |
| G71 P10 Q20 U1; | 粗加工循环赋值精加工余量、进给量 |
| N10 G00 X48.5; | 循环首段，X 向定位 |
| G01 Z0; | Z 向走刀 |
| X49.5 Z-0.5; | X、Z 向走刀 |
| Z-10; | Z 向走刀 |
| X54.62; | X 向走刀 |
| X79.5 W-174; | X、Z 向走刀 |
| W-10; | Z 向走刀 |
| N20 G00 X120; | 循环末段，X 向退刀 |
| S1000 M3 T0101 F0.1; | 精加工给定转速、进给量 |
| G00 X120 Z2; | X、Z 向快速定位 |
| G70 P10 Q20; | 精加工循环 |
| G00 X200; | X 向快速退刀 |
| Z100; | Z 向快速退刀 |
| M30; | 程序结束并返回起始点 |

4. 数控加工

1）开机前的检查：

① 检查电源、电压是否正常，润滑油油量是否充足。

② 检查机床可动部位是否松动。

③ 检查材料、工件、量具等物品放置是否合理，是否符合要求。

2）开机后的检查：

① 检查电动机、机械部分、冷却风扇是否正常。

② 检查各指示灯是否正常显示。

③ 检查润滑、冷却系统是否正常。

3）机床起动（需要回参考点的机床先进行回参考点操作）。

4）工件装夹及找正（注意工件装夹牢固可靠）。

5）对刀操作（以工件右端面中心为原点建立工件坐标系）。

6）选择自动状态，调出程序，防护门关闭，按循环启动键自动加工。

## 任务评价

填写顶尖零件加工评分表，见表 5.14。

表 5.14　顶尖零件加工评分表

| 序号 | 检测项目 | 检测内容 | 配分 | 检测要求 | 学生自评 | | 教师点评 | |
| --- | --- | --- | --- | --- | --- | --- | --- | --- |
| | | | | | 自测 | 得分 | 检测 | 得分 |
| 1 | 直径 | $\phi49.5$mm | 6 | 超差 0.1mm 扣 1 分 | | | | |
| 2 | 直径 | $\phi79.5$mm | 6 | 超差 0.1mm 扣 1 分 | | | | |
| 3 | 直径 | $\phi100$mm | 6 | 超差 0.1mm 扣 1 分 | | | | |
| 4 | 直径 | $\phi110$mm | 6 | 超差 0.1mm 扣 1 分 | | | | |
| 5 | 长度 | 174mm | 8 | 超差 0.1mm 扣 1 分 | | | | |
| 6 | 长度 | 35mm | 4 | 超差 0.1mm 扣 1 分 | | | | |
| 7 | 长度 | 320mm | 4 | 超差 0.1mm 扣 1 分 | | | | |
| 8 | 表面粗糙度 | — | 10 | 一处不合格扣 2 分 | | | | |
| 9 | 时间 | 完成时间 | 10 | 未按时完成全扣 | | | | |
| 10 | 现场操作规范 | 安全操作 | 20 | 违反规程扣 20 分 | | | | |
| | | 工量具的使用 | 10 | 工具、量具使用错误，每项扣 2 分 | | | | |
| | | 设备维护与保养 | 10 | 违反设备维护规程，每项扣 5 分 | | | | |
| 合计（总分） | | | 100 | 机床编号 | | 总得分 | | |
| 开始时间 | | 结束时间 | | | | 加工时间 | | |

# 任务 5.4 内圆锥零件的编程与加工

## 知识目标 ☞

1. 了解圆锥配合的种类。

2. 熟悉复合循环指令 G71 的编程格式及使用方法。

3. 掌握内圆锥零件的加工方法。

4. 掌握锥度与锥角的测量方法。

## 能力目标 ☞

1. 能够根据加工内容合理选择车削刀具，并能正确安装刀具。

2. 能够用数控车床面板输入循环指令程序。

3. 能够熟练地在数控车床上加工内圆锥零件。

### 工作任务

用固定循环指令完成如图 5.9 所示的内圆锥零件的编程与加工。

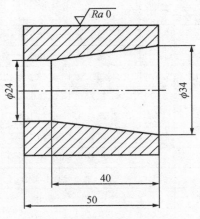

图 5.9　内圆锥零件

## 相关知识

## 5.4.1　圆锥配合的种类

1. 间隙配合

间隙配合，如某些车床主轴的圆锥轴颈与圆锥滑动轴承衬套的配合。

2. 过盈配合

过盈配合，如钻头（或铰刀）的圆锥柄与机床主轴圆锥孔的配合，圆锥形摩擦离合器中的配合等。

### 3. 过渡配合

过渡配合如锥形旋塞、发动机中的气阀与阀座的配合等。为了保证良好的密封性，通常将内、外锥面成对研磨，所以这类配合的零件没有互换性。

## 5.4.2    锥度与锥角的测量

### 1. 比较测量法

比较测量法又称相对测量法，是将角度量具与被测角度比较，用光隙法或涂色检验方法估计被测锥度及角度的误差测量。其常用的量具有圆锥量规和锥度样板等。

圆锥量规的结构形式如图 5.10 所示。圆锥量规可以检验零件的锥度及基面距误差。检验时，先检验锥度。检验锥度常用涂层法，在量规表面沿着素线方向涂上 3 或 4 条均布的红线，与零件研合转动（1/3~1/2）r，取出量规，根据接触面的位置和大小判断锥角误差。然后用圆锥量规检验零件的基面距误差，在量规的大端或小端处有距离为 $m$ 的两条刻线或台阶，$m$ 为零件圆锥的基面距误差。

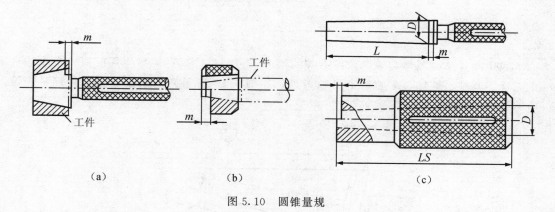

（a）　　　　　　（b）　　　　　　（c）

图 5.10    圆锥量规

测量时，被测圆锥的端面只要介于两条刻线之间即为合格。

### 2. 直接测量法

直接测量法是用测量角度的量具和量仪直接测量，被测的锥度或角度的数值可在量具和量仪上直接读出。对于精度不高的工件，常用万能角度尺进行测量；对精度较高的工件，则需用光学分度头和测角仪进行测量。

在生产车间游标万能角度尺是常用的可直接测量被测工件角度的量具，其游标读数值有 $2'$ 和 $5'$ 两种，示值误差分别不大于 $\pm2'$ 和 $\pm5'$。

常见的万能角度尺如图 5.11 所示，在尺身 1 上刻有 90 个分度和 30 个辅助分度，基尺 2 固定在尺身 1 上，扇形板 4 上刻有游标，用卡块 7 可以把 90°角尺 5 及 90°角尺 6 固定在扇形板 4 上，尺身 1 能沿着扇形板 4 的圆弧面和制动头 3 的圆弧面移动，用制动头 3 可以把尺身 1 紧固在所需的位置上，这种游标万能角度尺的游标读数值为 $2'$，测量范围为 0°～320°外角及 40°～130°内角。

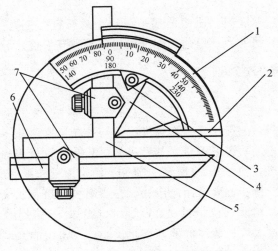

图 5.11　万能角度尺

### 3. 间接测量法

间接测量法是测量与被测角度有关的尺寸，再经过计算得到被测角度值。常用的有正弦规、圆柱、圆球、平板等工具和量具。如图 5.12 所示为用正弦规测量圆锥量规锥角偏差的示意图。

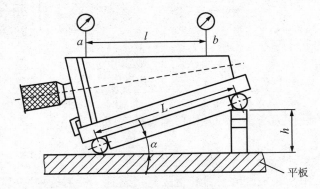

图 5.12　用正弦规测量圆锥量规锥角偏差示意图

正弦规是圆锥测量中常用的计量器具，适用于测量圆锥角小于 30°的零件。测量前，首先按公式 $h=L\sin\alpha$（式中，$\alpha$ 为公称圆锥角，$L$ 为正弦规两圆柱中心距）计算量块组的高度 $h$，完成上述工作后，可按图 5.12 所示进行测量。如果被测量角度有偏差，则 $a$、$b$ 两点示值必有一差值 $\Delta h$，此时，锥度偏差（rad）为

$$\Delta C = \Delta h / l$$

式中：$l$——$a$、$b$ 两点间的距离。

如换算成锥角偏差 $\Delta\alpha$（″），可按下式近似计算：

$$\Delta\alpha = 2 \times 105 \times \Delta h / l$$

## 任务实施

### 5.4.3　使用固定循环指令完成内圆锥零件的编程与加工

编制如图 5.9 所示零件的加工程序并完成零件加工。

**1. 识读、分析零件图件**

由图 5.9 可以看出，此零件是典型的套类零件，主要几何要素是内圆锥面。

**2. 制定加工工艺**

（1）装夹与定位

该零件为轴类零件，其轴心线为工艺基准，用三爪自定心卡盘夹持外圆左端，一次装夹完成粗、精加工。

（2）确定工件坐标系、对刀点和换刀点

1）根据零件图样的尺寸标注特点及基准统一的原则，选择零件右端面与轴心线的交点作为工件原点，建立工件坐标系。

2）采用手动试切对刀法把该点作为对刀点。

3）换刀点设置在工件坐标系下（$X100$，$Z100$）处。

（3）制作数控加工刀具卡和工艺卡

数控加工刀具卡见表 5.15，数控加工工艺卡见表 5.16。

**表 5.15　数控加工刀具卡**

| 序号 | 刀位号 | 刀补号 | 刀具名称 | 刀具说明 | 备注 |
|---|---|---|---|---|---|
| 1 | T01 | 01 | 内孔刀 | 后角 55° | |

**表 5.16　数控加工工艺卡**

| 工步号 | 工艺内容 | 刀具号 | 切削用量 | | |
|---|---|---|---|---|---|
| | | | $n/$（r/min） | $f/$（mm/r） | $a_p$/mm |
| 1 | 粗加工零件内圆锥面 | T01 | 600 | 0.2 | 2 |
| 2 | 精加工零件内圆锥面 | T01 | 1200 | 0.1 | 0.5 |

**3. 编制数控程序**

参考程序见表 5.17。

**表 5.17　内圆锥编制程序**

| 加工程序 | 程序说明 |
|---|---|
| O0002; | 程序名 |

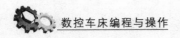

| 加工程序 | 程序说明 |
|---|---|
| M3 S700 T0202 F0.25； | 给定转速、刀具、进给量（内孔刀） |
| G00 X20； | X 向快速定位 |
| Z1； | Z 向快速定位 |
| G90 X23.5 Z−50； | 粗加工 X23.5 内阶台 |
| G01 Z0； | 固定循环后刀具移动至 Z0 处 |
| G90 X16 Z−40 R5； | 固定循环车削内锥度处，终点 X16，起点计算出为 X26 |
| X20； | 分刀车削内锥度，起点为 X20 |
| X23.5； | 分刀车削内锥度，起点为 X23.5，留 0.5mm 精加工 |
| S1000 F0.1； | 主轴转速提速，进给速度降低，准备精加工 |
| G01 X34； | X 向移动至内圆锥起点 |
| X24 Z−40； | 精加工内圆锥处 |
| Z−50； | 精加工内阶台处 |
| X23； | X 向退刀 |
| G00 Z100； | Z 向快速退刀 |
| X100； | X 向快速退刀 |
| M5； | 主轴停转 |
| M30； | 程序结束并返回起始点 |

4. 数控加工

1）工作准备：

① 刀具：内孔、偏刀。

② 量具：游标卡尺、深度尺、内径千分尺、内径百分表。

③ 工具：卡盘扳手、刀架扳手。

④ 材料：$\phi$50mm×100mm 塑料棒。

2）开机前的检查：

① 检查电源、电压是否正常，润滑油油量是否充足。

② 检查机床可动部位是否松动。

③ 检查材料、工件、量具等物品放置是否合理，是否符合要求。

3）开机后的检查：

① 检查电动机、机械部分、冷却风扇是否正常。

② 检查各指示灯是否正常显示。

③ 检查润滑、冷却系统是否正常。

4）机床起动（需要回参考点的机床先进行回参考点操作）。

5）工件装夹及找正（注意工件装夹牢固可靠）。

6）对刀操作（以工件右端面中心为原点建立工件坐标系）。

7）选择自动状态，调出程序，防护门关闭，按循环启动键自动加工。

## 任务评价

填写内圆锥零件加工任务评分表，见表 5.18。

表 5.18　内圆锥零件加工任务评分表

| 序号 | 检测项目 | 检测内容 | 配分 | 检测要求 | 学生自评 | | 教师点评 | |
|---|---|---|---|---|---|---|---|---|
| | | | | | 自测 | 得分 | 检测 | 得分 |
| 1 | 直径 | $\phi$34mm | 10 | 超差 0.1mm 扣 1 分 | | | | |
| 2 | 直径 | $\phi$24mm | 10 | 超差 0.1mm 扣 1 分 | | | | |
| 3 | 长度 | 40mm | 10 | 超差 0.1mm 扣 1 分 | | | | |
| 4 | 长度 | 50mm | 10 | 超差 0.1mm 扣 1 分 | | | | |
| 5 | 表面粗糙度 | | 10 | 一处不合格扣 2 分 | | | | |
| 6 | 时间 | 完成时间 | 10 | 未按时完成全扣 | | | | |
| 7 | 现场操作规范 | 安全操作 | 20 | 违反规程扣 20 分 | | | | |
| | | 工量具的使用 | 10 | 工量具使用错误，每项扣 2 分 | | | | |
| | | 设备维护与保养 | 10 | 违反设备维护规程，每项扣 5 分 | | | | |
| 合计（总分） | | | 100 | 机床编号 | | 总得分 | | |
| 开始时间 | | 结束时间 | | | | 加工时间 | | |

## 项目小结

在熟练掌握锥面轴零件编程方法的基础上，我们应该在编程的时间和质量上更近一步。优化程序和减少辅助时间是提升加工速度的有效方法。切削三要素的正确选择和相关量具的正确使用是保证加工质量的途径。

## 复习与思考

**1. 简答题**

（1）如果锥度没有给锥比，而是给定圆锥半角，应该怎样计算大、小端直径？

（2）车削锥度有哪些检测方法？

（3）圆锥半角用什么符号表示？

**2. 综合题**

（1）根据图 5.13 的要求，以右端面中心为编程原点建立编程坐标系，制定加工方案，合理选择所需的刀具、量具、工具。要求：

1）制定合理的刀具卡。

2）制定合理的工艺卡。

3）编写零件的加工程序。

（2）零件如图 5.14 所示，要求编制加工程序（毛坯尺寸为 $\phi$25mm×60mm）。

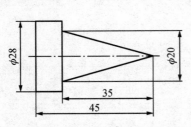

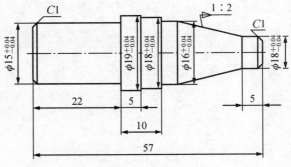

图 5.13 锥面轴编程加工

图 5.14 零件

# 项目 6

# 成形面零件的编程与加工

**【知识目标】**

1. 了解成形面零件的结构与工艺特点。
2. 掌握圆弧指令 G02/G03 的编程格式。
3. 掌握 G73 指令的参数含义。
4. 了解基点和节点的概念。
5. 掌握手工编程中的数值计算方法。

**【能力目标】**

1. 会根据加工内容合理选择车削刀具，并能正确安装。
2. 能够合理选择进刀点和退刀点的位置。
3. 能够在数控车床上独立完成成形面零件的编程与加工。

　　数控车床的控制装置能够同时对两个坐标轴进行连续控制，加工时不仅能控制起点和终点，还能控制整个加工过程中每点的速度和位置，因此可以加工阶台、圆锥，还能加工出符合图样要求的复杂形状的成形面零件。成形面零件种类很多，用途也很广，小到家庭用品，如碗、勺子、酒杯等，大到军用装备，如子弹壳等。

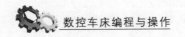

数控车床编程与操作

# 任务 6.1 圆弧成形面零件的编程与加工

**知识目标** ☞

1. 了解弧面零件的结构工艺特点。
2. 掌握圆弧的顺、逆方向判定。
3. 熟悉圆弧指令 G02/G03 的编程格式。
4. 熟悉 G73 指令的参数含义。
5. 理解圆弧车削加工路线。

**能力目标** ☞

1. 通过相关知识的学习能够完成圆弧工件的加工。
2. 会根据加工内容合理选择车削刀具，并能正确安装刀具。
3. 能够合理选择进刀点和退刀点的位置。
4. 熟练运用加工指令编写加工程序并完成加工。

**工作任务**

使用基本插补指令完成如图 6.1 所示零件的编程与加工，已知毛坯尺寸为 $\phi30\text{mm}\times80\text{mm}$，材料为 45 钢。

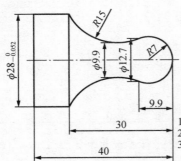

技术要求
1. 表面粗糙度全部为 $\sqrt{Ra\,8.2}$。
2. 锐角倒钝。
3. 尖刀刀尖角≤47°，偏刀副偏角≥25°。

图 6.1 圆弧成形面零件

## 相关知识

### 6.1.1 弧面零件的结构工艺特点

1. 结构特点

弧面零件表面轮廓是平面曲线，圆弧面有凸凹之分、内外之别。成形面零件的形式如图 6.2 所示。

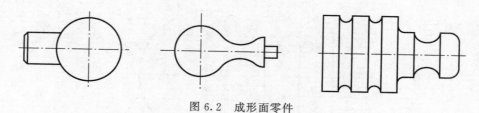

图 6.2 成形面零件

**2. 弧面的加工方法**

通用机床：成形刀型面加工法、靠模加工法或双手配合控制刀架运动轨迹切削法。其缺点如下：一是加工精度难以满足零件质量要求；二是加工效率低，工人劳动强度大。

数控机床：具有圆弧插补指令（G02/G03）功能，可以在加工平面内按给定的轨迹和进给速度运动，从而切削出零件圆弧轮廓形状。

（1）加工凹圆弧成形表面切削用刀具的选择

加工凹圆弧成形表面，使用的刀具有成形车刀、尖形车刀、菱形偏刀等，加工半圆弧或半径较小的圆弧表面选用成形车刀；精度要求不高时可采用尖形车刀；加工成形表面后还需加工台阶表面可选用90°菱形偏刀（副偏角较大）；当使用菱形偏刀时，副偏角应足够大，以防止干涉（车刀副切削刃与凹圆弧表面干涉）情况发生。凹圆弧加工刀具及副切削刃干涉情况如图6.3所示。

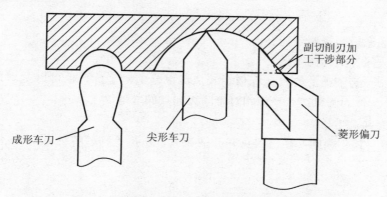

图 6.3 凹圆弧加工刀具及副切削刃干涉情况

（2）加工凸圆弧成形表面切削用刀具的选择

加工凸圆弧成形表面，使用的刀具有成形车刀、菱形偏刀及尖形车刀。加工半圆形表面选用成形车刀；加工精度较低的凸圆弧时可选用尖形车刀；加工圆弧表面后还需车台阶表面时应选用菱形偏刀。选用尖形车刀及菱形偏刀时，主、副偏角应足够大，否则加工时会发生干涉现象。凸圆弧加工刀具及主、副切削刃干涉情况如图6.4所示。

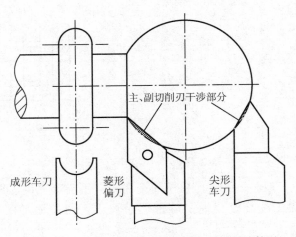

图 6.4　凸圆弧加工刀具及主、副切削刃干涉情况

## 6.1.2　圆弧插补指令 G02/G03

1. 指令格式

格式：

```
G02/G03  X__ Z__ R__;
G02/G03  X__ Z__ I__ J__ K__;
```

说明：

1）G02 表示顺时针圆弧插补。

2）G03 表示逆时针圆弧插补。

3）X__ Z__ 为圆弧的终点坐标值，其值可以是绝对坐标，也可以是增量坐标，在增量方式下，其值为圆弧终点坐标相对于圆弧起点的增量值。

4）R__ 为圆弧半径。

5）I__ J__ K__ 为圆心相对起点并分别在 $X$、$Y$ 和 $Z$ 轴的增量值。

2. 参数确定

（1）顺时针圆弧与逆时针圆弧的判别

在使用圆弧插补指令时，需要判断刀具是沿顺时针方向还是逆时针方向加工零件。判别方法如下：从圆弧所在平面（数控车床为 $XZ$ 平面）的另一个轴（数控车床为 $Y$ 轴）的正方向看该圆弧，顺时针方向为 G02，逆时针方向为 G03。在判别圆弧的顺、逆方向时，一定要注意刀架的位置及 $Y$ 轴的方向，如图 6.5 所示。

（2）圆心坐标的确定

圆心坐标 $I$、$K$ 值为圆弧起点到圆弧圆心的矢量在 $X$、$Z$ 轴上的投影，如图 6.6 所示。$I$、$K$ 为增量值，带有正负号，且 $I$ 值为半径值。$I$、$K$ 的正负取决于该矢量方向与坐标轴方向的异同，相同的为正，相反的为负。若已知圆心坐标和圆弧起点坐标，则

$I = X_{\text{圆心}} - X_{\text{起点}}$（半径差），$K = Z_{\text{圆心}} - Z_{\text{起点}}$。图 6.6 中 $I$ 值为 $-10$，$K$ 值为 $-20$。

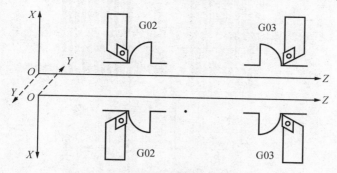

图 6.5 顺时针圆弧与逆时针圆弧的判别

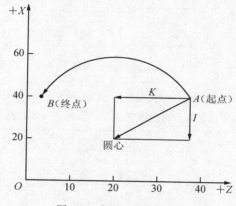

图 6.6 圆心坐标的确定

（3）圆弧半径的确定

圆弧半径 $R$ 有正值与负值之分。当圆弧所对的圆心角小于或等于 $180°$ 时，$R$ 取正值；当圆弧所对的圆心角大于 $180°$ 且小于 $360°$ 时，$R$ 取负值，如图 6.7 所示。通常情况下，在数控车床上所加工的圆弧的圆心角小于 $180°$。

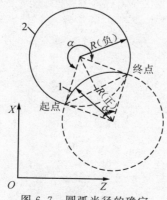

图 6.7 圆弧半径的确定

1—圆心角小于 $180°$ 时，$R$ 取正值；2—圆心角大于 $180°$ 时，$R$ 取负值

## 3. 实例

编制如图 6.8 所示圆弧的精加工程序（刀位点起始点从 $P_1$ 开始至 $P_2$ 结束）。

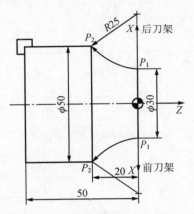

图 6.8　圆弧精加工编程实例

绝对值和增量值方式下的圆弧精加工程序编制见表 6.1。

表 6.1　绝对值和增量值方式下的圆弧精加工程序编制

| 刀架形式 | 编程方式 | 制定圆心 I、K | 制定半径 |
| --- | --- | --- | --- |
| 后刀架 | 绝对值编程 | G02 X50 Z－20 I25 K0 F0.3 | G02 X50 Z－20 R25 F0.3 |
| | 增量值编程 | G02 U20 W－20 I25 K0 F0.3 | G02 U20 W－20 R25 F0.3 |
| 前刀架 | 绝对值编程 | G02 X50 Z－20 I25 K0 F0.3 | G02 X50 Z－20 R25 F0.3 |
| | 增量值编程 | G02 U20 W－20 I25 K0 F0.3 | G02 U20 W－20 R25 F0.3 |

## 6.1.3　多重复合循环指令 G73

成形加工复合循环也称为固定形状粗车循环，它适于加工铸、锻件毛坯零件。通常轴类零件为节约材料，提高工件的力学性能，往往采用锻造等方法使零件毛坯尺寸接近工件的成品尺寸，其形状已经基本成形，只是外径、长度较成品大一些。此类零件的加工适合采用 G73 方式。当然 G73 方式也可用于加工普通未切除的棒料毛坯。

### 1. 格式及说明

格式：

  G73 U（Δi）W（Δk）　R（d）;

  G73 P（ns）Q（nf）U（Δu）W（Δw）F（f）;

功能：用于切除棒料毛坯大部分加工余量。

说明：

1）Δi 表示 $X$ 向的总去除余量，无符号。

2）d 表示循环次数。

3）ns 表示精加工路线第一个程序段的顺序号。

4）nf 表示精加工路线最后一个程序段的顺序号。

5）$\Delta u$ 表示 $X$ 方向的精加工余量，用直径值。

6）$\Delta w$ 表示 $Z$ 方向的精加工余量。

7）f 表示循环加工时的进刀速度。

重要参数的计算：

1）i 值的设置：参数设置不当时，在切削第一刀时容易走空刀，会降低刀具的使用寿命和工作效率，在设置粗加工时，每一次的背吃刀量都一样大，只有这样才不会影响刀具和质量。因此 i 值的设置很重要，通常取 i＝（毛坯直径－最小直径）/2。

2）d 值的设置：d 表示重复加工次数，即粗加工车削加工遍数，根据加工遍数就可以计算出每次的背吃刀量。

**2. 运动轨迹及工艺说明**

G73 粗车循环的运动轨迹如图 6.9 所示，刀具从循环起点开始，从工件的右端向左端走刀；重复相同的轮廓（每一层的背吃刀量与走刀路线相同），直至结束粗车循环所有动作。

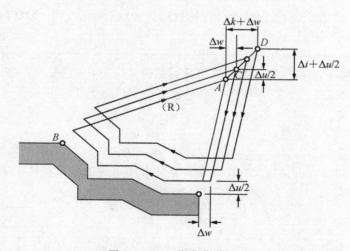

图 6.9　G73 指令分层图示

指令中的 F 值和 S 值是指粗加工循环总的 F 值和 S 值，该值一经指定，则在程序段段号和之间所有的 F 值和 S 值都确定，并可沿用至粗、精加工结束后的程序中。

**3. 圆弧编程实例**

计算图 6.10 中的 i 值。

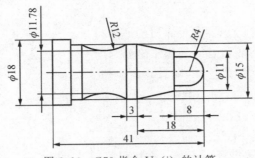

图 6.10　G73 指令 U (i) 的计算

1) 因图 6.10 中的毛坯尺寸为 φ20mm，如果直接用 G73 指令编写程序，最大直径为 X20，最小直径为 X0，其 i 值为 10mm，即 i＝(20－0)/2＝10。

2) 如果先用 G71 指令编写程序，再用 G73 指令编写 R12mm 圆弧处，最大直径为 X15，最小直径为 X11.78，其 i 值为 1.61mm，即 i＝(15－11.78)/2＝1.61。

## 6.1.4　圆弧车削加工路线

### 1. 车锥法

根据加工余量，可采用圆锥分层切削的办法将加工余量去除后，再进行圆弧精加工，如图 6.11 (a) 所示。采用这种加工路线时，加工效率高，但计算麻烦。

### 2. 移圆法

根据加工余量，可采用相同的圆弧半径，渐进地向机床的某一轴方向移动，最终将圆弧加工出来，如图 6.11 (b) 所示。采用这种加工路线时，编程简单，但处理不当会导致较多的空行程。

### 3. 车圆法

在圆心不变的基础上，根据加工余量，采用大小不等的圆弧半径，最终将圆弧加工出来，如图 6.11 (c) 所示。

### 4. 台阶车削法

台阶车削法是先根据圆弧面加工出多个台阶，再车削圆弧轮廓，如图 6.11 (d) 所

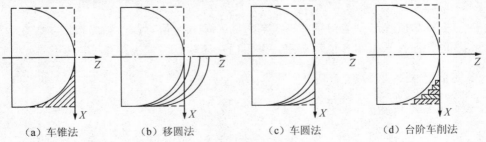

| (a) 车锥法 | (b) 移圆法 | (c) 车圆法 | (d) 台阶车削法 |

图 6.11　圆弧车削加工路线

示。这种加工方法在复合固定循环中被广泛应用。

5. 编程实例

1）编制如图 6.12 所示工件的加工程序。

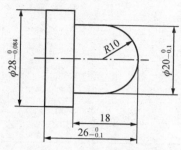

图 6.12　圆弧编程实例 1

① 采用移圆法编程的参考程序见表 6.2。

表 6.2　移圆法编程

| 加工程序 | 程序说明 |
| --- | --- |
| O0001; | 程序名 |
| M3 S700 T0101 F0.25; | 给定转速、刀具、进给量（外圆刀） |
| G00 X30 Z2; | X、Z 向快速定位至起始点 |
| G90 X28.5 Z−31; | 粗加工 X28 阶台，留 0.5mm 精加工余量 |
| X24 Z−18; | 粗车 X24 阶台，长度为 18mm |
| X20.5; | 粗加工 X20 阶台，留 0.5mm 精加工余量 |
| G00 Z0; | 阶台加工完后刀具移动至 Z0 处 |
| G01 X15; | 分刀车削圆弧部分，每刀背吃刀量为 5mm 至 X15 |
| G03 X20.5 Z−10 R10; | 车削 R10mm 逆时针圆弧部分 |
| G00 Z0; | 圆弧加工完后刀具移动至 Z0 处 |
| G01 X10; | 分刀车削圆弧部分，每刀背吃刀量为 5mm 至 X10 |
| G03 X20.5 Z−10 R10; | 车削 R10mm 逆时针圆弧部分 |
| G00 Z0; | 圆弧加工完后刀具移动至 Z0 处 |
| G01 X5; | 分刀车削圆弧部分，每刀背吃刀量为 5mm 至 X5 |
| G03 X20.5 Z−10 R10; | 车削 R10mm 逆时针圆弧部分 |
| G00 Z0; | 圆弧加工完后刀具移动至 Z0 处 |
| G01 X0.5; | 分刀车削圆弧部分，留 0.5mm 精加工余量 |
| G03 X20.5 Z−10 R10; | 车削 R10mm 逆时针圆弧部分 |
| G00 Z0; | 圆弧加工完后刀具移动至 Z0 处 |
| S1000 F0.1; | 主轴转速提速，进给速度降低，准备精加工 |

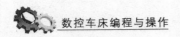 

续表

| 加工程序 | 程序说明 |
|---|---|
| G01 X0； | X 向移动至圆弧起点 |
| G03 X20 Z−10 R10； | 精加工 R10mm 逆圆弧 |
| G01 Z−18； | 精加工阶台处 |
| X27.98； | X 向控制尺寸精加工 |
| Z−31； | Z 向车削阶台 |
| G00 X100； | X 向快速退刀 |
| Z100； | Z 向快速退刀 |
| M5； | 主轴停转 |
| M30； | 程序结束并返回程序开始 |

② 采用复合循环指令 G71 编程的参考程序见表 6.3。

表 6.3　复合循环指令 G71 编程

| 加工程序 | 程序说明 |
|---|---|
| O0001； | 程序名 |
| M3 S700 T0101 F0.25； | 给定转速、刀具、进给量（外圆刀） |
| G00 X30 Z2； | X、Z 向快速定位至起始点 |
| G71 U2 R1； | 使用 G71 指令粗车外轮廓 |
| G71 P1 Q2 U0.5； | |
| N1 G0 X0； | |
| G1 Z0； | |
| G03 X20 Z−10 R10； | 精车轮廓 |
| G1 Z−18； | |
| X28； | |
| Z−26； | |
| N2 G0 X30； | |
| G0 X100 Z100； | 返回安全距离 |
| M3 S1200 T0101 F0.1； | 精车切削用量选择 |
| G0 X30 Z2； | 精车 |
| G70 P1 Q2； | |
| G0 X100 Z100； | 返回安全距离 |
| M5； | 主轴停止 |
| M2； | 程序结束 |

2）编制如图 6.13 所示工件的加工程序。

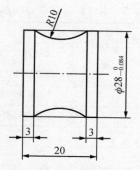

图 6.13　圆弧编程实例 2

① 采用车圆法编程的参考程序见表 6.4。

表 6.4　车圆法编程

| 加工程序 | 程序说明 |
| --- | --- |
| O0001； | 程序名 |
| M3 S700 T0101 F0.25； | 给定转速、刀具、进给量（外圆刀） |
| G00 X30 Z1； | $X$、$Z$ 向快速定位至起始点 |
| G90 X28.5 Z−35； | 粗加工 X28 阶台，留 0.5mm 精加工余量 |
| G01 Z−3； | 刀具移动至圆弧起点处 |
| G01 X28.5； | $X$ 向进刀至 28.5mm 阶台，留 0.5mm 精加工余量 |
| G03 X28.5 Z−17 R5； | 车削顺时针圆弧部分 |
| G01 Z−3； | 刀具移动至圆弧起点处 |
| G03 X28.5 Z−17 R8； | 车削顺时针圆弧部分 |
| G01 Z−3； | 刀具移动至圆弧起点处 |
| G03 X28.5 Z−17 R9.5； | 分刀车削圆弧部分，留 0.5mm 精加工余量 |
| G00 Z0； | 圆弧加工完后刀具移动至 Z0 处 |
| S1000 F0.1； | 主轴转速提速，进给速度降低，准备精加工 |
| G01 X27.98； | $X$ 向移动至阶台起点，控制阶台尺寸 |
| Z−3； | 车削阶台 |
| G03 X28 Z−17 R10； | 精加工 $R$10mm 逆圆弧 |
| G01 Z−25； | 精加工阶台处 |
| G00 X100； | $X$ 向快速退刀 |
| Z100； | $Z$ 向快速退刀 |
| M5； | 主轴停转 |
| M30； | 程序结束并返回程序开始 |

② 采用复合循环指令 G73 编程的参考程序见表 6.5。

表 6.5　复合循环指令 G73 编程

| 加工程序 | 程序说明 |
|---|---|
| O0001; | 程序名 |
| M3 S700 T0101 F0.25; | 给定转速、刀具、进给量 |
| G00 X30 Z2; | X、Z 向快速定位 |
| G73 U8 R4; | 复合循环指令 G73 |
| G73 P1 Q2 U0.5; | |
| N1 G0 X28; | |
| G1 Z0; | |
| Z−3; | |
| G2 X28 Z−17 R10; | 描述精加工路线 |
| G1 Z−20; | |
| N2 G0 X30; | |
| S1000 F0.08; | |
| G70 P1 Q2; | 精车 |
| G0 X100 Z100; | 退到安全距离 |
| M30; | 程序结束并返回程序开始 |

## 任务实施

### 6.1.5　圆弧成形面零件的编程与加工过程

1. 制定加工工艺

（1）零件图样工艺分析

如图 6.1 所示的零件是一个含圆弧的轴类零件，零件由凹圆弧、凸圆弧组合而成，是典型的回转类零件。需要加工 $\phi28$mm 外圆，$R7$mm 和 $R15$mm 圆弧，以及控制 30mm、40mm 长度；尺寸公差为自由公差；表面粗糙度值为 $Ra3.2\mu m$。

通过上述分析，可采用以下两点工艺措施：

1）对于图样上给定的尺寸，编程时全部取其基本尺寸。

2）由于毛坯去除余量不是太大，可按照工序集中的原则确定加工工序。其加工工序如下：使用 G73 指令粗车外轮廓（$R7$mm、$R15$mm），再用 G70 指令精车外轮廓 $\phi28$mm 外圆，以及 $R7$mm 和 $R15$mm 圆弧。

（2）确定圆弧的起始点坐标

1）$R7$mm 圆弧的起终点坐标（以工件左端面与轴心线的交点为坐标系原点）：起点（$X0$，$Z0$），终点（$X12.7$，$Z−9.9$）。

2）$R15$mm 圆弧的起终点坐标（以工件右端面与轴心线的交点为坐标系原点）：起点（$X12.7$，$Z−9.9$），终点（$X28$，$Z−30$）。

（3）确定刀具

由于工件外形简单，采用一把 90°外圆偏刀就能满足加工要求，具体见表 6.6。

表 6.6　数控加工刀具卡

| 序号 | 刀位号 | 刀补号 | 刀具名称 | $n/$（r/min） | $f/$（mm/r） | $a_p/$mm |
|---|---|---|---|---|---|---|
| 1 | 01 | 01 | 90°外圆偏刀 | 800 | 0.2 | 2 |
| 2 | 02 | 02 | 90°外圆偏刀 | 1200 | 0.1 | 0.5 |

2. 编制数控程序

参考程序见表 6.7。

表 6.7　参考程序

| 加工程序 | 程序说明 |
|---|---|
| O0001； | 程序名 |
| G99； | 辅助指令 |
| M3 S700 T0101 F0.15； | 给定转速、刀具、进给量 |
| G00 X32 Z2； | $X$、$Z$ 向快速定位 |
| G73 U15 R8； | 提速精车 |
| G73 P1 Q2 U0.5； | |
| N1 G0 X0； | |
| G1 Z0； | |
| G03 X12.7 Z−9.9 R7； | 精加工路线 |
| G02 X28 Z−30 R15； | |
| G01 Z−45； | |
| N2 G0 X30； | |
| G0 X100 Z100； | 退到安全距离 |
| M3 S1000 T0202 F0.1； | 换精车刀精车外轮廓 |
| G0 X30 Z2； | |
| G70 P1 Q2； | 换精车刀精车外轮廓 |
| G0 X100 Z100； | 退到安全距离 |
| M30； | 程序结束并返回程序开始 |

3. 数控加工

1）开机前的检查：

① 检查电源、电压是否正常，润滑油油量是否充足。

② 检查机床可动部位是否松动。

③ 检查材料、工件、量具等物品放置是否合理，是否符合要求。

2）开机后的检查：

① 检查电动机、机械部分、冷却风扇是否正常。

② 检查各指示灯是否正常显示。

③ 检查润滑、冷却系统是否正常。

3）机床起动（需要回参考点的机床先进行回参考点操作）。

4）工件装夹及找正（注意工件装夹牢固可靠）。

5）对刀操作（以工件右端面中心为原点建立工件坐标系）。

6）选择自动状态，调出程序，防护门关闭，按循环启动键自动加工。

## 任务评价

填写圆弧成形面零件加工评分表，见表 6.8。

表 6.8　填写圆弧成形面零件加工评价表

| 项目 | 配分 | 考核标准 | 得分 |
|---|---|---|---|
| 成形面的掌握 | 20 | 可以清晰明了地阐述圆弧的适用场合 | |
| 对于成形面编程方法的掌握 | 60 | ① 圆弧程序编写格式；<br>② 圆弧的判断方法；<br>③ 合理地安排工艺并编制正确的程序 | |
| 安全文明操作 | 20 | 违反安全文明操作规程酌情扣 5～10 分 | |

## 任务 6.2 手柄零件的编程与加工

知识目标 ☞

1. 掌握基点和节点的概念。
2. 掌握手工加工编程中数值的计算方法。
3. 理解 G73 参数的含义。

能力目标 ☞

1. 学会编制手柄加工程序并完成加工。
2. 学会用数学方法计算圆弧起点、终点坐标。

**工作任务**

如图 6.14 所示手柄零件，毛坯为 $\phi 25\text{mm} \times 67\text{mm}$ 的 45 钢棒料，试确定其加工工艺，并编制程序和完成加工。

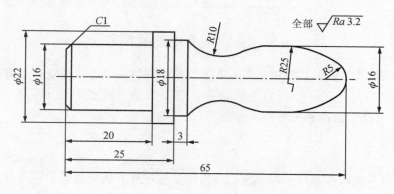

图 6.14 手柄零件

## 相关知识

### 6.2.1 数值计算

根据零件图样，按照已确定的加工路线和允许的编程误差，计算数控系统所需输入的数据，称为数控加工的数值计算。

1. 直接计算

直接计算是指直接通过图样上的标注尺寸，获得编程尺寸。进行直接计算时，可取图样上给定的基本尺寸或极限尺寸的中值，经过简单的加、减运算后即可得到所需结果。

例如，在图 6.15（b）中，除尺寸 42.1mm 外，其余均属直接按图 6.15（a）中的标注尺寸经计算后而得到的编程尺寸。其中，$\phi 59.94\text{mm}$、$\phi 20\text{mm}$ 及 140.08mm 三个尺寸为分别取两极限尺寸平均值后得到的编程尺寸。

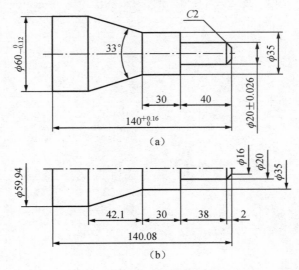

图 6.15 标注尺寸换算

在取极限尺寸中值时，应根据数控系统的最小编程单位进行圆整。当数控系统最小编程单位规定为 0.01mm 时，如果遇到第 3 位小数值（或更多位小数），基准孔按照"四舍五入"方法，基准轴则将第 3 位进上。

2. 间接计算

间接计算是指需要通过平面几何、三角函数等计算方法进行必要的计算后，才能得到其编程尺寸的一种方法。用间接计算方法所计算出来的尺寸，可以是直接编程时所需的基点坐标尺寸，也可以是计算某些基点坐标值所需要的中间尺寸。例如，图 6.15（b）中的尺寸 42.1mm 就是通过间接计算后得到的编程尺寸。

## 6.2.2 基点与节点

编制加工程序时，需要进行的坐标值计算有基点的直接计算、节点的拟合计算及刀具中心轨迹的计算等。

1. 基点

（1）基点的含义
构成零件轮廓的不同几何素线的交点或切点称为基点，它可以直接作为其运动轨迹的起点或终点。
如图 6.16 所示，$A$、$B$、$C$、$D$、$E$ 和 $F$ 点都是该零件轮廓上的基点。
（2）基点的直接计算内容
根据直接填写加工程序段时的要求，基点的直接计算内容主要有每条运动轨迹（线段）的起点或终点，在选定坐标系中的各坐标值和圆弧运动轨迹的圆心坐标值。基点的直接计算方法比较简单，一般根据零件图样所给已知条件人工完成。

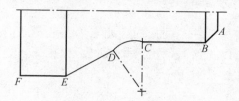

图 6.16　轮廓上的基点

2. 节点

（1）节点的含义

当采用不具备非圆曲线插补功能的数控车床加工非圆曲线轮廓的零件时，在加工程序的编制工作中，常常需要用直线或圆弧去近似代替非圆曲线，称为拟合处理。拟合线段的交点或切点称为节点。

图 6.17 中的 $B_1$、$B_2$ 等点为直线拟合非圆曲线时的节点。

（2）节点的拟合计算内容

节点的拟合计算的难度及工作量都较大，故宜通过计算机完成，有时也可由人工计算完成，但对编程者的数学处理能力要求较高。拟合结束后，还必须通过相应的计算，对每条拟合线段的拟合误差进行分析。

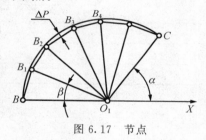

图 6.17　节点

## 任务实施

### 6.2.3　手柄零件的编程与加工过程

1. 工艺分析

1）明确加工内容：从图 6.14 所示的图样上看，所有部位都要加工。其中工件右端外轮廓由 $R5mm$、$R25mm$ 和 $R10mm$ 三个圆弧相切，要求比较高，需要计算基点。

2）确定各表面加工方案：根据零件形状及加工精度要求，本零件以一次装夹所能进行的加工工作为一道工序，先加工工件左端部分，分粗、精两个工步完成外轮廓加工；再掉头装夹，分粗、精两个工步完成右端外轮廓加工。

3）装夹定位方案：用三爪自定心卡盘装夹定位，三爪夹持 $\phi25mm$ 毛坯外径，外露 30mm 左右，完成工件左端加工；再掉头夹持 $\phi16mm$，完成工件右端加工。

4）选用刀具：T01 外圆车刀（粗）；T02 外圆车刀（精）。

5）加工顺序如下：

① 粗（T01）、精（T02）加工左端外轮廓。

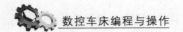

② 掉头装夹，粗（T01）、精（T02）加工右端外轮廓。

**2. 确定工件坐标系与基点坐标的计算**

加工左端外轮廓时，以工件左端面的中心点为编程原点，基点值为绝对尺寸编程值；加工右端外轮廓时，以工件右端面的中心点为编程原点，基点值为绝对尺寸编程值。右端外轮廓各基点如图 6.18 所示。

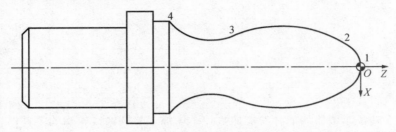

图 6.18　右端外轮廓各基点

成形面零件右端轮廓切削加工的基点计算值见表 6.9。

表 6.9　成形面零件右端轮廓切削加工的基点计算值

| 基点 | 1 | 2 | 3 | 4 |
|---|---|---|---|---|
| $X$ 坐标值 | 0 | 8.5 | 12.044 | 18 |
| $Z$ 坐标值 | 0 | −2.366 | −25.281 | −37 |

**3. 确定加工所用各种工艺参数**

1）加工工件左端外轮廓时，粗车时每次背吃刀量取 1.5～2mm，主轴转速取 800r/min，进给量取 0.15～0.2mm/r，给出径向精车余量 0.5～1mm。精车时，主轴转速取 1200r/min，进给量取 0.05～0.1mm/r。

2）加工工件右端外轮廓时，粗车时每次背吃刀量取 1～1.5mm，主轴转速取 800r/min，进给量取 0.15～0.2mm/r，给出径向精车余量 0.5～1mm。精车时，主轴转速取 1200r/min，进给量取 0.05～0.1mm/r。根据外轮廓形状，采用成形加工复合循环指令 G73 加工，最大加工余量为 $(25-0)/2 = 12.5(mm)$，而粗车时每次背吃刀量取 1～1.5mm，故可分为 10 次左右的循环切削加工完成零件粗加工。

**4. 编制数控程序**

参考程序见表 6.10。

表 6.10　参考程序

| 加工程序 | 程序说明 |
|---|---|
| O0001； | 主程序名（加工工件左端） |

续表

| 加工程序 | 程序说明 |
| --- | --- |
| G97 G99 G21； | 程序初始化 |
| G00 G28 U0 W0； | 快速定位至参考点 |
| T0101； | 换 1 号刀具，选择 1 号刀补 |
| S800 M03； | 主轴正转，转速为 800r/min |
| G00 X100 Z100 M08； | 刀具到目测安全位置，切削液打开 |
| X26 Z2； | 快速定位至粗车循环起始点 |
| G71 U1.5 R1； | 调用粗车横向切削复循环加工左端部分 |
| G71 P10 Q20 U0.5 W0 F0.15； | |
| N10 G00 X14； | 精加工轮廓描述（精加工路径） |
| G01 Z0； | |
| X16 Z−1； | |
| Z−20； | |
| X22； | |
| N20 Z−26； | |
| G00 X100 Z100； | 快速定位至换刀参考点，换 2 号刀具，选择 2 号刀补，转速为 1200r/min |
| T0202 S1200； | |
| G70 P10 Q20 F0.08； | 精加工外轮廓 |
| G0 G28 U0 W0； | 程序结束部分 |
| M05 M09； | |
| M30； | |
| O0002； | 主程序名（加工工件右端） |
| G97 G99 G21； | 程序初始化 |
| G00 G28 U0 W0； | 快速定位至参考点 |
| T0101； | 换 1 号刀具，选择 1 号刀补 |
| S800 M03； | 主轴正转，转速为 800r/min |
| G00 X100 Z100 M08； | 刀具到目测安全位置，切削液打开 |
| X30 Z2； | 切削循环起始点，毛坯直径为 $\phi$25 mm |
| G73 U12.5 R10； | 调用成形加工复合循环指令加工工件右端部分 |
| G73 P10 Q20 U0.5 W0 F0.15； | |
| N10 G01 X0 Z0； | 精加工外轮廓描述 |
| G03 X8.5 Z−2 366 R5； | |
| X12.044 Z−25 281 R25； | |
| G02 X18. Z−37 R10； | |

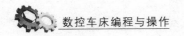 

续表

| 加工程序 | 程序说明 |
|---|---|
| G01 Z－40; | 精加工外轮廓描述 |
| N20 X23; | |
| G00 X100 Z100; | 快速定位至换刀参考点，换 2 号刀具，选择 2 号刀补，转速为 1200r/min |
| T0202 S1200; | |
| G70 P10 Q20 S1200 F0.08; | 精加工外轮廓 |
| G00 G28 U0 W0; | 程序结束部分 |
| M30; | |

5. 实际加工

1）起动机床，回参考点（先 X 向回零，再 Z 向回零）。
2）加工程序输入模拟、调试。
3）刀具准备，包括刀具的选择、刃磨、安装。
4）工件的装夹和定位，工件外露≥50mm。
5）输入刀具长度补偿、半径补偿。
6）试运行，空走刀或者单段运行。
7）试切，调整刀补，检验工件。
8）自动加工，检验工件

## 任务评价

完成工件加工后检测，填写手柄零件加工评分表，见表 6.11。

表 6.11  手柄零件加工评分表

| 序号 | 检测项目 | 检测内容 | 配分 | 检测要求 | 学生自评 | | 教师自评 | |
|---|---|---|---|---|---|---|---|---|
| | | | | | 自测 | 得分 | 检测 | 得分 |
| 1 | 直径 | $\phi$22mm | 5 | 超差 0.1mm 扣 1 分 | | | | |
| 2 | 直径 | $\phi$16mm | 5 | 超差 0.1mm 扣 1 分 | | | | |
| 3 | 直径 | $\phi$18mm | 5 | 超差 0.1mm 扣 1 分 | | | | |
| 4 | 圆弧 $R$5mm | $R$5mm | 10 | 超差 0.1mm 扣 1 分 | | | | |
| 5 | 圆弧 $R$10mm | $R$10mm | 10 | 超差 0.1mm 扣 1 分 | | | | |
| 6 | 圆弧 $R$25mm | $R$25mm | 10 | 超差 0.1mm 扣 1 分 | | | | |
| 7 | 长度 | 20mm | 5 | 超差 0.1mm 扣 1 分 | | | | |
| 8 | 长度 | 25mm | 10 | 超差 0.1mm 扣 1 分 | | | | |
| 9 | 长度 | 65mm | 10 | 一处不合格扣 2 分 | | | | |
| 10 | 时间 | 完成时间 | 10 | 未按时完成全扣 | | | | |

续表

| 序号 | 检测项目 | 检测内容 | 配分 | 检测要求 | 学生自评 | | 教师自评 | |
|---|---|---|---|---|---|---|---|---|
| | | | | | 自测 | 得分 | 检测 | 得分 |
| 11 | 现场操作规范 | 安全操作 | 10 | 违反规程扣20分 | | | | |
| | | 工具、量具的使用 | 5 | 工具、量具使用错误，每项扣2分 | | | | |
| | | 设备维护与保养 | 5 | 违反设备维护规程，每项扣5分 | | | | |
| 合计（总分） | | | 100 | 机床编号 | | 总得分 | | |
| 开始时间 | 结束时间 | | | | | 加工时间 | | |

知识拓展

## 6.2.4 使用基本指令完成手柄零件的加工

若数控车削系统没有提供上述 G73 等复合循环指令，当需要进行类似的端面钻孔及车槽加工时，可参照上述循环动作分解为 G00、G01、G02、G03 等基本动作来编写程序，同时结合子程序的应用简化编程。

现根据本任务工件，所用毛坯为 $\phi25\text{mm} \times 67\text{mm}$ 的 45 钢棒料，确定其加工工艺并编写加工程序（采用基本插补指令和子程序编程，工艺过程同前）。参考程序见表 6.12。

表 6.12 基本插补指令编程加工参考程序

| 加工程序 | 程序说明 |
|---|---|
| O0001; | 主程序名（加工工件左端） |
| G97 G99 G21; | 程序初始化 |
| G00 G28 U0 W0; | 快速定位至参考点 |
| T0101; | 换1号刀具，选择1号刀补 |
| S800 M03; | 主轴正转，转速为800r/min |
| G00 X100 Z100 M08; | 刀具到目测安全位置，切削液打开 |
| G00 X21 Z2; | 粗车左端第一刀 |
| G01 Z−20; | |
| X23; | |
| Z−30; | |
| X26; | |
| G00 Z2; | 粗车左端第二刀 |
| X17; | |
| G01 Z−20; | |
| X26; | |
| O0001; | 主程序名（加工工件左端） |

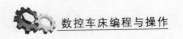

续表

| 加工程序 | 程序说明 |
|---|---|
| G00 Z2; | 精加工外轮廓 |
| X14; | |
| G01 Z0; | |
| X16. Z−1; | 精加工外轮廓 |
| Z−20; | |
| X22; | |
| Z−30; | |
| G00 X100 Z100; | 程序结束部分 |
| M05 M09; | |
| M30; | |
| O0002; | 主程序名（加工工件右端） |
| G97 G99 G21; | 程序初始化 |
| G00 G28 U0 W0; | 快速定位至参考点 |
| T0101; | 换1号刀具，选择1号刀补 |
| S800 M03; | 主轴正转，转速为800r/min |
| G01 X25 Z2 F0.15 M08; | 刀具到粗加工切削起始点，毛坯直径为 φ25 mm，切削液打开 |
| M98 P81000; | 调用子程序粗车轮廓 |
| G00 X100 Z100; | 快速定位至换刀参考点，换2号刀具，选择2号刀补，转速为1200r/min |
| T0202 S1200; | |
| G01 X3 Z2 F 0.08; | 刀具到精加工切削起始点 |
| M98 P1000; | 调用子程序精车轮廓 |
| G00 X100 Z100; | 刀具到目测安全位置 |
| M05 M09; | 程序结束部分 |
| M30; | |
| O1000; | 子程序 |
| G00 U−3; | 进刀至切削起点，每次背吃刀量1.5mm |
| W−2; | 到 Z 向切削起点 |
| G03 U8.5 W−2.366 R5; | 切削外轮廓 |
| U3 544 W−22.915 R25; | |
| G02 U5.956 W−11.719 R10; | |
| G01 W−3; | |
| U4; | |
| O0001; | 主程序名（加工工件左端） |

| 加工程序 | 程序说明 |
| --- | --- |
| G00 U10； | X 向退刀，确保 Z 向返回时与工件不发生干涉 |
| W42； | Z 向回退至起始位置 |
| U－32； | X 向进刀至切削起点位置 |
| M99； | 子程序结束 |

## 任务 6.3 葫芦零件的编程与加工

**知识目标** ☞

1. 了解圆弧的顺、逆方向判定。
2. 熟练运用 G73 指令编写外成形面零件的加工程序。
3. 能够通过数控车床操作面板输入、编辑、修改程序，以及调用、校验程序。

**能力目标** ☞

1. 会根据加工内容合理选择车削刀具，并能正确安装刀具。
2. 能够合理选择进刀点和退刀点的位置。
3. 熟练运用加工指令编写加工程序并完成加工。

**工作任务**

完成如图 6.19 所示葫芦零件的编程与加工。

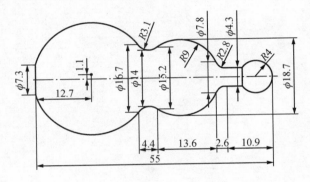

图 6.19 葫芦零件

## 相关知识

### 6.3.1 刀尖圆弧半径补偿功能

**1. 刀尖圆弧半径补偿的定义**

为确保工件轮廓形状，加工时刀具刀尖圆弧的圆心运动轨迹与工件轮廓需偏置一个半径值，这种偏置称为刀尖圆弧半径补偿。

**2. 假想刀尖与刀尖圆弧半径**

编程时，通常都将车刀刀尖作为一点来考虑，但实际上刀尖处存在圆角，如图 6.20 所示，故存在假想刀尖和刀尖圆弧半径。

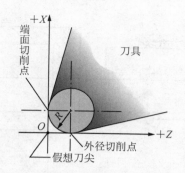

图 6.20　假想刀尖与刀尖圆弧半径

**3. 未使用刀尖圆弧半径补偿时的加工误差分析**

在数控切削加工中，为了提高刀尖的强度，降低加工表面粗糙度，刀尖处呈圆弧过渡刃。在车削内孔、外圆或端面时，刀尖圆弧不影响其尺寸、形状，但在切削锥面或圆弧时，会造成过切或少切现象，如图 6.21（a）所示，这时如果加入刀具半径补偿就可以消除影响，如图 6.21（b）所示。

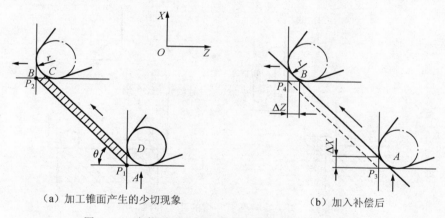

（a）加工锥面产生的少切现象　　　（b）加入补偿后

图 6.21　未使用刀尖圆弧半径补偿时的加工误差分析

## 6.3.2　刀尖圆弧半径补偿指令

要想在不改变程序的情况下使刀具的切削路径与工件轮廓相吻合，加工出尺寸正确的工件，就必须使用刀尖圆弧半径补偿指令：G41——刀尖圆弧半径左补偿；G42——刀尖圆弧半径右补偿；G40——刀尖圆弧半径补偿撤销。

左刀补、右刀补的判别方法：沿着刀具的运动方向向前看（假设工件不动），刀具位于工件左侧的为左刀补，刀具位于工件右侧的为右刀补。

从刀具沿工件表面切削运动方向看刀具在工件实体的左边还是右边，因坐标变换不同，具体用法如图 6.22 所示，刀尖圆弧半径补偿模式的选择见表 6.13。

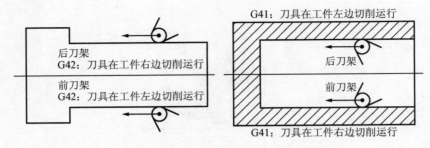

图 6.22　左刀补、右刀补的判别方法

表 6.13　刀尖圆弧半径补偿模式的选择

| 刀架情况 | 车外表面 | | 车内表面 | |
|---|---|---|---|---|
| | 右偏刀 | 左偏刀 | 右偏刀 | 左偏刀 |
| 刀架后置 | G42 | G41 | G41 | G42 |
| 刀架前置 | G41 | G42 | G42 | G41 |

刀尖半径圆弧补偿的建立和取消如图 6.23 所示。

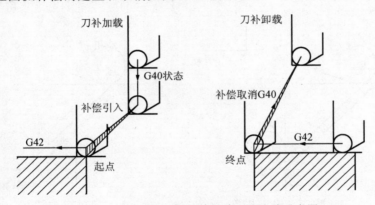

图 6.23　刀尖半径圆弧补偿的建立和取消示意图

## 1. 指令格式

格式：

```
G41 G01 / G00 X (U) __ Z (W) __ F __ ;    //刀尖圆弧半径左补偿
G42 G01 / G00 X (U) __ Z (W) __ F __ ;    //刀尖圆弧半径右补偿
G40 G01 / G00 X (U) __ Z (W) __ F __ ;    //取消刀尖圆弧半径补偿
```

说明：

1）X、Z 是采用绝对值编程时 G00、G01 运动的终点坐标。

2）U、W 是采用增量值编程时 G00、G01 运动的终点坐标相对于起点的增量。

**2. 刀尖圆弧半径补偿注意事项**

1）G40、G41、G42 都是模态指令，可相互取消。

2）G41、G42、G40 指令必须和 G00 或 G01 指令配合，在插补加工平面内有不为零的直线移动才能建立或取消。如果在 $X$ 向移动，刀具移动的直线距离必须大于两倍的刀尖圆弧半径值；如果在 $Z$ 向移动，刀具移动的直线距离必须大于一倍的刀尖圆弧半径值；当轮廓切削完成后即用 G40 指令取消补偿。

3）工件有锥度、圆弧时，必须在精车锥度或圆弧的前一程序段建立半径补偿，一般在切入工件时的程序段建立半径补偿。

4）必须在刀具补偿参数设定页面的刀尖半径处填写该刀具的刀尖半径值，如图 6.24 所示，则 CNC 装置会自动计算应该移动的补偿量，将其作为刀尖圆弧半径补偿的依据。

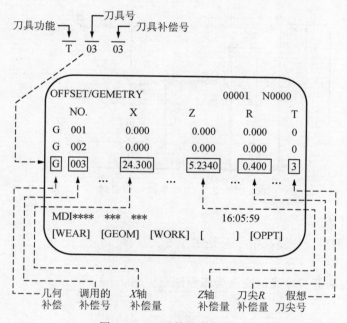

图 6.24 刀具补偿参数设定

5）必须在刀具补偿参数设定页面的假想刀尖方向处（TIP 项）填入该刀具的假想刀尖号码，以作为刀尖半径补正依据，具体如图 6.25、图 6.26 所示。

6）在刀具补偿模式下，一般不允许存在连续两段以上的补偿平面内非移动指令，否则刀具会出现过切等危险动作。

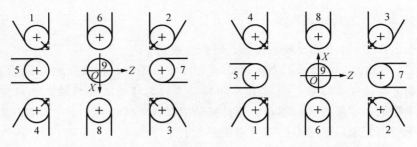

图 6.25　刀架前置　　　　　　　　　　图 6.26　刀架后置

## 3. 应用实例

编制如图 6.27 所示的零件的精加工程序，要求应用刀具半径补偿指令。

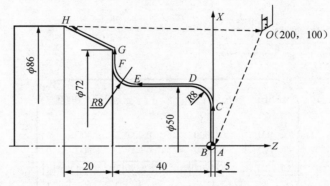

图 6.27　刀具半径补偿实例

（1）确定刀具

选用 93°外圆车刀，刀具编号及补偿号为 T0202。

（2）编制程序

选择工件右端面与轴线的交点为编程原点。

参考程序：

```
O5001;
G50 X200 Z100 T0202 ;
S1200 M03 M08 ;
G42 X0 Z5;
G01 Z0 F0.1;
X34;
G03 X50 Z-8 R8;
G01 Z-32;
G02 X66 Z-40 R8;
G01 X72;
X86 W-20;
```

G00 G40 X200 Z100 T0200；

M30；

## 任务实施

### 6.3.3 葫芦零件的编程与加工过程

1. 工作准备

1) 刀具：35°偏刀。

2) 量具：游标卡尺、千分尺。

3) 工具：卡盘扳手、刀架扳手。

4) 材料：φ50mm×100mm 塑料棒。

2. 引导操作

1) 开机前的检查：

① 检查电源、电压是否正常，润滑油油量是否充足。

② 检查机床可动部位是否松动。

③ 检查材料、工件、量具等物品放置是否合理，并符合要求。

2) 开机后的检查：

① 检查电动机、机械部分、冷却风扇是否正常。

② 检查各指示灯是否正常显示。

③ 检查润滑、冷却系统是否正常。

3) 机床起动（需要回参考点的机床先进行回参考点操作）。

4) 工件装夹及找正（注意工件装夹牢固可靠）。

5) 刀具安装及找正（注意刀具装夹牢固可靠）。

6) 对刀操作（以工件右端面中心为原点建立工件坐标系）。

3. 编制数控程序

参考程序见表6.14。

表 6.14 葫芦零件编程

| 加工程序 | 程序说明 |
| --- | --- |
| O0001； | 程序名 |
| G99； | 辅助指令 |
| M3 S700 T0101 F0.15； | 给定转速、刀具、进给量 |
| G00 X40； | X 向快速定位 |
| Z2； | Z 向快速定位 |
| G73 U20 R10； | 粗加工循环赋值，X 向总切削量、循环次数 |

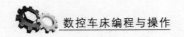 

续表

| 加工程序 | 程序说明 |
|---|---|
| G73 P10 Q20 U1 F0.15; | 粗加工循环赋值精加工余量、进给量 |
| N10 G00 X0; | 循环首段，X 向定位 |
| G01  G42 Z0 F0.1; | Z 向走刀 |
| G03 X4.3 Z−7.4  R4; | |
| G01 Z−10.9; | |
| G02 X7.8 W−2.6 R2.8; | |
| G03 X15.2 W−13.6 R9; | 描述精加工路线 |
| G02 X16.7 W−4.4 R3.1; | |
| G03 X7.3 Z−55 I7.25 K−10.8; | |
| G1 Z−60; | |
| N20 G0 X40; | 精加工最后一段 X 向退刀 |
| M3 S1500 T0101 F0.08; | 辅助指令 |
| G00 X40; | 定义循环点 |
| Z2; | |
| G70 P10 Q20; | 精加工循环 |
| G00 G40 X150 Z150; | 快速回退至安全换刀点并取消刀具补偿 |
| M30; | 程序结束并返回起始点 |

4. 程序的输入和零件的加工

1）正确并快速地将程序输入机床。

2）观察刀具的走刀情况。

## 任务评价

完成工件加工并检测，填写葫芦零件加工评分表，见表 6.15。

表 6.15  葫芦零件加工评分表

| 序号 | 检测项目 | 检测内容 | 配分 | 检测要求 | 学生自评 | | 教师自评 | |
|---|---|---|---|---|---|---|---|---|
| | | | | | 自测 | 得分 | 检测 | 得分 |
| 1 | 直径 | $\phi4.3mm$ | 9 | 超差 0.1mm 扣 1 分 | | | | |
| 2 | 圆弧 | 5 处 | 15 | 超差 0.1mm 扣 1 分 | | | | |
| 3 | 长度 | 55mm | 8 | 超差 0.1mm 扣 1 分 | | | | |
| 4 | 长度 | 10.9mm | 8 | 超差 0.1mm 扣 1 分 | | | | |
| 5 | 表面粗糙度 | | 10 | 一处不合格扣 2 分 | | | | |
| 6 | 时间 | 完成时间 | 10 | 未按时完成全扣 | | | | |

| 序号 | 检测项目 | 检测内容 | 配分 | 检测要求 | 学生自评 | | 教师自评 | |
|---|---|---|---|---|---|---|---|---|
| | | | | | 自测 | 得分 | 检测 | 得分 |
| 7 | 现场操作规范 | 安全操作 | 20 | 违反规程扣 20 分 | | | | |
| | | 工具、量具的使用 | 10 | 工具、量具使用错误，每项扣 2 分 | | | | |
| | | 设备维护与保养 | 10 | 违反设备维护规程，每项扣 5 分 | | | | |
| 合计（总分） | | | 100 | 机床编号 | | 总得分 | | |
| 开始时间 | | 结束时间 | | | | 加工时间 | | |

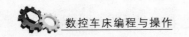

# 任务 6.4 酒杯零件的编程与加工

**知识目标** ☞

1. 了解圆弧的顺、逆方向判定。

2. 熟练运用 G73 指令编写外成形面的加工程序。

3. 能够通过数控车床操作面板输入、编辑、修改程序，以及调用、校验程序。

**能力目标** ☞

1. 通过相关知识的学习完成工件的加工。

2. 会根据加工内容合理选择车削刀具，并能正确安装刀具。

3. 能够合理选择进刀点和退刀点的位置。

4. 熟练运用加工指令编制加工程序并完成加工。

**工作任务**

完成如图 6.28 所示酒杯零件的编程与加工，毛坯尺寸为 30mm×100mm，材料为硬铝。

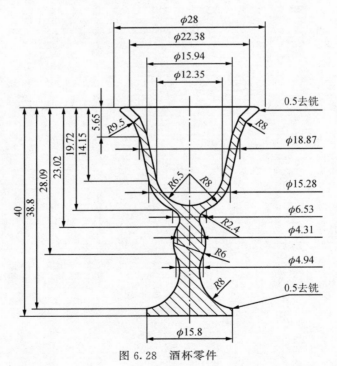

图 6.28　酒杯零件

## 相关知识

### 6.4.1 倒角与倒圆指令

1. 倒角指令

格式：

　　G01 X（U）__ C__ F；
　　G01 Z（W）__ C__ F；

说明：

1）X（U）表示倒角前轮廓尖角处（图6.29中 *A*、*C* 点）在 *X* 向的绝对坐标或增量坐标。

2）Z（W）表示倒角前轮廓尖角处在 *Z* 向的绝对坐标或增量坐标。

3）C表示倒角的直角边边长。

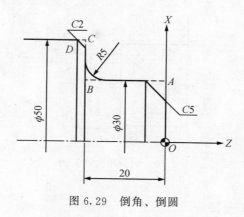

图6.29 倒角、倒圆

2. 倒圆指令

格式：

　　G01 X（U）__ R__ F__；
　　G01 Z（W）__ R__ F__；

说明：

1）X（U）表示倒圆前轮廓尖角处（图6.29中 *B* 点）在 *X* 向的绝对坐标或增量坐标。

2）Z（W）表示倒圆前轮廓尖角处在 *Z* 向的绝对坐标或增量坐标。

3）R表示倒圆半径。

3. 使用倒角与倒圆指令时的注意事项

1）倒角与倒圆指令中的R值与C值有正负之分。当倒角与倒圆的方向指向另一坐

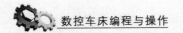 

标轴的正方向时，其 R 值与 C 值为正，反之则为负。

2）FANUC 系统中的倒角与倒圆指令仅适用于两直角边间的倒角与倒圆。

3）倒角与倒圆指令格式可用于凸、凹形尖角轮廓。

4. 编程实例

如图 6.30 所示零件，其加工程序如下：

```
……
N30 G01 X0 Z50.0 F0.2；
N40 X28.0 R－2.0；
N50 Z30.0 R2.0；
N60 X38.0 R－2.0；
N70 Z0；
……
```

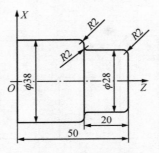

图 6.30　倒圆角功能实例

## 6.4.2　数控车床刀具选择

由于数控车床加工是一项精度较高的工作，而且它的加工工序集中和零件装夹次数少，所以对所使用的数控刀具提出了更高的要求。在选择数控车床的加工刀具时，应考虑以下几方面的问题。

1）满足要求：刀具的类型、规格和精度等级应能够满足数控车床加工要求。

2）精度高：为适应数控车床加工的高精度和自动换刀等要求，刀具必须具有较高的精度。

3）可靠性高：要保证数控加工中不会发生刀具意外损伤及因存在潜在缺陷而影响到加工的顺利进行，要求刀具及与之组合的附件必须具有很好的可靠性及较强的适应性。

4）耐用度高：数控车床加工的刀具，不论是在粗加工或是精加工中，都应比普通机床加工所用刀具有更高的耐用度，以尽量减少更换或修磨刀具及对刀的次数，从而提高数控车床的加工效率和保证加工质量。

5）断屑及排屑性能好：数控车床加工中，断屑和排屑不像普通机床加工那样能及时由人工处理，切屑易缠绕在刀具和工件上，会损坏刀具和划伤工件已加工表面，甚至会发生伤人和设备事故，从而影响加工质量和机床的安全运行，所以要求刀具具有较好的断屑和排屑性能。

## 任务实施

### 6.4.3 酒杯零件的编程与加工过程

1. 识读、分析零件图样

由图 6.28 可以看出，此零件是典型的轴类零件，主要进行成形面加工，几何要素包括外圆弧面 $R8$mm、外圆弧面 $R6.4$mm、外圆弧面 $R2.4$mm、内圆弧面 $R9.5$mm、圆弧面 $R6.5$mm、内圆锥面、外圆锥面。

2. 制定加工工艺

（1）装夹与定位

该零件为轴类零件，其轴心线为工艺基准，用三爪自定心卡盘夹持外圆左端，一次装夹完成粗、精加工。

（2）确定工件坐标系、对刀点和换刀点

1）根据零件图样的尺寸标注特点及基准统一的原则，选择零件右端面与轴心线的交点作为工件原点，建立工件坐标系。

2）采用手动试切对刀法把该点作为对刀点。

3）换刀点设置在工件坐标系下（$X100$，$Z100$）处。

（3）制作数控加工刀具卡和工艺卡

数控加工刀具卡见表 6.16，数控加工工艺卡见表 6.17。

表 6.16 数控加工刀具卡

| 刀具号 | 刀补号 | 刀具名称 | 刀尖圆弧半径/mm | 刀具方位 |
|---|---|---|---|---|
| | | $\phi$12mm 麻花钻 | | |
| T01 | 01 | 内孔车刀 | 0.2 | 2 |
| T02 | 02 | 90°外圆刀 | 0.2 | 3 |

表 6.17 数控加工工艺卡

| 工步号 | 工艺内容 | 刀具号 | 切削用量 | | | 加工性质 |
|---|---|---|---|---|---|---|
| | | | $n/$ (r/min) | $f/$ (mm/r) | $a_p$/mm | |
| 1 | 粗车内轮廓 | T1 | 700 | 0.25 | 2.0 | 粗车 |
| 2 | 精车右端内轮廓 | T1 | 1500 | 0.15 | 0.5 | 精车 |
| 3 | 粗车外轮廓 | T2 | 700 | 0.3 | 2.5 | 粗车 |

| 工步号 | 工艺内容 | 刀具号 | 切削用量 | | | 加工性质 |
|---|---|---|---|---|---|---|
| | | | $n/$（r/min） | $f/$（mm/r） | $a_p/$mm | |
| 4 | 精车外轮廓 | T2 | 1500 | 0.15 | 0.5 | 精车 |

3. 编制数控程序

参考程序见表 6.18。

表 6.18　参考程序

| 加工程序 | 程序说明 |
|---|---|
| O0001； | 内部成形面程序名 |
| G99； | 辅助指令 |
| M3 S700 T0101 F0.15； | 给定转速、内孔刀具 T0101、进给量 |
| G00 X12； | $X$ 向快速定位 |
| Z2； | $Z$ 向快速定位 |
| G71 U2 R1； | 粗加工循环赋值 $X$ 向每刀切削量、退刀量 |
| G71 P10 Q20 U−0.5 F0.15； | 粗加工循环赋值精加工余量、进给量 |
| N10 G0 X22.38 ； | 循环首段，$X$ 向定位 |
| G01 Z0 F0.1； | $Z$ 向走刀 |
| G02 X15.94 Z−5.34 R9.5； | 描述精加工路线 |
| G01 X12.35 Z−14.15； | |
| N20 G00 X12； | 精加工最后一段 $X$ 向退刀 |
| M3 S1500 T0101 F0.08； | 精车内部成形面 |
| G00 X12； | 定义循环点 |
| Z2； | |
| G70 P10 Q20； | 精加工循环 |
| G00 Z150； | $Z$ 向快速退刀 |
| X150； | $X$ 向快速退刀 |
| M30； | 程序结束 |
| O0002； | 外部成形面程序名 |
| M3 S700 T0202 F0.15； | 给定转速、T0202 外圆偏刀、进给量 |
| G00 X30； | $X$ 向快速定位 |
| Z2； | $Z$ 向快速定位 |
| G73 U6 R3； | 粗加工循环赋值 $X$ 向每刀切削量、退刀量 |
| G73 P30 Q40 U1 F0.15； | 粗加工循环赋值精加工余量、进给量 |
| N30 G0 X22； | 循环首段，$X$ 向定位 |

续表

| 加工程序 | 程序说明 |
|---|---|
| G01 Z0； | |
| X23 Z−0.5； | |
| G02 X18.87 Z−5.65 R8； | |
| G01 X15.28 Z−14.15； | |
| G03 X6.53 Z−19.72 R8； | |
| G02 X4.37 Z−23.02 R2.4； | 描述精加工路线 |
| G03 X4.94 Z−28.09 R6； | |
| G02 X14.8 Z−38.8 R8； | |
| G01 X15.8 Z−39.3； | |
| Z−45； | |
| N40 G00 X30； | 精加工最后一段 X 向退刀 |
| M3 S1500 T0202 F0.08； | 精车切削参数 |
| G00 X30； | |
| Z2； | 定义循环点 |
| G70 P30 Q40； | 精加工循环 |
| G00 X150； | X 向快速退刀 |
| Z150； | Z 向快速退刀 |
| M30； | 程序结束并返回到起始点 |

4. 数控加工

1) 开机前的检查：

① 检查电源、电压是否正常，润滑油油量是否充足。

② 检查机床可动部位是否松动。

③ 检查材料、工件、量具等物品放置是否合理，是否符合要求。

2) 开机后的检查：

① 检查电动机、机械部分、冷却风扇是否正常。

② 检查各指示灯是否正常显示。

③ 检查润滑、冷却系统是否正常。

3) 机床起动（需要回参考点的机床先进行回参考点操作）。

4) 工件装夹及找正（注意工件装夹牢固可靠）。

5) 对刀操作（以工件右端面中心为原点建立工件坐标系）。

6) 选择自动状态，调出程序，防护门关闭，按循环启动键自动加工。

## 任务评价

完成工件加工并检测，填写酒杯零件加工评分表，见表 6.19。

表 6.19　酒杯零件加工评分表

| 序号 | 检测项目 | 检测内容 | 配分 | 检测要求 | 学生自评 | | 教师自评 | |
|---|---|---|---|---|---|---|---|---|
| | | | | | 自测 | 得分 | 检测 | 得分 |
| 1 | 直径 | $\phi$15.8mm | 6 | 超差 0.1mm 扣 1 分 | | | | |
| 2 | 圆弧 | 7 处 | 14 | 超差 0.1mm 扣 1 分 | | | | |
| 3 | 长度 | 40mm | 10 | 超差 0.1mm 扣 1 分 | | | | |
| 4 | 长度 | 30mm | 10 | 超差 0.1mm 扣 1 分 | | | | |
| 5 | 表面粗糙度 | $Ra$28.09$\mu$m | 10 | 一处不合格扣 2 分 | | | | |
| 6 | 时间 | 完成时间 | 10 | 未按时完成全扣 | | | | |
| 7 | 现场操作规范 | 安全操作 | 20 | 违反规程扣 20 分 | | | | |
| | | 工量具的使用 | 10 | 工量具使用错误，每项扣 2 分 | | | | |
| | | 设备维护与保养 | 10 | 违反设备维护规程，每项扣 5 分 | | | | |
| 合计（总分） | | | 100 | 机床编号 | | 总得分 | | |
| 开始时间 | | 结束时间 | | | | 加工时间 | | |

### 项目小结

除通过熟练运用编程指令来完成圆弧类零件加工外，我们应该注意零件的工艺安排及刀具的选择，另外还应在加工的时间和加工的质量上更近一步。另外，程序的优化和辅助时间的减少是提升加工速度的有效方法，切削三要素的正确选择和相关量具的正确使用是保证加工质量的途径。

### 复习与思考

**综合题**

（1）写出 G02/G03 指令的格式及各参数的含义，并简述顺逆圆弧插补的判别方法。

（2）如图 6.31 所示工件，毛坯为 $\phi$20mm×80mm 棒料，材料 45 钢，分别采用基本插补指令和复合固定循环指令两种方式加工，试确定其加工工艺并编制加工程序。

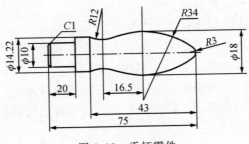

图 6.31　手柄零件

（3）根据图 6.32 的要求，以右端面中心为编程原点建立编程坐标系，制定加工方案，合理选择所需用的刀具、量具、工具。要求：

1）制定合理的刀具卡。

2）编制零件的加工程序。

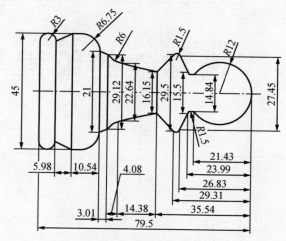

图 6.32　外成形面零件的编程与加工

# 项目 7

# 槽零件的编程与加工

## 项目教学目标

【知识目标】

1. 了解常用槽刀的特点。

2. 掌握槽零件加工的基本方法。

3. 掌握槽零件的相关指令。

【能力目标】

1. 会制定槽零件的数控加工工艺。

2. 能够在数控车床上独立完成槽零件的编程与加工。

在所有的刀具切削中，不论切削材料为金属材料还是非金属材料，也不论切削过程为工件回转还是刀具回转，凡使用槽形的刀具在工件上车出沟槽，统称为车槽。在生产中，有的槽是用于安装 V 带的沟槽；有的槽是用于滑轮和圆带传动的带轮沟槽。槽既可以用于定位，也可以在液压传动中利用槽来控制液压的大小、液压油的方向，当把圈固定在槽内时，槽与圈就共同起密封作用。而且在加工过程中，有些槽被作为螺纹、磨削和插齿加工的退刀槽使用。

# 任务 *7.1* 外沟槽零件的编程与加工

## 知识目标 ☞

1. 了解槽的类型。
2. 掌握外沟槽的加工方法。
3. 理解槽加工复合循环指令 G75。

## 能力目标 ☞

1. 能用 CAD 软件绘制简单的轴类零件。
2. 会根据尺寸链关系计算未知尺寸。
3. 能制订槽类零件的数控加工工艺。
4. 能合理选择沟槽刀的使用方法、切削用量。

## 工作任务

外沟槽零件如图 7.1 所示，毛坯尺寸为 $\phi50mm\times100mm$，材料为 45 钢，分析零件加工工艺，编制加工程序并在数控车床上完成加工。

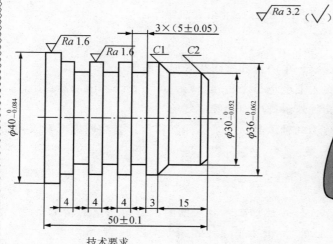

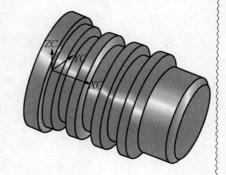

**技术要求**

1. 不允许用砂布或锉刀修整表面。
2. 未注倒角C0.5。
3. 未注公差尺寸按IT12加工和检验。
4. 倒钝锐边，去毛刺。

图 7.1　外沟零件

相关知识

### 7.1.1 沟槽加工基础

**1. 沟槽的形状**

常用的槽有矩形槽、梯形槽、圆弧槽、45°外沟槽等，矩形槽除了用作螺纹、磨削、插齿、退刀之外，还有一些其他作用；梯形槽是安装 V 带的沟槽；圆弧槽用作滑轮和圆带传动的带轮沟槽。常见的沟槽形式如图7.2所示。

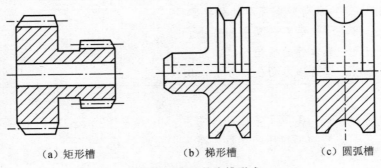

（a）矩形槽 （b）梯形槽 （c）圆弧槽

图7.2 常见的沟槽形式

**2. 槽的作用**

1) 退刀作用：在加工内外螺纹、车内孔和磨内孔等退刀时使用。
2) 密封作用：内沟槽里面嵌入油毛毡等密封软介质，可防止设备内油液溢出。
3) 通道作用：可作为液压和气压滑阀中通油和通气的导槽。
4) 定位作用：在内孔中安装滚动轴承时，为了不使其移位，在沟槽内可安放挡圈。
5) 存油作用：用来储油润滑。

**3. 槽的车削**

1) 车削较宽的沟槽，可用多次直进法切削，并在槽的两侧留一定的精车余量，然后根据槽深、槽宽精车至尺寸，如图7.3所示。

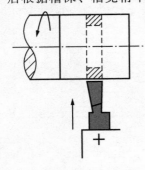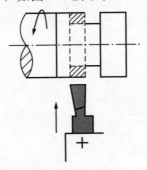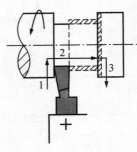

（a）第一次横向进给 （b）第二次横向进给 （c）最后一次进给后再以纵向送进精车槽底

图7.3 多次直进法切削

2）45°外沟槽车刀和车削方法如图 7.4（a）所示，45°外沟槽车刀与一般端面直槽车刀的几何形状相同，刀尖 $a$ 处的副后面应磨成相应的圆弧。

3）圆弧沟槽车刀和车削方法如图 7.4（b）所示，圆弧沟槽车刀可根据沟槽圆弧的大小，磨成相应的圆弧刀头来进行车削。

4）外圆端面沟槽车刀和车削方法如图 7.4（c）所示，外圆端面沟槽车刀的形状比较特殊。

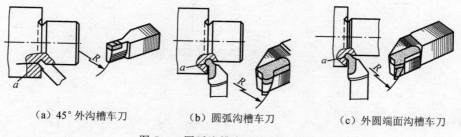

（a）45°外沟槽车刀　　　（b）圆弧沟槽车刀　　　（c）外圆端面沟槽车刀

图 7.4　圆弧沟槽车刀和车削方法

**4. 车槽刀切削用量的选择**

（1）背吃刀量

横向切削时，车槽刀的背吃刀量等于刀的主切削刃宽度（$a_p = a$），所以只需确定切削速度和进给量。

（2）进给量

由于车槽刀的刚性、强度及散热条件较其他车刀差，所以应适当地减少进给量。进给量太大时，容易使刀折断；进给量太小时，后面与工件产生强烈摩擦会引起振动。具体数值根据工件和刀具材料来决定。一般采用高速钢车槽刀车钢料时，$f = 0.05 \sim 0.1 \mathrm{mm/r}$；车铸铁料时，$f = 0.1 \sim 0.2 \mathrm{mm/r}$。用硬质合金车槽刀车钢料时，$f = 0.1 \sim 0.2 \mathrm{mm/r}$；车铸铁料时，$f = 0.15 \sim 0.25 \mathrm{mm/r}$。

（3）切削速度

车槽时的实际切削速度随刀具切入会越来越小，因此，车槽时的切削速度可选得高些。用高速钢车槽刀车钢料时，$v = 30 \sim 40 \mathrm{m/min}$；车铸铁料时，$v = 15 \sim 25 \mathrm{m/min}$。用硬质合金车槽刀车钢料时，$v = 80 \sim 120 \mathrm{m/min}$；车铸铁料时，$v = 60 \sim 100 \mathrm{m/min}$。

> 💡 提示
>
> 切断时的实际切削速度随刀具的切入会越来越小，因此，切断时的切削速度可选得高些。同时由于切断刀伸入工件被车的槽内，周围被工件和切屑包围，散热条件极为不利。为了降低切削区域的温度，应在切削时加充分的切削液进行冷却。

## 7.1.2　槽加工相关编程指令

槽加工示意图如图 7.5 所示。

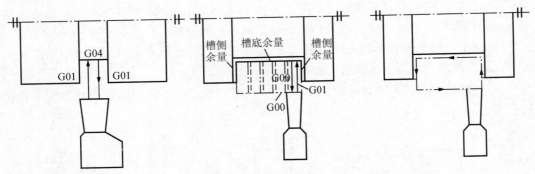

图 7.5  槽加工示意图

**1. G01 直线插补指令**

格式：

    G01 X __ Z __ F __;

说明：X、Z 表示切削终点坐标；F 表示进给量。

**2. G04 暂停指令**

G04 指令可以使刀具做短时间（几秒种）无进给光整加工，主要用于车削环槽、不通孔以及自动加工螺纹等场合。

格式：

    G04 X（U）；

或

    G04 P；

说明：X、U 指定时间，允许有小数点；P 指定时间，不允许有小数点。

应用场合：

1）车削沟槽或钻孔时，为使槽底或孔底得到准确的尺寸精度及光滑的加工表面，在加工到槽底或孔底时，应暂停适当时间。

2）使用 G96 指令车削工件轮廓后，改用 G97 指令车削螺纹时，可暂停适当时间，使主轴转速稳定后再执行车螺纹，以保证螺距加工精度要求。

**3. G75 外径车槽循环指令**

G75 指令适于在外圆面上车槽或切断加工。

（1）指令格式

格式：

    G75 R（e）；
    G75 X（U） __ Z（W） __ P（Δi）Q（Δk）R（Δd）F __;

说明：

1）e 表示退刀量。

2）X（U）表示槽深。

3）Z（W）表示车槽处的 Z 坐标值或者增量值。

4）Δi 表示每次循环的切削量（不带符号）。

5）Δk 表示 Z 向的移动量。

6）Δd 表示刀具在槽底的退刀量。

7）F 表示径向切削时的进给量。

⚠ **注意**：对于程序段中的 Δi、Δk 值，在 FANUC 系统中，不能输入小数点，而是直接输入最小编程单位，如 P1500 表示径向每次背吃刀量为 1.5mm。

例如：

```
G75 R0.5；
G75 U6 W5 P1500 Q2000 F0.1；
```

（2）G75 指令运动轨迹

G75 指令刀具循环轨迹如图 7.6 所示。

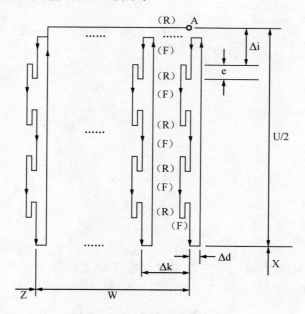

图 7.6　G75 指令刀具循环轨迹

（3）实体切削

实体切削示意图如图 7.7 所示。

（4）编程实例

利用外径车槽循环指令 G75 编制如图 7.8 所示槽的加工程序。

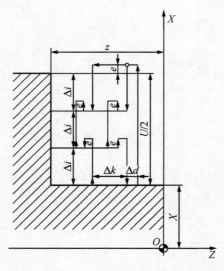

图 7.7 实体切削示意图

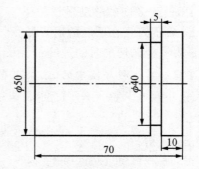

图 7.8 外径车槽循环指令 G75 应用举例

参考程序：

O0003；（刀宽 4mm）

G40 G97 G99；

S500 M03 F0.08 T0202；

G00 X55 Z－15；

G75 R1；

G75 X40 Z－14 P1000 Q1000；

G00 X100；

Z100；

M05；

## 7.1.3 窄槽加工

1. 窄槽加工方法

当槽的宽度尺寸不大时，可用刀头宽度等于槽宽的车槽刀，一次进刀车出，如图 7.9 所示。编程时还可用 G04 指令在刀具车至槽底时停留一定时间，以光整槽底。

2. 窄槽加工案例

如图 7.10 所示，要加工宽为 5mm、深为 5mm 的窄槽，且为零件小批量加工。

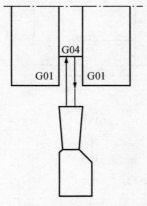

图 7.9 窄槽加工方法

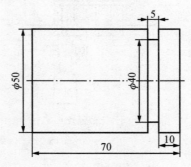

图 7.10 窄槽加工

由于所加工工件槽深仅为 5mm，且为小批量加工，选择可转位车槽刀加工能提高加工效率和换刀方便性。注意选择刀片宽度为 5mm、4mm、3mm 或其他。

编程方式采用 G01 直接编程加工，如选择刀片宽度为 4mm 时的参考程序如下：

```
O0002；（刀宽 4mm）
G40 G97 G99；
T0202 S500 M03 F0.08；
G00 X55 Z－15；
G01 X40；
X55；
Z－14；
X40；
X55；
G00 X100 Z100；
M05；
M30；
```

## 7.1.4 宽槽加工

### 1. 宽槽加工方法

当槽的宽度尺寸较大（大于车槽刀刀头宽度），应采用多次进刀法加工，并在槽底及槽壁两侧留有一定精车余量，然后根据槽底、槽宽尺寸进行精加工。具体路线如图 7.11 所示。

说明：根据加工轨迹可知，宽槽的加工可以采用 G01 指令，也可采用 G75 指令。

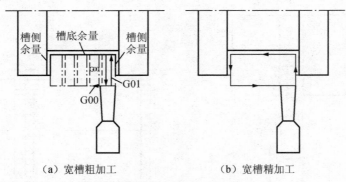

（a）宽槽粗加工　　　　　　（b）宽槽精加工

图 7.11　宽槽加工方法

### 2. 宽槽加工案例

如图 7.12 所示，要加工宽为 15mm、深为 7mm 的宽槽，且为零件小批量加工，槽底表面粗糙度为 $Ra3.2\mu m$。

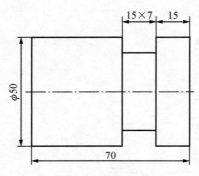

图 7.12　宽槽加工案例

采用 G01 指令编程加工宽槽时的参考程序如下：

```
O0001；（刀宽 4mm）
G40 G97 G99；
T0202 S500 M03 F0.08；
G00 X55 Z-30；
G01 X36；
G04 X2；
X55 F0.3；
Z-27；
X36 F0.08；
……
```

采用 G75 指令编程加工宽槽时的参考程序如下：

```
O0002；（刀宽 4mm）
G40 G97 G99；
```

```
T0202 S500 M03 F0.08;

G00 X55 Z－30;

G75 R0.5;

G75 X36 Z－19 P1500 Q2000;

G00 X100;

Z100;

M05;
```

## 7.1.5　调用子程序加工不等距槽

1. 子程序的定义

在编制加工程序中，有时会遇到一组程序段在一个程序中多次出现，或者几个程序中都要使用它，可以把这类程序做成固定程序，并单独加以命名，事先存储起来，这组程序段就称为子程序。

2. 子程序的格式

子程序的格式与主程序基本相同，在子程序的开头，在地址符 O 后写上子程序号。但结束标记不同，主程序的结尾用 M02 或 M30 指令表示主程序结束，而子程序的结尾用 M99 指令（SIEMENS 系统用 RET 返回）表示子程序结束、返回主程序。

```
O××××;

……

M99;
```

说明：在子程序重复执行过程中，刀具的运动轨迹一般是有规律地变化的，所以一般采用相对坐标编程。

3. 子程序的调用

子程序可以在存储器方式下调出使用，主程序可以调用子程序，一个子程序也可以调用下一级的子程序，子程序执行完后返回到主程序中调用子程序的程序段的下一句程序段运行，如图 7.13 所示。

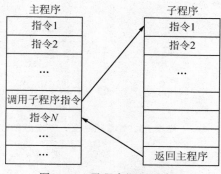

图 7.13　子程序调用示意图

调用子程序的格式有以下两种。

(1) M98 P△△△××××

说明：

1) △△△——重复调用次数（最多调用 999 次，如果省略，则调用 1 次）。

2) ××××——被调用的子程序号（调用次数大于 1 时，子程序号前面的 0 不可省略）。

例如，M98 P20010 的含义是调用 0010 号子程序两次。

(2) M98 P ×××× L△△△

说明：

1) P×××× 表示调用的子程序号。

2) L△△△ 表示重复调用的子程序的次数。

例如，M98 P0010 L2 的含义是调用 0010 号子程序两次。

**4. 子程序的应用原则**

1) 当零件上有若干处相同的轮廓形状时可只编写一个子程序，然后用主程序调用该子程序即可。

2) 程序的内容具有相对独立性。在加工较复杂的零件时，往往包含许多独立的工序，有时工序之间的调整也是容许的。为了优化加工顺序，可把每一个工序编成一个独立子程序，而主程序中只需加入换刀和调用子程序等指令即可。

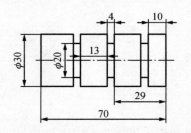

图 7.14 调用子程序加工不等距槽

**5. 调用子程序加工不等距槽**

【例 7.1】 零件如图 7.14 所示，试按要求编制加工程序。

解：因槽宽为 4mm，刀具选用刀头宽度也为 4mm 的车槽刀进行加工，工件原点设在工件的右端面，刀位点在切断刀左刀尖。

参考程序如下。

主程序：

```
O0001;
M03 S300 T0101;
G00 X32.0;
Z8.0;
M98 P20002;          //调用子程序 O0002 循环两次，车右端两个槽
G00 X32.0 Z－30.0;
M98 P0002;           //子程序 O0002 循环一次，车左端槽
G00 X100;
Z100
M05;
```

```
        M30；
    子程序：

        O0002；
        G00W - 22.0；          //刀具左移 22mm
        G01U - 12.0 F0.1；     //车直径为 20mm 的槽
        U12.0；               //退刀至 X32 处
        G00W3.；              //刀具右移 3mm
        M99                  //跳出子程序
```

本零件加工时共调用 3 次子程序，第一次调用时刀具起点在 $Z8$ 处，在子程序中 $Z$ 向左移 22mm，即为右部第一个槽的切削起点 $Z14$ 处；第二次调用该子程序车中间槽时，车刀先左移 22mm，再右移 3mm，实际位移量为 19mm，恰是车中间槽的 $Z$ 向起点；第三次调用该子程序车左槽时，车刀先移到 $Z-28$ 处，再左移 22mm 即 $Z-50$ 处，即为左槽的切削起点。

## 7.1.6　工件切断

在切削加工中，若工件较长，需按要求切断后再车削；或者在车削完成后需把工件从原材料上切割下来，这样的加工方法称为切断。

### 1. 切断刀种类

切断要用切断刀，切断刀的形状和车槽刀相似，但因刀头窄而长，很容易折断。常用的切断刀有高速钢切断刀和硬质合金切断刀，如图 7.15 所示。

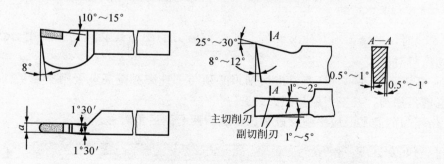

图 7.15　硬质合金切断刀

⚠️注意：硬质合金切断刀适用于高速车削，但耐磨性较差，由于高速车削会产生和大的热量，为防止刀片脱落，在开始车削时就应加切削液。

高速钢切断刀适用于低速车削，耐冲击力强，红硬性较好，刃磨简单，车道锋利，但由于不耐高温，在车削时要加入充分的切削液。

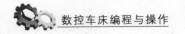 

2．切断方法

（1）直进法

直进法是指在垂直于工件轴线的方向进行工件切断，如图7.16（a）所示。

（2）左右借刀法

在切削系统（刀具、工件、车床）刚性不足的情况下，可采用左右借刀法切断工件，如图7.16（b）所示。

（3）反切法

反切法是指在工件反转时，用反切刀切断工件，如图7.16（c）所示。

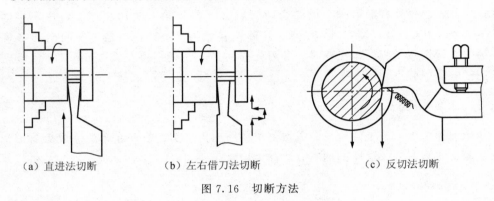

（a）直进法切断    （b）左右借刀法切断    （c）反切法切断

图7.16　切断方法

⚠ **注意：** 直进法常用于切断铸铁等脆性材料；左右借刀法常用于切断钢等塑性材料。

3．切断刀的安装

1）安装时，切断刀不宜伸出太长，同时切断刀的中心线必须与工件中心线垂直，确保两副后角对称。

2）切断无孔工件时，切断刀主切削刃必须与工件中心等高，否则不能车到工件中心，而且容易崩刃，甚至折断切断刀。

3）切断刀的底平面应平整，以确保安装后两个副后角对称。

**任务实施**

### 7.1.7　外沟槽零件的编程与加工过程

1．分析零件图样

零件如图7.1所示，毛坯尺寸为$\phi$50mm×100 mm，材料为45钢。

 **做一做**

认真识读模块零件图，完成下列填空题并想一想如何利用AUTOCAD或CAXA绘制出这个零件的零件图。

1）零件的单槽与多槽，_____（可以/不可以）采取 G01 指令车槽。

　　2）图 7.1 中 $\phi40$mm 外圆最大可以加工到_____，最小可以加工到_____。

　　3）零件中共有几个槽，有_____个相同的槽。

　　4）零件中槽的宽度是_____。

　　**2. 车槽刀和切断刀刀头长度的确定**

　　1）车槽刀的刀头长度为

$$L=\ 槽深+(2\sim3)mm$$

　　2）切断刀的刀头长度分以下两种情况确定。

切断实心材料：

$$L=\frac{D}{2}+(2\sim3)mm \tag{7.1}$$

切断空心材料：

$$L=h+(2\sim3)mm \tag{7.2}$$

式中：$L$——车槽刀刀头长度；

　　　　$D$——被切断工件直径；

　　　　$h$——被切断工件壁厚。

　　**3. 典型外槽零件工艺分析**

　　（1）零件几何特点

零件加工面主要由端面、倒角、外槽构成。棒料伸出卡盘长度为 60mm。

　　（2）选择工具、量具和刀具

外槽加工所需主要刀具如图 7.17 所示。

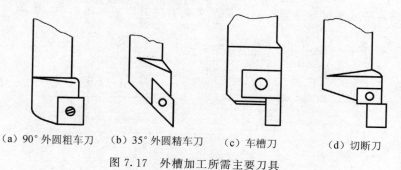

　　（a）90°外圆粗车刀　（b）35°外圆精车刀　（c）车槽刀　　（d）切断刀

图 7.17　外槽加工所需主要刀具

　　**4. 车槽刀（切断刀）的安装**

　　1）安装车槽刀（切断刀）时，车槽刀（切断刀）不宜伸出过长，同时车槽刀（切断刀）的中心线必须与工件中心线垂直，以保证两个副偏角对称，如图 7.18 所示。

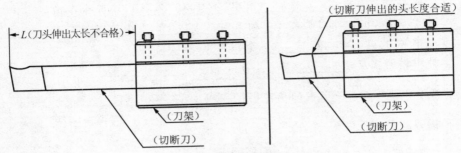

图 7.18　车槽刀的安装注意事项（一）

2）车槽刀（切断刀）的主切削刃必须与工件中心线等高，否则不能车到中心，而且容易崩刀，甚至折断车刀，如图 7.19 所示。

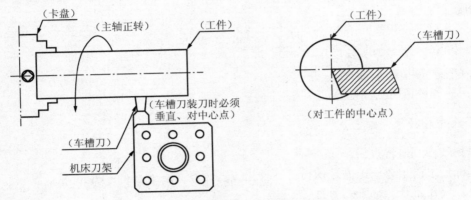

图 7.19　车槽刀的安装注意事项（二）

3）车槽刀的底平面应平整，以保证两个副后角对称，如图 7.20 所示。

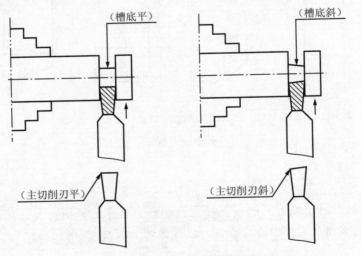

图 7.20　车槽刀的安装注意事项（三）

5. 车槽的方法

直进法和左右车削法是实训中用得最多的车削方法。

⚠️**注意**：车槽与切断一般时主轴最低转速到 $400r/min$ 左右。车槽与切断的过程必须要放切削液直行冷却车削。

6. 防止刀体折断的方法

1）增强刀体强度，切断刀的副后角或副偏角不要过大。

2）切断刀应安装正确，不得歪斜或高于、低于工件中心线太多。

3）切断毛坯工件前，应先车圆再切断或开始时尽量减小进给量，如图 7.21 所示。

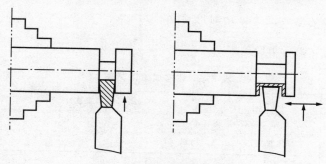

图 7.21 防止刀体折断的方法

7. 对刀的方法

（1）外圆车刀对刀

外圆车刀通过试切工件右端面对 $Z$ 轴，通过试切外圆对 $X$ 轴，并把试切对刀操作得到的数据输入到刀具相应的补偿存储器中。

（2）车槽刀对刀

车槽刀对刀时采用左侧刀尖为刀位点，与编程采用的刀位点一致。

1）$Z$ 向对刀步骤：

① 手动方式下，使主轴正转；或 MDA（MDI）方式下输入 M3 S500 使主轴正转。

② 手动方式下，移动刀具，使车槽刀左侧刀尖刚好接触工件右端面。注意刀具接近工件时，进给倍率为 $1\% \sim 2\%$，如图 7.22 所示。

③ 刀具沿＋$X$ 方向退出，然后进行面板操作，面板操作同外圆车刀对刀。注意刀具号为 T02。

2）$X$ 向对刀步骤：

① 手动方式下，使主轴正转；或 MDA（MDI）方式下输入 M3 S500 使主轴正转。

② 手动方式下，移动刀具，使车槽刀主刀刃刚好接触工件外圆（或车一段外圆）。注意刀具接近工件时，进给倍率为 $1\% \sim 2\%$，如图 7.23 所示。

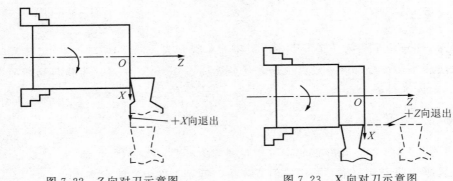

图 7.22  Z 向对刀示意图          图 7.23  X 向对刀示意图

8. 制定加工工艺路线及选择切削用量

加工工艺路线及切削用量见表 7.1。

表 7.1  数控加工工艺表

| 加工步骤 | | 刀具与切削参数 | | | | |
|---|---|---|---|---|---|---|
| 序号 | 加工内容 | 刀具规格 | | $n/$ (r/min) | $f/$ (mm/r) | 刀具半径补偿/mm |
| | | 类型 | 材料 | | | |
| 1 | 粗车外圆 | 90°外圆车刀 | 硬质合金 | 800 | 0.15 | 0.4 |
| 2 | 精车外圆 | 90°外圆车刀 | 硬质合金 | 1200 | 0.1 | |
| 3 | 车槽 | 车槽刀 $B=4mm$ | 硬质合金 | 600 | 0.05 | |
| 4 | 切断 | 切断刀 $B=4mm$ | 硬质合金 | 600 | 0.05 | |

9. 编制数控程序

参考程序见表 7.2。

表 7.2  参考程序

| O0001 | | 程序名 |
|---|---|---|
| 程序号 | 程序内容 | 说明 |
| N1 | M03 S500 T0101 M08; | 主轴正转 500r/min，1 号刀具，切削液开 |
| N2 | G0 X100 Z200; | 刀具定位远离卡盘 |
| N3 | G0 X46 Z2; | 刀具移近工件 |
| N4 | G71 U2 R1; | 粗车循环 |
| N5 | G71 P6 Q13 U0.5 W0.1 F0.2; | 粗车路线 N6～N13 指定，X 向精车余量为 0.5mm，Z 向精车余量为 0.1mm，粗车进给量为 0.2mm |
| N6 | G42 G0 X26; | 到倒角延长线 |
| N7 | G01 X30 Z-2; | 车削 C2 倒角 |

续表

| 程序号 | 程序内容 | 说明 |
|---|---|---|
| N8 | X30 Z－12； | 车削 φ30mm 外圆 |
| N9 | X36 Z－15； | 车削 45°圆锥面 |
| N10 | Z－45； | 车削 φ36°mm 外圆 |
| N11 | X42； | 车削 Z－45 端面 |
| N12 | Z－50； | 车削 φ40mm 外圆 |
| N13 | G40 G1 X46 Z－50 F0.1； | 退刀 |
| N14 | G0 X100 Z200 M09； | 回换刀点，切削液停止 |
| N15 | T0100； | 取消 1 号刀补 |
| N16 | M05； | 主轴停止 |
| N17 | M00； | 程序暂停 |
| N18 | T0202 M08； | 换 2 号刀具，切削液开 |
| N19 | M03 S1200； | 起动主轴 |
| N20 | G0 X46 Z2； | 刀具定位 |
| N21 | G70 P6 Q13 F0.1； | 精车路线 N6～N13 指定，精车进给量为 0.1mm |
| N22 | G0 X100 Z100 M09； | 回换刀点，切削液停止 |
| N23 | T0200； | 取消 2 号刀补 |
| N24 | M05； | 主轴停止 |
| N25 | M00； | 程序暂停 |
| N26 | T0303 M08； | 换 3 号刀补，切削液开 |
| N27 | M03 S600； | 起动主轴 |
| N28 | G0 X38 Z－23； | 刀具定位 |
| N29 | G01 X30.1 Z－23 F0.05； | 车槽 |
| N30 | G0 X38 Z－23； | 快速移动到定位点 |
| N31 | G0 X38 Z－22； | 快速移动到定位点 |
| N32 | G01 X30 Z－22 F0.05； | 车削 φ30mm 外圆 |
| N33 | G01 X30 Z－23； | 快速移动到定位点 |
| N34 | G0 X38 Z－23； | 快速移动到定位点 |
| N35 | G01 X30.1 Z－32 F0.05； | 车槽 |
| N36 | G0 X38Z－32； | 快速移动到定位点 |
| N37 | G1 X38Z－31 F0.05； | 车槽 |
| N38 | G1 X30 Z－32； | 车削 φ30mm 外圆 |
| N39 | G0 X38 Z－32； | 快速移动到定位点 |
| N40 | G0 X38 Z－41； | 快速移动到定位点 |
| N41 | G01 X30.1 Z－41 F0.05； | 车槽 |

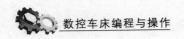

| 程序号 | 程序内容 | 说明 |
|---|---|---|
| N42 | G0 X38 Z−41; | 快速移动到定位点 |
| N43 | G0 X38 Z−40; | 快速移动到定位点 |
| N44 | G01 X30 Z−40 F0.05; | 车槽 |
| N45 | G01 X30 Z−41; | 车削 $\phi$30mm 外圆 |
| N46 | G0 X38 Z−41; | 快速移动到定位点 |
| N47 | G0 X100 Z100 M09; | 回换刀点，切削液停 |
| N48 | T0300; | 取消 3 号刀补 |
| N49 | M05; | 主轴停止转动 |
| N50 | M30; | 程序结束 |
| N51 | T0404 M08; | 换 4 号刀具，切削液开 |
| N52 | M03 S500; | 主轴起动 |
| N53 | G0 X46 Z−54; | 快速移动定位点 |
| N54 | G01 X0 Z−54 F0.05; | 切断 |
| N55 | G0 X100 Z100 M09; | 回换刀点，切削液停止 |
| N56 | T0400; | 取消 4 号刀补 |
| N57 | M05; | 主轴停止转动 |
| N58 | M30; | 程序结束 |

10. 加工操作

1）按毛坯图检查坯料尺寸。

2）开机，回参考点。

3）刀具与工件装夹。工件装夹在三爪自定心卡盘上，伸出 60mm，找正并夹紧。90°外圆车刀装于刀架的 T01 号刀位，伸出一定长度，刀尖与工件中心等高，夹紧。车槽刀安装在 T02 号刀位，伸出不能太长，严格保证刀尖与工件等高、刀头与工件轴线垂直，防止因干涉而折断刀头。

4）程序输入。把编制好的程序通过数控面板输入数控车床。

11. 程序模拟加工

在仿真操作系统中，进行车槽刀的对刀。

1）选刀，操作界面如图 7.24 所示。

2）建立工件坐标系。

$X$ 向"试切法"：与外圆车刀对刀方法相同，但车削量尽量少一点，如图 7.25 和图 7.26 所示。

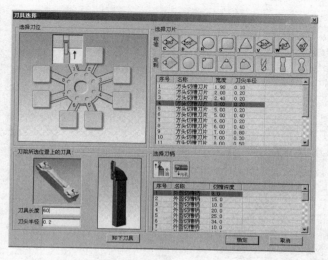

图 7.24　选刀

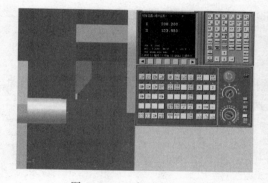

图 7.25　X 向对刀（一）

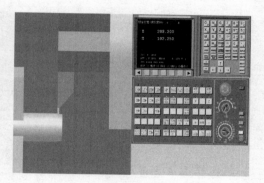

图 7.26　X 向对刀（二）

Z 向"触碰法"：略微触碰一下端面即可，因为外圆车刀在对刀时已经保证了总长，如图 7.27 所示。

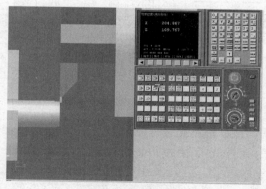

图 7.27　Z 向对刀

3）仿真加工过程，操作界面如图 7.28 所示。

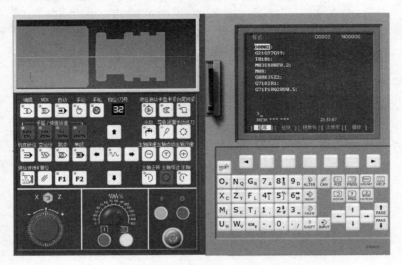

图 7.28　仿真加工过程

12. 自动加工及尺寸控制

在加工过程中，可经常观察显示器上加工参数值变化，以判断加工过程是否正常。另可通过量具对有要求的尺寸进行测量，以判定加工过程是否正确。

13. 外沟槽的测量

外沟槽测量常用量具如图 7.29 所示。

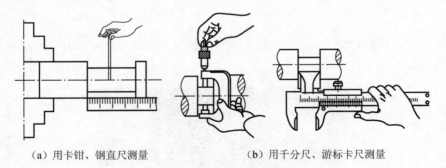

（a）用卡钳、钢直尺测量　　　　　　　　（b）用千分尺、游标卡尺测量

图 7.29　外沟槽的测量

对实训中加工出来的成品进行测量，看是否在零件图样允许的公差范围之内，并对工件的加工过程与结果进行评价，并进行总结。

## 巩固训练

零件如图 7.30 所示，要求制作加工工艺卡和编制加工程序。

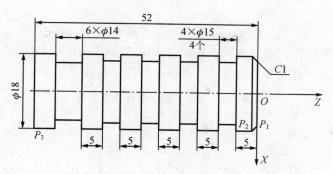

图 7.30  典型外沟槽零件图

### 1. 工具、量具、刃具

工具、量具、刃具清单见表 7.3。

表 7.3  车槽和切断用工具、量具、刃具清单

| 种类 | 序号 | 名称 | 规格 | 精度 | 图号 | 单位 | 数量 |
|---|---|---|---|---|---|---|---|
| | | 工具、量具、刃具清单 | | | | | |
| 工具 | 1 | 三爪自定心卡盘 | | | | 个 | 1 |
| | 2 | 卡盘扳手 | | | | 副 | 1 |
| | 3 | 刀架扳手 | | | | 副 | 1 |
| | 4 | 垫刀片 | | | | 块 | 若干 |
| | 5 | 划线盘 | | | | 个 | 1 |
| 量具 | 1 | 游标卡尺 | 0~150mm | 0.02 | | 把 | 1 |
| 刃具 | 1 | 外圆车刀 | 90° | | | 把 | 1 |
| | 2 | 车槽刀 | 4×15 | | | 把 | 1 |

### 2. 确定加工工艺方案

（1）加工工艺分析

本任务中右端有 4 个窄槽，可采用刀头宽度等于槽宽的车槽刀，一次进刀切出，编程时还可用 G04 指令在刀具车至槽底时停留一定时间，以光整槽底。

本任务左侧为宽度 6mm 的槽，大于车槽刀的宽度，属于宽槽，应采用多次进刀法加工，并在槽底及槽壁两侧留有一定精车余量，然后根据槽底、槽宽尺寸进行精加工。

（2）加工工艺路线

先用 T01 号外圆车刀粗、精加工外圆，然后换 T02 号车槽刀车槽，最后切断工件。车槽时右侧 4 个窄槽用刀头宽度等于槽宽的车槽刀直进车出，左侧宽槽采用分次进给车出。

### 3. 选择合理切削用量

因加工材料为硬铝，硬度较低，切削力较小，故切削用量可选大些，但车槽时，由于车槽刀强度较低，转速及进给速度应选择小一些，具体见表 7.4。

表 7.4  车槽及切断零件加工工艺

| 工步号 | 工步内容 | 刀具号 | 切削用量 | | |
|---|---|---|---|---|---|
| | | | $a_p$/mm | $f$/ (mm/r) | $n$/ (r/min) |
| 1 | 车右端面 | T01 | 1~2 | 0.2 | 600 |
| 2 | 粗车 $\phi$18mm 外圆，留精车余量 | T01 | 1~2 | 0.2 | 600 |
| 3 | 精加工 $\phi$18mm 外圆至尺寸 | T01 | 0.2 | 0.1 | 800 |
| 4 | 车右端 4 个 4×$\phi$15mm 窄槽 | T02 | 4 | 0.08 | 400 |
| 5 | 粗车左侧 6×$\phi$14mm 宽槽 | T02 | 4 | 0.08 | 400 |
| 6 | 精车 6×$\phi$14mm 宽槽到尺寸 | T02 | 4 | 0.08 | 500 |
| 7 | 切断，控制工件总长为 52mm | T02 | 4 | 0.08 | 400 |

### 4. 相关基点计算

（1）建立工件坐标系

根据工件坐标系建立原则，工件原点设在右端面与工件轴心线交点上。

（2）计算基点坐标

车外圆采用直径编程，基点 $P_1$、$P_2$、$P_3$ 坐标分别为（0，16）、 （−1，18）、（−52，18）。车槽、切断时均选择左侧刀尖为刀位点，第一槽 $Z$ 向坐标为−9，以后每个槽 $Z$ 向递减 9mm，采用增量编程方式比较方便。外圆自 $\phi$20mm 切至 $\phi$15mm，用增量方式编程 $X$ 向递减 5mm。

（3）程序

略。

### 5. 加工准备

1）按毛坯图样检查坯料尺寸。

2）开机，回参考点。

3）刀具与工件装夹。工件装夹在三爪自定心卡盘上，伸出 60mm，找正并夹紧。90°外圆车刀安装于刀架的 T01 号刀位，伸出一定长度，刀尖与工件中心等高，夹紧。车槽刀安装在 T02 号刀位，伸出不能太长，严格保证刀尖与工件等高、刀头与工件轴线垂直，防止因干涉而折断刀头。

4）程序输入。把编制好的程序通过数控车床面板输入数控车床。

6. 对刀

对刀方法见任务实施中的相应内容。

7. 空运行及仿真

（1）FANUC 系统

打开程序，选择 MEM 方式，打开机床锁住开关，按空运行键和循环启动键，观察程序运行情况；按图形显示键和数控启动键可进行轨迹仿真，观察加工轨迹。空运行及仿真结束后，使空运行机床锁住功能复位，机床重新回参考点。

（2）SIEMENS 系统

选择 AUTO 方式，通过数控面板设置空运行和程序测试有效，打开程序，按数控启动键，观察程序运行情况。按右侧扩展软键几次，出现"仿真"软键，按"仿真"软键，再按数控启动键即可进行轨迹仿真。空运行及仿真结束后，取消空运行及程序测试有效等设置。

8. 零件自动加工方法

打开程序，选择 MEM（或 AUTO）方式，调好进给倍率，按数控启动键进行自动加工。当程序运行到 N190 段停车测量，继续按数控启动键，程序从 N200 开始往下加工。

9. 程序断点加工方法

当需要从程序某一段开始运行加工时，需采用断点加工方法。

（1）FANUC 系统

按"EDIT"键，选择编辑工作模式。将光标移至要加工的程序段（断点处），切换成 MEM 工作模式，按数控启动键，程序便从断点处往后加工。

（2）SIEMENS 系统

需搜索断点，并启动断点加工才能从断点处往后加工，否则会从第一段程序执行加工。操作步骤如下：选择 AUTO 方式→按功能切换键→按软键→按软键→将光标移动到断点处→按（启动 B 搜索）软键→按数控启动键（连按两次）。

10. 操作注意事项

1）车槽刀刀头强度低，易折断，装夹时应按要求严格装夹。

2）加工中使用两把车刀，对刀时每把刀具的刀具号及补偿号不要弄错。

3）对刀时，外圆车刀采用试切端面、外圆方法进行，车槽刀不能再切端面，否则，加工后零件长度尺寸会发生变化。

4）首件加工时仍尽可能采用单步运行，程序准确无误后再采用自动方式加工以避免意外。

5）对刀时，刀具接近工件过程中，进给倍率要小，避免产生撞刀现象。

6）切断刀采用左侧刀尖作刀位点，编程时刀头应考虑宽度尺寸。

## 任务评价

### 1. 外槽加工任务评价

零件加工结束后，得检测结果填入外槽加工评分表，见表 7.5。

表 7.5　外槽加工评分表

| 序号 | 项目 | 检测内容 | 配分 | 评分标准 | 自检 | 教师评分 |
|---|---|---|---|---|---|---|
| 1 | 编程 | 切削加工工艺制定正确 | 5 | 不正确不得分 | | |
| 2 | | 切削用量选用合理 | 5 | 不正确不得分 | | |
| 3 | | 程序正确与规范 | 5 | 不正确不得分 | | |
| 4 | 操作 | 工件找正和装夹正确 | 5 | 不正确不得分 | | |
| 5 | | 刀具选择和安装正确 | 5 | 不正确不得分 | | |
| 6 | | 设备操作和维护保养正确 | 5 | 不正确不得分 | | |
| 7 | 外圆 | 30mm | 4 | 超差不得分 | | |
| 8 | | $Ra3.2\mu m$ | 2 | 不合格不得分 | | |
| 9 | | 36mm | 4 | 超差不得分 | | |
| 10 | | $Ra1.6\mu m$ | 2 | 不合格不得分 | | |
| 11 | | 40mm | 4 | 超差不得分 | | |
| 12 | | $Ra1.6\mu m$ | 2 | 不合格不得分 | | |
| 13 | 槽 | $(5\pm5)$ mm×3mm | 12 | 超差不得分 | | |
| 14 | | $Ra3.2\mu m$ | 2 | 不合格不得分 | | |
| 15 | 长度 | 15mm | 3 | 超差不得分 | | |
| 16 | | 3mm | 3 | 超差不得分 | | |
| 17 | | 4mm | 3 | 超差不得分 | | |
| 18 | | 4mm | 3 | 超差不得分 | | |
| 19 | | 4mm | 3 | 超差不得分 | | |
| 20 | | $(50\pm0.1)$ mm | 5 | 超差不得分 | | |
| 21 | 锥面 | 45° | 4 | 不合格不得分 | | |
| 22 | 倒角 | $C2$ | 3 | 不合格不得分 | | |
| 23 | | 未注倒角 $C0.5$ | 3 | 不合格不得分 | | |
| 24 | | 安全文明生产 | 8 | 违章全扣 | | |

### 2. 任务反馈

（1）车槽和切断时，刀头宽度不宜过宽，否则容易产生振动。

（2）车槽刀安装时，主切削刃与轴心线要平行，否则车出的槽底直径一侧大、一侧小。

（3）对刀时，刀具接近工件过程中，进给倍率要小，以免产生撞刀现象。

（4）首件加工时，尽可能采用单步运行，程序准确无误后，再采用自动方式加工，避免发生意外事故。

（5）切断刀采用左侧刀尖作为刀位点，编程时，应考虑刀头宽度尺寸。

（6）切断时，要根据加工状况适时调整进给速率，进给速率不宜过大。

（7）切断时，要保持排屑顺畅，否则容易将刀头折断。

（8）槽宽大于刀宽时，分多次加工，要注意避免产生接刀痕。

## 知识拓展

### 7.1.8　车槽加工注意事项

1. 车槽过程给与充分冷却的原因

（1）切削变形大

车槽时，由于车槽刀的主切削刃和左、右副切削刃同时参加切削，切屑排出时，受到槽两侧的摩擦、挤压作用，随着切削的深入，车槽处直径逐渐减小，相对的切削速度逐渐减小，挤压现象更为严重，以致切削变形大。

（2）切削力大

由于车槽过程中刀具与工件的摩擦，另外由于车槽时被切金属的塑性变形大，所以在切削用量相同的条件下，车槽的切削力比一般车外圆的切削力大 2%～5%。

（3）切削热比较集中

车槽时，塑性变形较大，摩擦剧烈，故产生的切削热也多。另外，车槽刀处于半封闭状态下，同时刀具切削部分的散热面积小，切削温度较高，使切削热集中在刀具切削刃上，因此会加剧刀具的磨损。

（4）刀具刚性差

通常车槽刀主切削刃宽度较窄（一般为 2～6mm），刀头狭长，所以刀具刚性差，车槽过程中容易产生振动。

（5）排屑困难

车槽时，切屑是在狭窄的车槽内排出的，受到槽壁摩擦阻力的影响，切屑排出比较困难，而且断碎的切屑还可能卡塞在槽内，引起振动，甚至损坏刀具。所以，车槽时要使切屑按一定的方向卷曲，以使其顺利排出。

2. 车槽刀的安装注意事项

1）车槽刀一定要垂直于工件的轴线，刀体不能倾斜，以免副后面与工件摩擦，影响加工质量。

2）刀体不宜伸出过长，同时主切削刃要与工件回转中心等高。

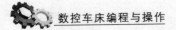 

3）车槽刀主切削刃要平直，各角度要适当。刀具安装时刀刃与工件中心要等高，主切削刃与轴心线平行。刀体底平面如果不平，会引起副后角的变化。

**3. 车槽编程注意事项**

1）车槽刀有左、右两个刀尖及切削刃中心处 3 个刀位点，在整个加工程序中应采用同一个刀位点，一般采用左侧刀尖作为刀位点时对刀、编程较方便，如图 7.31 所示。

2）车槽过程中退刀路线应合理，避免产生撞刀现象；车槽后应先沿径向（$X$ 向）退刀，再沿轴向（$Z$ 向）退刀，如图 7.32 所示。

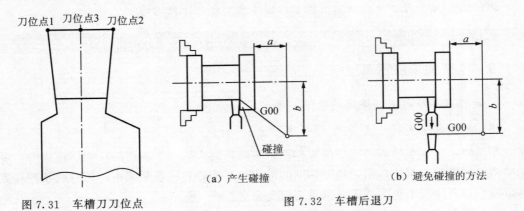

图 7.31　车槽刀刀位点　　　　　图 7.32　车槽后退刀

# 任务 7.2 内槽零件的编程与加工

**知识目标** ☞

1. 了解常用内槽刀的特点，掌握内槽加工的基本方法。
2. 掌握典型数控车床的安全操作规程。
3. 掌握数控车床上的内槽编程指令。
4. 掌握内槽加工的一般步骤。

**能力目标** ☞

1. 会进行典型内槽零件图样的识读。
2. 会进行内槽刀的对刀操作。
3. 具有初步的内槽加工工艺路线分析能力。
4. 具有常见内槽的检测能力。

**工作任务**

本任务主要要求学生掌握内槽的基本加工方法。

零件如图 7.33 所示，毛坯尺寸为 50mm×100mm，材料为 45 钢。分析该零件的加工工艺，编写加工程序并完成加工。

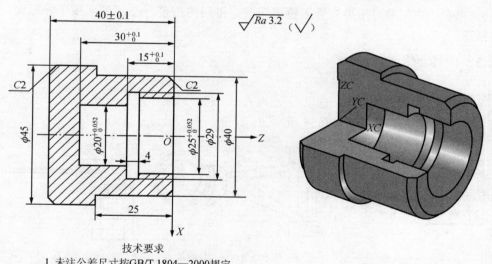

技术要求
1. 未注公差尺寸按GB/T 1804—2000规定。
2. 倒钝锐边，去毛刺。

图 7.33　内槽零件加工图及三维效果图

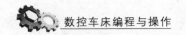 

相关知识

### 7.2.1 内沟槽车刀的安装

内沟槽车刀和外沟槽车刀（车槽刀）的几何角度相似，只是内沟槽车刀的刀头形状会因为被加工沟槽的截面形状不同而更加多样化。

内沟槽车刀跟切断刀的几何形状基本相同，只是安装方向相反。安装时应使主刀刃跟内孔中心等高，两侧副偏角需对称。车内沟槽时，刀头伸出的长度应大于槽深，同时应保证刀杆直径加上刀头在刀杆上伸出的长度小于内孔直径。

### 7.2.2 内沟槽的车削方法

车削内沟槽时，刀杆直径受孔径和槽深的限制，比车孔时的直径还要小，特别是车孔径小、沟槽深的内沟槽时，情况更为突出。车削内沟槽时排屑特别困难，先要从沟槽内出来，然后再从内孔中排出，切屑的排出要经过 90°的转弯，因此在加工内沟槽时车削方法尤为重要。

1）窄的内沟槽可直接用刀宽等于槽宽的内沟槽刀，采用一次直进法车出。

2）精度要求较高或较宽的内沟槽一般采用二次直进法车出，即第一次车槽时，槽壁与槽底留少量余量，第二次用等宽刀修整。

3）很宽的内沟槽可用尖头镗刀镗出凹槽，再用内沟槽刀在沟槽两端车垂直面，并车准槽深。

### 7.2.3 内槽的检测方法

1. 测量内槽直径

测量内槽直径的方法如图 7.34 所示。

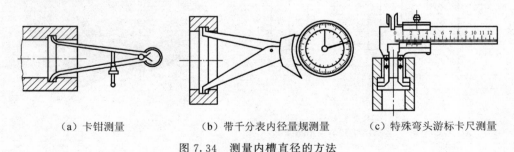

（a）卡钳测量　　　（b）带千分表内径量规测量　　　（c）特殊弯头游标卡尺测量

图 7.34　测量内槽直径的方法

2. 测量内槽宽度

测量内槽宽度的方法如图 7.35 所示。

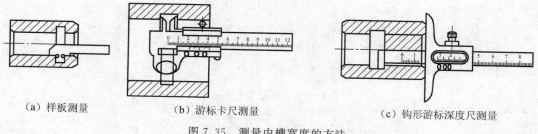

（a）样板测量　　　　　　（b）游标卡尺测量　　　　　　（c）钩形游标深度尺测量

图 7.35　测量内槽宽度的方法

## 任务实施

### 7.2.4　内槽零件的编程与加工过程

**1. 零件几何特点**

内槽类零件加工面主要为端面、倒角、内槽以及内圆。棒料伸出卡盘长度为 50mm。

**2. 选择工具、量具和刀具**

内槽加工所需主要刀具如图 7.36 所示。

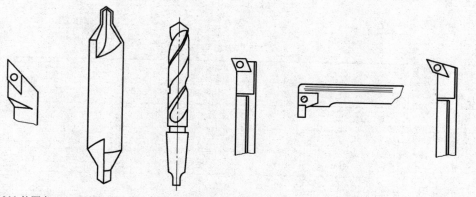

（a）90°外圆车刀　（b）中心钻　　（c）麻花钻　（d）内圆粗车刀　　　（e）内槽刀　　　（f）内圆精车刀

图 7.36　内槽加工所需主要刀具

**3. 制定加工工艺路线**

1）粗、精车外圆。

2）钻中心孔。

3）钻孔。

4）粗车内圆。

5）精车内圆。

6）车内槽。

## 4. 切削用量选择

如图 7.33 所示内槽零件的加工工艺分析见表 7.6。

表 7.6　加工工艺分析

| 加工步骤 | | 刀具与切削参数 | | | | |
|---|---|---|---|---|---|---|
| 序号 | 加工内容 | 刀具规格 | | $n/$（r/min） | $f/$（mm/r） | 刀具半径补偿/mm |
| | | 类型 | 材料 | | | |
| 1 | 粗、精车外圆 | 90°外圆车刀 | 硬质合金 | 700<br>1200 | 0.15<br>0.08 | 0.4 |
| 2 | 钻中心孔 | 中心钻 | 高速钢 | 800 | 0.1 | |
| 3 | 钻孔 | ∮18mm 钻头 | 硬质合金 | 400 | 0.15 | |
| 4 | 粗车内圆 | 内圆粗车刀 | 硬质合金 | 700 | 0.2 | 0.4 |
| 5 | 精车内圆 | 内圆精车刀 | 硬质合金 | 1200 | 0.1 | 0.2 |
| 6 | 车内槽 | 内槽刀 | 硬质合金 | 600 | 0.05 | |

## 5. 编制数控程序

参考程序见表 7.7。

表 7.7　参考程序

| 程序号 | 程序内容 | 说明 |
|---|---|---|
| N1 | M03 S700 T0101 F0.15 M08； | 主轴正转 700r/min，1 号刀具，切削液开 |
| N2 | G0 X100 Z200； | 刀具定位远离卡盘 |
| N3 | G0 X50 Z5； | 刀具移近工件 |
| N4 | G71 U1.5 R1； | 粗车循环 |
| N5 | G71 P6 Q12 U0.5； | |
| N6 | G0 X36； | |
| N7 | G1 Z0 F0.08 S1200； | |
| N8 | X40 Z−2； | 外轮廓描述 |
| N9 | Z−25； | |
| N10 | X45； | |
| N11 | Z−45； | |

续表

| 程序号 | 程序内容 | 说明 |
|---|---|---|
| N12 | G0X50； | |
| N13 | G70 P6 Q12； | 精车外轮廓 |
| N14 | G0 X100 Z100； | |
| N15 | M3 S700 T0202 F0.15； | |
| N16 | G0 X20 Z2； | |
| N17 | G71 U1.5 R1； | |
| N18 | G71 P19 Q24 U−0.5； | |
| N19 | G0 X25； | |
| N20 | G1 Z0 F0.08 S1200； | |
| N21 | Z−15； | 内孔轮廓描述 |
| N22 | X22； | |
| N23 | Z−30； | |
| N24 | G0 X18； | |
| N25 | G70 P19 Q24； | |
| N26 | G0 Z100； | |
| N27 | X100； | |
| N28 | T0404 M08； | 换 4 号刀具，切削液开 |
| N29 | M003 S600； | 主轴起动 |
| N30 | G0 X20 Z5； | 快速移动到定位点 |
| N31 | G01 Z−15 F0.3； | 刀具移至内槽起点 |
| N32 | G01 X29 F0.05； | 车槽 |
| N33 | G04 X1； | 刀具暂停 |
| N34 | X20 Z−15； | 退刀 |
| N35 | G0 Z200； | 刀具退出工件内圆表面 |
| N36 | X120 Z200； | 回换刀点 |
| N37 | T0400； | 取消 4 号刀补 |
| N38 | M05； | 主轴停止移动 |
| N39 | M30； | 程序结束 |

6. 加工操作

1) 加工准备：

① 检查毛坯尺寸。

② 开机，回参考点。

③ 装夹工件，安装刀具。

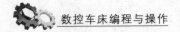 

④ 输入程序。

2）对刀。采用试切法对刀，把零偏值分别输入到各自长度补偿中。手动钻中心孔、钻孔，则中心钻和麻花钻不需要对刀。批量生产时，可采用 G54 指令和长度补偿相结合的方法对刀。

3）程序模拟加工。

4）自动加工及尺寸控制。

## 巩固训练

### 1. 带有内外槽的套类零件图样分析

零件如图 7.37 所示。

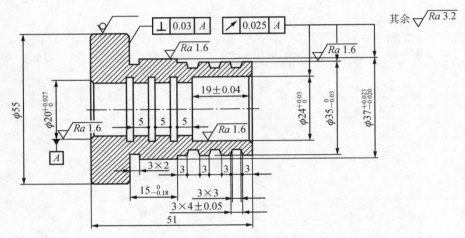

图 7.37　带有内外槽的套类零件

此零件是装载轴承的套类零件，加工内容包括内、外圆柱阶梯面及内密封矩形沟槽和外密封梯形沟槽等的加工，并配合手动钻通孔，以及车端面和内、外倒角等操作，以保证零件加工尺寸精度。零件材料为钢，内孔和外轴承安装位表面粗糙度要求为 $Ra1.6\mu m$，$\phi55$mm 轴台外圆处是非加工表面。轴台端面与内孔要求保证 0.03mm "⊥" 垂直度要求的几何公差。内 $\phi20$mm 孔与内 $\phi40$mm 孔、外梯形槽表面和轴承座处，要求加工时保证 0.025mm "↗" 圆跳动要求的几何公差。另外，图 7.37 中未注内沟槽 2mm×2mm，$Ra\leqslant12.5\mu m$；外梯形槽深 2mm；工件未注倒角 C0.5。此外，内孔加工和外轴承座、梯形槽外圆表面的加工精度要求都很高，编程时设计好半精加工余量，加工时做好磨耗补偿操作，以保证各位置的加工精度。无热处理和后序加工技术要求。

### 2. 确定装夹方案、定位基准和刀位点

1）装夹方案：因原料为 $\phi55$mm×55mm 的加工坯料，可采用三爪自定心卡盘定位夹持非加工表面 $\phi55$mm 外圆处。粗找正后工件伸出卡盘端面 41mm。

2）设定程序原点：以工件右端面与轴线交点处建立工件坐标系（采用试切对刀法

建立）。

3）换刀点设置：设置在工件坐标系（X200.0，Z100.0）处。

4）加工起点设置：外圆表面粗、精加工设定在（X56.0，Z2.0）处；车外轴肩清角槽设定在（X38.0，Z-39.0）处；梯形密封槽设定在（X36.0，Z-20.5）处；镗内孔粗、精加工设定在（X16.0，Z2.0）处；内矩形密封槽设定在（X19.0，Z-26.0）处。

3. 刀具参数设置

刀具选择、加工方案制定和切削用量确定，具体设置参数见表 7.8。

表 7.8  数控加工刀具卡

| 材料 | 45 钢 | 零件图号 | | 系统 | FANUC | 工序号 | 01 |
|---|---|---|---|---|---|---|---|
| 操作序号 | 工步内容（走刀路线） | | G 指令 | T 刀具 | 切削用量 | | |
| | | | | | $n/$ （r/min) | $f/$ (mm/r) | $a_p/$mm |
| 主程序 1 | 夹持不加工表面 $\phi$55mm 外圆，留出长度约 41 mm，调用主程序 O0108 加工 | | | | | | |
| 1 | 粗车外圆柱阶梯面 | | G71 | T0101 | 600 | 0.2 | 1.5 |
| 2 | 粗车内孔表面 | | G71 | T0303 | 600 | 0.15 | 1.0 |
| 3 | 精车内孔表面 | | G70 | T0303 | 1800 | 0.08 | 2 |
| 4 | 内切矩形槽加工 | | G75 | T0404 | 1000 | 0.08 | 2 |
| 5 | 精车外圆柱阶梯面 | | G70 | T0202 | 1500 | 0.08 | 0.25 |
| 6 | 车外轴肩清角槽 | | G75 | T0404 | 800 | 0.1 | 2 |
| 7 | 调用子程序 O0109，加工外梯形密封槽 | | | | | | |
| 8 | 车外梯形密封槽 | | G01 | T0404 | 800 | 0.08 | 2 |

4. 数值计算

设定程序原点：以工件右端面与轴线的交点为程序原点，建立工件坐标系。计算基点位置坐标值。图样中各基点坐标值可通过图标注尺寸识读或换算出来。

5. 工艺路线确定

1）手动钻毛坯孔→打顶尖孔 $\phi$3.0mm→用 $\phi$10mm 钻头钻通孔→用 $\phi$16mm 钻头扩通孔。

2）用复合固定循环指令 G71 粗车外圆表面（精加工余量 0.5mm）。

3）用复合固定循环指令 G71 粗车内孔表面（精加工余量 0.5mm）。

4）用精加工循环指令 G70 精镗内孔表面。精车轨迹如下：G00 移刀至（X25.0，Z2.0）→G01 移刀至（X25.0，Z0）→切削倒角至（X24.0，Z-0.5）→切削内圆孔至（X24.0，Z-19.0）→车内端面台至（X20.0 Z-19.0）→车削通孔至（X20.0，Z-51.5）。

5）用车槽复合循环指令 G75 车削内矩形密封槽。

6）用 G70 精加工循环指令精车外圆表面。精车轨迹如下：G00 移刀至（X16.0，

$Z2.0$）→$G01$ 移刀至（$X16.0$，$Z0$）→切削端面并倒角至（$X35.0$，$Z0$，$C0.5$）→切削外圆面至（$X35.0$，$Z-24.0$）→车端面台至（$X37.0$，$Z-24.0$）→车外圆阶轴至（$X37.0$，$Z-39.0$）→车端面台 至（$X54.0$，$Z-39.0$）→车外圆倒角至（$X55.5$，$Z-39.25$）。

7）车外轴肩清角槽和调子程序车外梯形密封槽。

8）工件调头装夹→粗找正工件后夹紧→车端面至规定尺寸并车内、外倒角 $R0.5$mm。

**6. 编制数控程序**

略。

## 任务评价

**1. 内槽加工评价**

零件加工结束后，将检测结果填入外槽加工评分表，见表 7.9。

表 7.9　内槽加工评分表

| 序号 | 项目 | 检测内容 | 配分 | 评分标准 | 自检 | 教师评分 |
|---|---|---|---|---|---|---|
| 1 | 编程 | 切削加工工艺制定正确 | 5 | 不正确不得分 | | |
| 2 | | 切削用量选用合理 | 5 | 不正确不得分 | | |
| 3 | | 程序正确与规范 | 5 | 不正确不得分 | | |
| 4 | 操作 | 工件找正和装夹正确 | 5 | 不正确不得分 | | |
| 5 | | 刀具选择和安装正确 | 5 | 不正确不得分 | | |
| 6 | | 设备操作和维护保养正确 | 5 | 不正确不得分 | | |
| 7 | 外圆 | $\phi45$mm | 5 | 超差不得分 | | |
| 8 | | $\phi40$mm | 5 | 超差不得分 | | |
| 9 | | $Ra3.2\mu m$ | 5 | 不合格不得分 | | |
| 10 | 内圆 | $\phi25$mm | 5 | 超差不得分 | | |
| 11 | | $Ra3.2\mu m$ | 5 | 不合格不得分 | | |
| 12 | | （$40\pm0.1$）mm | 5 | 超差不得分 | | |
| 13 | 长度 | 25mm | 5 | 超差不得分 | | |
| 14 | | 30mm | 5 | 超差不得分 | | |
| 15 | | 15mm | 5 | 超差不得分 | | |
| 16 | 内槽 | $4\times\phi29$mm | 5 | 超差不得分 | | |
| 17 | 倒角 | $C2$（两处） | 5 | 不合格不得分 | | |
| 18 | | 安全文明生产 | 15 | 违章全扣 | | |

**2. 任务反馈**

1）对刀时，在刀具接近工件过程中，进给倍率要小，以免产生撞刀现象。

2）车槽刀安装时，主切削刃轴心线要平行。检查车槽刀和内圆刀是否与工件发生干涉。

3）首件加工时，尽可能采用单步运行，程序准确无误后，再采用自动方式加工，避免发生意外事故。

4）车内圆和内槽时，$X$ 轴退刀方向与车外圆相反，注意不要让刀背面碰撞工件。

5）控制内圆尺寸时，刀具磨损量的修改与外圆加工相反。

6）调头加工时，所用刀具应重新对刀。

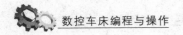 

# 任务 7.3 端面槽零件的编程与加工

## 知识目标 ☞

1. 了解常用端面槽刀的特点，掌握端面槽加工的基本方法。
2. 掌握数控车床上端面槽加工编程指令。
3. 掌握端面槽刀的对刀操作。
4. 掌握端面槽加工的工艺路线。

## 能力目标 ☞

1. 具备识读典型端面槽零件图样的能力。
2. 能初步制定端面槽加工的工艺路线。
3. 具备编制简单端面槽零件加工程序的能力。
4. 自觉遵守相关数控车床的操作规程。

**▌工作任务**

本任务主要要求学生掌握工件上端面槽的基本加工方法。

零件如图 7.38 所示，毛坯尺寸为 50mm，材料为 45 钢，分析零件加工工艺，编写加工程序并完成加工。

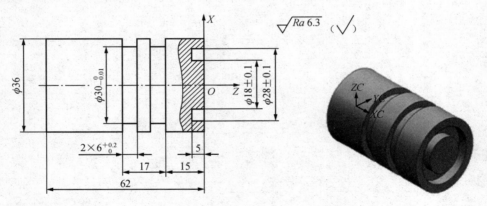

技术要求
1. 未注公差尺寸按GB/T 1804—2000规定。
2. 倒钝锐边，去毛刺。

图 7.38 端面槽零件加工图及三维效果图

## 相关知识

### 7.3.1　端面槽种类及刀具

1. 常见的端面槽种类

常见的端面槽种类如图 7.39 所示。

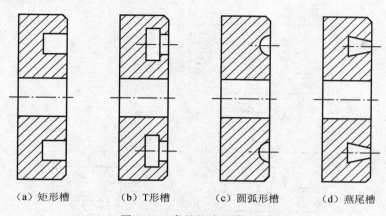

（a）矩形槽　　（b）T形槽　　（c）圆弧形槽　　（d）燕尾槽

图 7.39　常见的端面槽种类

2. 常见的端面车槽刀

1）深端面车槽刀形状如图 7.40 所示，使用方法如图 7.41 所示。

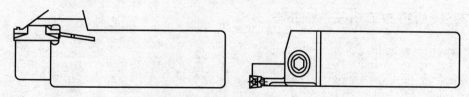

图 7.40　深端面车槽刀

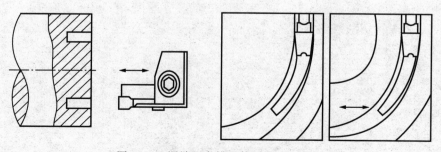

图 7.41　深端面车槽刀使用方法示意图

2）端面深车槽刀形状如图 7.42 所示 ，使用方法如图 7.43 所示。

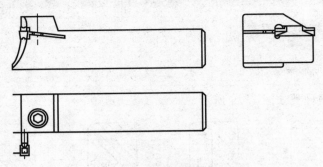

图 7.42　端面深车槽刀

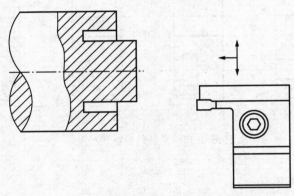

图 7.43　端面深车槽刀使用方法示意图

## 7.3.2　端面槽加工相关编程指令

1. G01 直线插补指令

格式：

    G01 X __ Z __ F __ ;

说明：

1）X、Z 表示切削终点坐标。

2）F 表示进给量。

2. G04 暂停指令

格式：

    G04 X __ ;
    G04 U __ ;
    G04 P __ ;

说明：

1）X、U 表示暂停时间，允许用带小数点的数（s）。

2）P 表示暂停时间，不允许用带小数点的数（ms）。

3. G75 外径车槽循环指令

C75 外径车槽循环指令主要用于在外圆面上车削外槽或切断加工。

格式：

G75 R＿；

G75 X＿ P＿ F＿；

说明：

1）R 表示退刀量。

2）X 表示槽底直径。

3）P 表示每次循环切削量。

4）F 表示进给量。

### 7.3.3 车削端面槽的方法

1）若槽的精度要求不高，且为宽度较小、较浅的直槽，通常采用等宽刀直进法一次车出，如图 7.44 所示。如果精度较高，通常采用先粗切、后精切的方法进行。

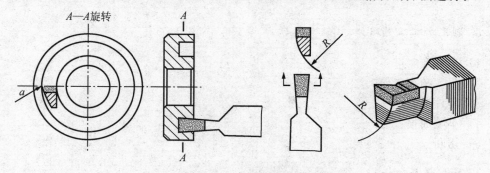

图 7.44 车削端面直槽

2）如果车削较宽的端面槽，可采用多次直进循环切削的方法，如图 7.45 所示。

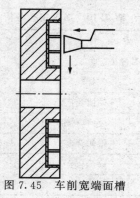

图 7.45 车削宽端面槽

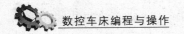
3）车圆弧沟槽与车直槽相似，只是刀具几何形状不同。

## 任务实施

### 7.3.4 端面槽零件的编程与加工过程

**1. 工艺分析**

如图7.38所示零件的几何特点：零件加工面主要为端面、外槽及端面槽。

**2. 选择工具、量具和刀具**

端面槽加工所需主要刀具如图7.46所示。

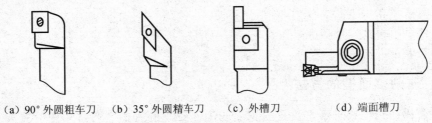

（a）90°外圆粗车刀　（b）35°外圆精车刀　（c）外槽刀　　（d）端面槽刀

图7.46　端面槽加工所需主要刀具

**3. 制定加工工艺路线**

1）平端面。

2）粗、精车外圆。

3）车外槽。

4）车端面槽。

5）切断。

**4. 切削用量选择**

端面槽的加工工艺分析见表7.10。

表7.10　加工工艺分析

| 加工步骤 | | 刀具与切削参数 | | | | |
|---|---|---|---|---|---|---|
| 序号 | 加工内容 | 刀具规格 | | $n/$（r/min） | $f/$（mm/r） | 刀具半径补偿/mm |
| | | 类型 | 材料 | | | |
| 1 | 平端面 | 90°外圆车刀 | 硬质合金 | 700 | 0.15 | 0.4 |
| 2 | 粗车外圆 | 90°外圆粗车刀 | 硬质合金 | 700 | 0.15 | 0.4 |
| 3 | 精车外圆 | 90°外圆精车刀 | 硬质合金 | 1200 | 0.1 | 0.2 |
| 4 | 车外槽 | 外槽刀 | 硬质合金 | 700 | 0.2 | |
| 5 | 车端面槽 | 端面槽刀 | 硬质合金 | 700 | 0.1 | |

续表

| 加工步骤 | | 刀具与切削参数 | | | | |
|---|---|---|---|---|---|---|
| 序号 | 加工内容 | 刀具规格 | | $n/$（r/min） | $f/$（mm/r） | 刀具半径补偿/mm |
| | | 类型 | 材料 | | | |
| 6 | 切断 | 外槽刀 | 硬质合金 | 700 | 0.05 | |

### 5. 编制数控程序

参考程序见表 7.11。

**表 7.11  参考程序**

| 程序号 | 程序内容 | 说明 |
|---|---|---|
| N1 | M03 S700 T0101 M08； | 主轴正转 500r/min，1 号刀具，切削液开 |
| N2 | G0 X100 Z200； | 刀具定位远离卡盘 |
| N3 | G0 X46 Z2； | 刀具移近工件 |
| N4 | G94 X0 Z0 F0.15； | 端面粗车循环 |
| N5 | G0 X45 Z5； | 刀具定位 |
| N6 | G90 X36.5 Z−66 F0.2； | 外圆车削循环 |
| N7 | G0 X100 Z150； | 刀具移到换刀点 |
| N8 | T0100； | 取消 1 号刀补 |
| N9 | M05； | 主轴停止 |
| N10 | M00； | 程序暂停 |
| N11 | T0202； | 换 2 号刀具 |
| N12 | M03 S1200； | 起动主轴 |
| N13 | G0 X44 Z2； | 刀具定位 |
| N14 | G90 X36 Z−66 F0.1； | 外圆精车循环 |
| N15 | G0 X100 Z150； | 刀具移到换刀点 |
| N16 | T0200； | 取消 2 号刀补 |
| N17 | T0303； | 换 3 号刀具 |
| N18 | G0 X40 Z−32； | 刀具定位 |
| N19 | G01 X30 F0.1； | 车槽 |
| N20 | G04 X2； | 暂停 |
| N21 | X40 F0.2； | 退刀 |
| N22 | Z−15； | 刀具定位（车槽轴向进给） |
| N23 | X30 F0.1； | 车槽 |
| N24 | G04 X2； | 暂停 |
| N25 | X40 F0.2； | 退刀 |

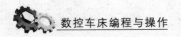

| 程序号 | 程序内容 | 说明 |
| --- | --- | --- |
| N26 | G0 Z－21； | 刀具定位 |
| N27 | G01 X30 F0.1； | 车槽 |
| N28 | G04 X2； | 暂停 |
| N29 | X40 F0.2； | 退刀 |
| N30 | Z－19； | 刀具定位 |
| N31 | X30 F0.1； | 车槽 |
| N32 | G04 X2； | 暂停 |
| N33 | X40 F0.2； | 退刀 |
| N34 | G0 X100 Z150； | 刀具定位 |
| N35 | T0300； | 取消 3 号刀补 |
| N36 | M05； | 主轴停止 |
| N37 | M00； | 程序暂停 |
| N38 | T0404； | 换 4 号刀具 |
| N39 | G0 X18 Z2； | 刀具定位 |
| N40 | G01 Z－5 F0.1； | 车端面槽 |
| N41 | Z2 F0.2； | 退刀 |
| N42 | G0 X100 Z150； | 刀具移至换刀点 |
| N43 | T0400； | 取消 4 号刀补 |
| N44 | T0303； | 换 3 号刀具 |
| N45 | G0 X40 Z－66； | 刀具定位 |
| N46 | G01 X1 F0.1； | 切断工件 |
| N47 | X40 F0.2 M09； | X 向退刀，切削液关 |
| N48 | G0 X100 Z150； | 刀具移至换刀点 |
| N49 | T0300； | 取消 3 号刀补 |
| N50 | M05； | 主轴停止转动 |
| N51 | M30； | 程序结束 |

6. 加工准备

1）检查毛坯尺寸。

2）开机，回参考点。

3）装夹工件，安装刀具。

4）输入程序。

7. 对刀

采用试切法对刀，把零偏值分别输入到各自长度补偿中。

8. 程序模拟加工

在模拟加工时，可观察走刀路线是否合理。

9. 自动加工及尺寸控制

可通过显示器查看加工坐标值参数，并使用量具对有要求的尺寸进行测量，以判定这些尺寸是否正确。

## 任务评价

1. 端面槽加工任务评价

零件加工结束后，将检测结果填入端面槽加工评分表，见表 7.12。

表 7.12 端面槽加工评分表

| 序号 | 项目 | 检测内容 | 配分 | 评分标准 | 自检 | 教师评分 |
|------|------|----------|------|----------|------|----------|
| 1 | 编程 | 切削加工工艺制定正确 | 5 | 不正确不得分 | | |
| 2 | | 切削用量选用合理 | 5 | 不正确不得分 | | |
| 3 | | 程序正确与规范 | 5 | 不正确不得分 | | |
| 4 | 操作 | 工件找正和装夹正确 | 5 | 不正确不得分 | | |
| 5 | | 刀具选择和安装正确 | 5 | 不正确不得分 | | |
| 6 | | 设备操作和维护保养正确 | 5 | 不正确不得分 | | |
| 7 | 外圆 | $\phi 36mm$ | 5 | 超差不得分 | | |
| 8 | | $Ra6.3\mu m$ | 5 | 不合格不得分 | | |
| 9 | 长度 | 15mm | 5 | 超差不得分 | | |
| 10 | | 17mm | 5 | 超差不得分 | | |
| 11 | | 62mm | 5 | 超差不得分 | | |
| 12 | 外槽 | $2\times 6\times \phi 36mm$ | 10 | 超差不得分 | | |
| 13 | 端面槽 | $\phi(28\pm 0.1)$ mm | 10 | 超差不得分 | | |
| 14 | | $\phi(18\pm 0.1)$ mm | 10 | 超差不得分 | | |
| 15 | | 5mm | 5 | 超差不得分 | | |
| 16 | | 安全文明生产 | 10 | 违章全扣 | | |

2. 任务反馈

1) 对刀时，在刀具接近工件过程中，进给倍率要小，以免产生撞刀现象。

2) 安装端面槽刀时，主切削刃轴心线要平行。

3) 首件加工时，尽可能采用单步运行，程序准确无误后，再采用自动方式加工，避免发生意外事故。

4）车端面槽时，切削用量不能太大，注意排屑顺畅，否则在工件加工时，易产生振动，甚至会使刀头折断。

5）车端面槽时，若槽较深，可分层切削，以免排屑不畅使刀具折断。

6）为提高槽底面质量，切削到槽底时，可采用 G04 暂停指令，让刀具短时间内停留在槽底，修光槽底。

7）切断时，要注意保持排屑顺畅，否则容易将刀头折断。

8）槽宽大于刀宽时，分多次加工，要注意避免产生接刀痕。

## 项目小结

在生产与生活中，我们经常会遇到槽类零件，如直槽、内槽、端面槽等。通过本项目的学习，我们既要掌握常见直槽、内槽、端面槽的种类与形式，也要学会编制加工外槽、内槽和端面槽的程序，并且要掌握直槽、内槽、端面槽和切断的操作要领；同时，要能够对直槽、内槽、端面槽零件进行合理的工艺分析。

## 复习与思考

**1. 填空题**

（1）切断工件主要采用_____、_____两种方法。

（2）常见的外沟槽有_____沟槽、_____沟槽、_____沟槽。沟槽的形状一般为_____、_____、_____。

（3）切削液的作用有_____、_____、_____、_____。

（4）常用切削液有_____、_____、_____ 3 大类。

（5）切断实心工件时，切入深度等于_____；切断空心工件时，切入深度等于_____。

（6）以横向进给时切断刀的主偏角一般取_____，主后角一般取_____。

（7）高速车槽时，必须浇注充分的切削液，若切削液磨钝，应及时_____。为了增加刀头的支承强度，常将切断刀的刀头下部做成_____形。

（8）车槽刀安装时刀尖必须与工件轴线_____，刀杆与工件轴线_____。

（9）车削过程中，_____、_____和工件相互摩擦会产生很高的切削热。

**2. 选择题**

（1）切断刀的主偏角为（　　）。

    A. 0°         B. 45°         C. 75°         D. 90°

（2）在 φ36mm 工件外圆表面车一个 10mm×4mm 的直槽，则刃磨高速钢车槽刀刀头宽度范围是（　　）mm。

    A. 2～3         B. 3～3.6         C. 4～5         D. 1.5～2.5

（3）冷却作用最好的切削液是（　　）。

    A. 水溶液         B. 乳化液         C. 切削油         D. 以上都错

（4）如不用切削液，切削热的（　　）将传入工件。

    A. 50%～86%     B. 10%～40%     C. 3%～9%     D. 1%

（5）使用（　　）可延长刀具使用寿命。

    A. 润滑液　　　　　B. 切削液　　　　　C. 清洗液　　　　　D. 防锈液

（6）减小（　　）对延长刀具使用寿命的影响最大。

    A. 切削厚度　　　　B. 进给量　　　　　C. 切削速度　　　　D. 背吃刀量

（7）精车时，以（　　）为主。

    A. 延长刀具使用寿命　　　　　　　　B. 提高效率

    C. 保证刀具强度　　　　　　　　　　D. 保证加工精度

**3. 简答题**

（1）简述车断刀的安装方法及注意事项。

（2）简述外沟槽加工的方法。

（3）简述切断时应注意的事项。

（4）简述切削液的作用。

（5）内沟槽有何作用？在安装内槽刀时应注意哪些事项？

**4. 综合题**

（1）试调用子程序编写如图 7.47 所示零件的加工程序并进行加工。

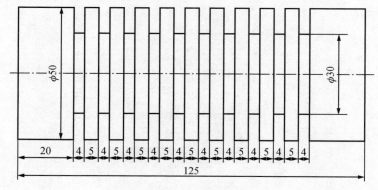

图 7.47　多槽零件加工

（2）加工如图 7.48 所示的等距窄槽与宽槽零件，毛坯为棒料，进行手工编程，并在此基础上在数控车床上进行零件加工（假定给定毛坯尺寸为 $\phi30\text{mm} \times 60\text{mm}$）。

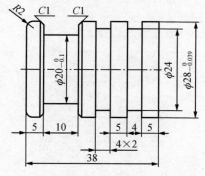

图 7.48　典型槽类零件图

提示：由分析可知，利用 G75 指令加工等距窄槽和宽槽十分方便，加工等距窄槽时可自动调刀至下一个车槽起点，加工等矩宽槽时能在切削过程中退刀以方便断屑；而对于不等距槽，则可采用调用子程序来实现加工。

（3）利用 G01 指令编制车槽加工程序，零件如图 7.49 所示（刀宽 4mm）。

（4）切断加工选择刚性较好、不易和工件发生加工干涉的焊接车槽刀。如图 7.50 所示，工件毛坯尺寸为 $\phi50\text{mm} \times 100\text{mm}$，要把长度切为 70mm，应该怎么做？

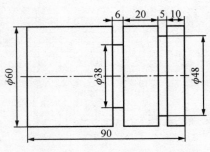

图 7.49　用 G01 指令编程车槽

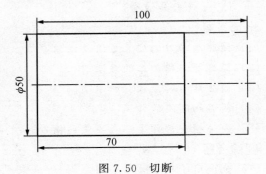

图 7.50　切断

参考程序：

```
D0001;
G00 G97 G99 T0202;
S500 M03 F0.08;
G00 X55 Z-30;
G01 X0;
G00 X100;
Z100;
M05;
M30;
```

# 项目 8

# 螺纹零件的编程与加工

项目教学目标

【知识目标】
1. 理解螺纹类零件的加工方法。
2. 掌握螺纹类零件的相关指令。
3. 掌握内外螺纹的检测方法。
【能力目标】
1. 会使用螺纹指令对螺纹进行编程。
2. 能够在数控车床上独立完成螺纹类零件的加工。
3. 能熟练使用螺纹量规等量具检测螺纹是否合格。

在日常生活中我们经常会见到螺纹，螺纹是一种在固体外表面或内表面的截面上有均匀螺旋线凸起的形状。螺纹轴主要起连接和定位作用。

# 任务 *8.1* 外螺纹零件的编程与加工

## 知识目标 ☞

1. 理解三角外螺纹车刀的安装、对刀步骤及加工方法。

2. 掌握三角螺纹的几何参数含义。

## 能力目标 ☞

1. 能分析零件图样，并制定出比较合理的数控加工工艺。

2. 能够比较熟练地完成外三角螺纹零件的加工。

### ⌐ 工作任务

A 机械厂的一名员工新接了 B 企业的一批订单，图样如图 8.1 所示，毛坯尺寸为 $\phi 35\text{mm} \times 85\text{mm}$，材料为 45 钢，要求在 1h 之内制定出该零件的加工工艺，编写数控程序，并完成首次试切。

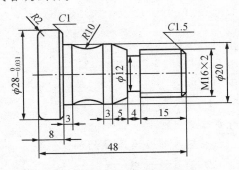

图 8.1 圆柱外三角螺纹零件

## 相关知识

### 8.1.1 螺纹的概念及相关知识

1. 螺旋线的形成原理

Rt△ABC 围绕着直径为 $d_2$ 的圆柱旋转一周，斜边 AC 在圆柱表面上所形成的曲线就是螺旋线。当斜边 AC 逆时针旋转时，形成的螺旋线为右旋螺旋线，如图 8.2（a）所示；当斜边 AC 顺时针旋转时，形成的螺旋线是左旋螺旋线。

如图 8.2（b）所示，如果 Rt△ABC 和 Rt△DEF 相距 AD 围绕着直径为 $d_2$ 的圆柱旋转一周，斜边 AC 和 DF 在圆柱表面上就形成两条螺旋线，即双线螺旋线。

2. 螺纹的形成

如图 8.3 所示为在车床上车削螺纹的示意图。当工件旋转时，螺纹车刀沿工件轴线方向做等速移动，即可在工件表面上形成螺旋线，经多次进给后便形成螺纹。

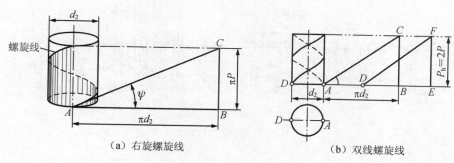

（a）右旋螺旋线　　　　　　　　　　（b）双线螺旋线

图 8.2　螺旋线的形成

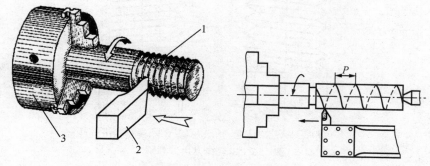

图 8.3　车削螺纹示意图

1—螺纹；2—螺纹车刀；3—三爪自定心卡盘

由此可定义：在圆柱或圆锥表面上，沿着螺旋线所形成的具有相同剖面的连续凸起称为螺纹。凸起是指螺纹两侧面间的实体部分，又称为牙，如图 8.4 所示；螺纹两侧面间的非实体部分是沟槽。

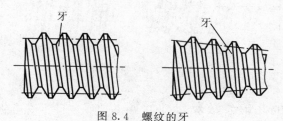

图 8.4　螺纹的牙

### 3. 右旋螺纹和左旋螺纹

主轴顺时针旋转时旋入的螺纹为右旋螺纹，如图 8.5（a）所示，主轴逆时针旋转时旋入的螺纹为左旋螺纹，如图 8.5（b）所示。

右旋螺纹和左旋螺纹的螺旋线方向可用图 8.6 所示的方法来判别，即把螺纹铅垂放置，右侧牙高的为右旋螺纹，左侧牙高的为左旋螺纹。

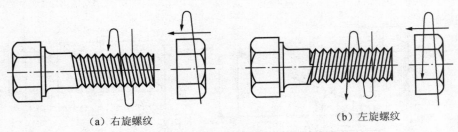

（a）右旋螺纹　　　　　　　　　　　　　　（b）左旋螺纹

图 8.5　螺纹的旋向

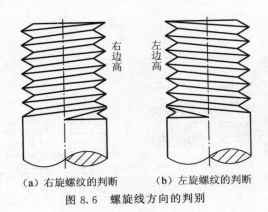

（a）右旋螺纹的判断　　　　（b）左旋螺纹的判断

图 8.6　螺旋线方向的判别

4. 各种牙型的螺纹

常见螺纹的牙型如图 8.7 所示。

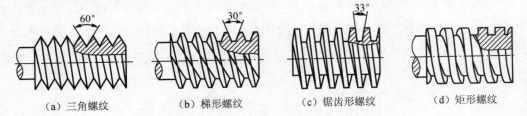

（a）三角螺纹　　　　（b）梯形螺纹　　　　（c）锯齿形螺纹　　　　（d）矩形螺纹

图 8.7　螺纹的牙型

## 8.1.2　三角螺纹的几何参数及尺寸计算

1. 三角螺纹的几何参数

三角螺纹的几何参数见表 8.1。

表 8.1　三角螺纹的几何参数

| 螺纹直径 | 内、外螺纹 | 定义 |
|---|---|---|
| 螺纹大径 | 内螺纹 | 与内螺纹牙底相切的假想圆柱或圆锥的直径 |
|  | 外螺纹 | 与外螺纹牙顶相切的假想圆柱或圆锥的直径 |

| 螺纹直径 | 内、外螺纹 | 定义 |
|---|---|---|
| 螺纹小径 | 内螺纹 | 与内螺纹牙顶相切的假想圆柱或圆锥的直径 |
| | 外螺纹 | 与外螺纹牙底相切的假想圆柱或圆锥的直径 |
| 螺纹中径 | 内螺纹 | 指一个假想圆柱或圆锥的直径，该圆柱或圆锥的素线通过牙型上沟槽和凸起宽度相等的地方。同规格时，两者相等 |
| | 外螺纹 | |
| 螺纹公称直径 | 内螺纹或外螺纹 | 代表螺纹尺寸的直径，一般是指螺纹大径的基本尺寸 |

### 2. 螺纹尺寸的计算

在使用车削螺纹指令编程前，需对螺纹的相关尺寸进行计算，以确定车削螺纹程序段中的有关参数。

（1）螺纹牙型高度

车削螺纹时，车刀总的背吃刀量是牙型高度，即螺纹牙顶到牙底之间垂直于螺纹轴线的距离。根据《普通螺纹　基本尺寸》（GB/T 196—2003）的规定，普通螺纹的牙型理论高度 $H=0.866\,P$，实际加工时，由于螺纹车刀刀尖半径的影响，螺纹牙型实际高度 $h$ 为

$$h=H-2\left(\frac{H}{8}\right)=0.6495P \tag{8.1}$$

式中：$H$——牙型理论高度（mm）；

　　　$h$——牙型实际高度（mm）；

　　　$P$——螺距（mm）。

（2）进刀与退刀距离

在加工螺纹时，沿螺距方向（$Z$ 向）刀具进给速度与主轴转速有严格的匹配关系。由于在螺纹加工中，开始有一个加速过程，结束有一个减速过程，在加减速过程中主轴转速保持不变，因此，在这两段距离内螺距是变化的，如图 8.8 所示。车削螺纹时，为了避免在进给机构加减速过程中切削，应留有一定的升速进刀距离 $\delta_1$ 和减速退刀距离 $\delta_2$。其数值与进给系统的动态特性、螺纹精度和螺距有关，一般 $\delta_1$ 不小于 2 倍导程，$\delta_2$ 不小于 1～1.5 倍导程。刀具实际 $Z$ 向行程包括螺纹有效长度 $L$ 以及升速进刀距离 $\delta_1$、减速退刀距离 $\delta_2$。

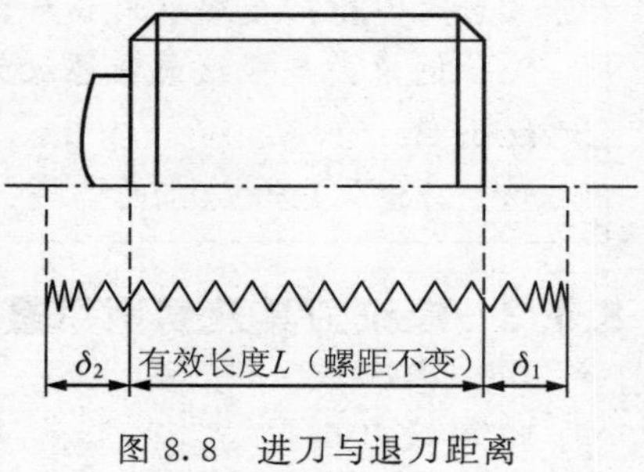

（3）螺纹顶径控制

在螺纹切削时，由于刀具的挤压使得最后加工出来的顶径会发生塑性膨胀，从而影响螺纹的装配和正常使用，鉴于此，在螺纹切削前的圆柱加工中，应先多切除一部分材料，将外圆柱车小，内圆柱车大，这个值一般是 0.2～0.3mm。

螺纹大径和螺纹小径可根据下列经验公式计算：

图 8.8　进刀与退刀距离

$$d_大 = D - 0.1P \tag{8.2}$$
$$d_小 = D - 1.3P \tag{8.3}$$

式中：$D$——螺纹的公称直径（mm）；

　　　$P$——螺纹的螺距（mm）。

**【例 8.1】** 如图 8.9 所示，螺纹的尺寸为 M18×1.5，试计算出螺纹的大径、小径和牙深。

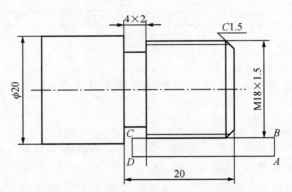

图 8.9　螺纹尺寸为 M18×1.5 的零件

**解：** 螺纹的大径 $d_大$、小径 $d_小$ 和牙深 $h$ 分别为

$$d_大 = d - 0.1P = 18 - 0.1 \times 1.5 = 17.85 \text{（mm）}$$
$$d_小 = d - 1.3P = 18 - 1.3 \times 1.5 = 16.05 \text{（mm）}$$
$$h = 0.65P = 0.65 \times 1.5 = 0.975 \text{（mm）}$$

> **提示**
>
> 1）螺纹大径：理论上理论大径等于公称直径，但根据与螺母的配合它存在有下偏差（一），上偏差为 0。因此在加工中，按照螺纹三级精度要求，螺纹大径比公称直径小 0.1P，即螺纹大径 $d_大$＝公称直径－0.1P。
>
> 2）退刀槽：车螺纹前在螺纹的终端应有退刀槽，以便车刀及时退出。
>
> 3）倒角：车螺纹前在螺纹的起始部位和终端应有倒角，且倒角的小端直径小于螺纹小径。
>
> 4）牙深：$h = 0.65P$。

## 8.1.3　螺纹刀具及切削用量的选择

### 1. 螺纹刀具

螺纹车刀属切削刀具的一种，是用来在车削加工机床上进行螺纹切削加工的一种刀具。螺纹车刀分为内螺纹车刀和外螺纹车刀两大类，包括在机械制造初期使用的需要手工磨成的焊接刀头的螺纹车刀、高速钢材料磨成的螺纹车刀、高速钢梳刀片式的螺纹车刀及机夹式螺纹车刀等。机夹式螺纹车刀目前被广泛使用，它分为刀杆和刀片两部分，刀杆上装有刀垫，用螺钉压紧，刀片安装在刀垫上，刀片又分为硬质合金未涂层刀片（用来加工有色金属，如铝、铝合金、铜、铜合金等材料）和硬质合金涂层刀片（用来加工钢材、铸铁、不锈钢、合金等材料）。机夹式螺纹车刀及其刀片如图 8.10 所示。

图 8.10　机夹式螺纹车刀及其刀片

2. 车削三角螺纹时切削用量的选择

（1）主轴转速的选择

车削螺纹的主轴转速可按下面经验公式计算：

$$n \leqslant \frac{1200}{P} - K \tag{8.4}$$

式中：$P$——工件的螺距（mm）；

$K$——保险系数，一般取 80。

当然，主轴转速的选择并不是唯一的。当使用一些高档刀具切削螺纹时，其主轴转速可以按照线速度 200m/min 选取（前提是数控系统能够支持高速螺纹加工操作，一般经济型机床在高速加工螺纹时会造成"乱牙"现象）。

（2）进刀方式的选择

车削螺纹的进刀方式是由切削机床、工件材料、刀片槽形及所加工螺纹的螺距来确定的，通常有以下 4 种进刀方式。

1）径向进刀：刀具径向直接进刀是最常用的切削方式，如图 8.11（a）所示。其操作较简单，车刀各刃同时切削，所受轴向切削分力有所抵消，部分地克服了因轴向切削分力导致的车刀偏歪的现象。两侧面均匀磨损，能较好地保证螺纹的牙型角，但存在排屑不畅、散热不好、易扎刀和切削力大等问题。适于切削螺距在 2.5mm 以下的螺纹。

2）单侧面斜向进刀：刀具以和径向成 30°角的方向进刀切削，如图 8.11（b）所示。其优点是单刃切削、排屑顺畅、切削力小、不易扎刀；缺点是另一侧刀刃因不切削而发生的摩擦磨损大，这会导致积屑瘤的产生、表面粗糙度值高和工件硬化以及牙型精度差。适于车削螺距大于 3mm 的螺纹与塑性材料螺纹的粗车。

3）改进型斜向侧面进刀：刀具以和径向成 27°～30°角的方向进刀切削，如图 8.11（c）所示。刀刃两面切削，形成卷状屑，排屑流畅，散热好，螺纹表面粗糙度值较低。一般来说，这是车削不锈钢、合金钢和碳素钢的最好方法，约 90% 的车螺纹材料用此法。在数控车床上加工螺纹最好采用此法，一般可调用固定循环指令，编程简便。

4）左右侧面交替进刀：左右侧面交替切削即每次径向进给时，横向向左或向右移动一定距离，使车刀只有一侧参加切削，如图 8.11（d）所示。此方法一般用于通用车床和螺距在 5mm 以上的螺纹加工，在数控车床上编程较复杂。

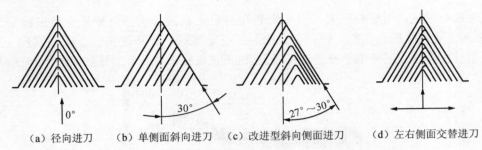

| （a）径向进刀 | （b）单侧面斜向进刀 | （c）改进型斜向侧面进刀 | （d）左右侧面交替进刀 |

图 8.11　螺纹车削进刀方式

（3）进给次数与背吃刀量

螺纹车削加工为成形车削，且切削进给量较大，刀具强度较差，一般要求分数次进给加工。加工螺距较大、牙型较深的螺纹时，每次背吃刀量按递减规律分配，递减规律由数控系统设定，目的是使每次切削面积接近相等。

**【例 8.2】**　车削螺纹 M18×1.5。

**解**：按照递减式分配螺纹车削余量，可以分以下几次来加工。

第一刀车至 $\phi17.35mm$（直径方向切深 0.5mm）；第二刀车至 $\phi16.9mm$（直径方向切深 0.45mm）；第三刀车至 $\phi16.5mm$（直径方向切深 0.4mm）；第四刀车至 $\phi16.3mm$（直径方向切深 0.2mm）；第五刀车至 $\phi16.2mm$（直径方向切深 0.1mm）；第六刀车至 $\phi16.1mm$（直径方向切深 0.1mm）；第七刀车至 $\phi16.05mm$（直径方向切深 0.05mm）。最后三刀可以看作是螺纹的精加工。

常用螺纹切削的进给次数与背吃刀量可参考表 8.2。

表 8.2　常用螺纹切削的进给次数与背吃刀量　　　　　　（单位：mm）

| 普通螺纹 | | | | | | | | |
|---|---|---|---|---|---|---|---|---|
| 螺距 | | 1.0 | 1.5 | 2.0 | 2.5 | 3.0 | 3.5 | 4.0 |
| 牙深（半径值） | | 0.649 | 0.974 | 1.299 | 1.624 | 1.949 | 2.273 | 2.598 |
| 进给次数及背吃刀量（直径值） | 1 次 | 0.7 | 0.8 | 0.9 | 1.0 | 1.2 | 1.5 | 1.5 |
| | 2 次 | 0.4 | 0.6 | 0.6 | 0.7 | 0.7 | 0.7 | 0.8 |
| | 3 次 | 0.2 | 0.4 | 0.6 | 0.6 | 0.6 | 0.6 | 0.6 |
| | 4 次 | | 0.16 | 0.4 | 0.4 | 0.4 | 0.6 | 0.6 |
| | 5 次 | | | 0.1 | 0.4 | 0.4 | 0.4 | 0.4 |
| | 6 次 | | | | 0.15 | 0.4 | 0.4 | 0.4 |
| | 7 次 | | | | | 0.2 | 0.2 | 0.4 |
| | 8 次 | | | | | | 0.15 | 0.3 |
| | 9 次 | | | | | | | 0.2 |

说明：当然，螺纹切削的进给次数与背吃刀量也需根据不同的加工材质和刀具质量自行选取，但一定要遵循逐渐递减的原则。

（4）切削用量的选择原则

1）工件材料：加工塑性金属时，切削用量应相应增大；加工脆性金属时，切削用量应相应减小。

2）加工性质：粗车螺纹时，切削用量可选较大些；精车时切削用量宜选小些。

3）螺纹车刀的刚度：车外螺纹时，切削用量可选较大些；车内螺纹时，刀柄刚度较低，切削用量宜取小些。

4）进刀方式：直进刀法车削时，切削用量可取小些；斜进刀法和左右切削法车削时，切削用量可取大些。

## 8.1.4  螺纹车刀的安装

车削螺纹时，为了保证齿形正确，对安装螺纹车刀提出了较严格的要求。

（1）刀尖高

安装螺纹车刀时，刀尖位置一般应与车床主轴轴线等高。特别是内螺纹车刀的刀尖高必须严格保证，以免出现"扎刀"、"阻刀"、"让刀"及螺纹面不光滑等现象。

当高速车削螺纹时，为防止振动和"扎刀"，其硬质合金车刀的刀尖应略高于车床主轴轴线 0.1～0.3mm。

（2）牙型半角

安装螺纹车刀时，要求它的刀尖齿形对称并垂直于工件轴线，如图 8.12（c）所示，即螺纹车刀两侧刀刃相对于牙型对称中心线的牙型半角应各等于牙型角的一半（锯齿形螺纹和其他不存在牙型半角的非标准螺纹无此项要求）。通过牙型对称中心线与车床主轴轴线处于垂直位置的要求来安装螺纹刀。

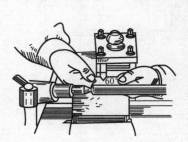
（a）用样板校对刀型与工件垂直

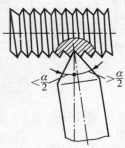
（b）刀具装歪

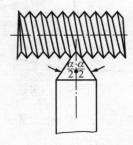
（c）刀尖齿形对称并垂直

图 8.12  外螺纹刀的安装

如果外螺纹刀装歪，如图 8.12（b）所示，所车螺纹就会产生牙型歪斜等质量异常现象，而影响正常旋合。安装外螺纹车刀时可按照图 8.12（a）所示，用样板校对刀型与工件垂直的对刀方法安装、锁紧外螺纹车刀。安装内螺纹车刀时可按照图 8.13 所示，用样板校对刀型与工件端面平行的方法安装内螺纹车刀。

（3）刀头伸出长度

刀头一般不要伸出过长，一般为刀杆厚度的 1～1.5 倍。内螺纹车刀的刀头加上刀杆后的径向长度应比螺纹底孔直径小 3～5mm，以免退刀时碰伤牙顶。

图 8.13  内螺纹车刀的安装

### 8.1.5 FANUC 系统相关螺纹指令

1. 单行程螺纹切削指令 G32

G32 指令用于车削等螺距直螺纹、锥螺纹。

格式：

G32 X（U）__ Z（W）__ F __；

说明：

1）X、Z 为螺纹终点坐标；U、W 为螺纹终点相对于螺纹起点的增量坐标；F 为螺纹导程。

2）在切削过程中，车刀进给运动严格按指令中规定的螺纹导程进行。

3）在程序设计时，应将车刀的切入、切出、返回均编入程序中。

4）对如图 8.14 所示的锥螺纹，其斜角 $\alpha$ 在 45°以下时，螺纹导程以 $Z$ 轴方向指定，45°～90°时，以 $X$ 轴方向指定。

【例 8.3】 如图 8.15 所示，用 G32 指令加工圆柱螺纹。

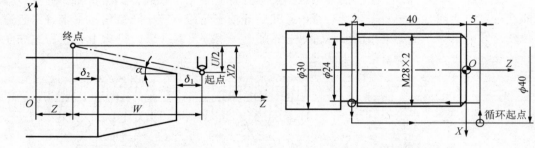

图 8.14 锥螺纹加工　　　　　　　图 8.15 圆柱螺纹加工

**解：** 设 $\delta_1=5\text{mm}$，$\delta_2=2\text{mm}$，螺纹牙底直径$=28-2\times1.299\approx25.4$（mm）。

参考程序：

```
    ⋮
G00 X27.1 Z5；
G32 Z－42 F2；          //第一刀车螺纹，背吃刀量 0.9mm
G00 X30；
    Z5；
    X26.5；
G32 Z－42 F2；          //第二刀车螺纹，背吃刀量 0.6mm
G00 X30；
    Z5；
    X25.9；
G32 Z－42 F2；          //第三刀车螺纹，背吃刀量 0.6mm
G00 X30；
```

```
     Z5;
     X25.5;
G32 Z－42 F2;              //第四刀车螺纹，背吃刀量 0.4mm
G00 X30;
     Z5;
     X25.4;
G32 Z－42 F2;              //最后一刀车螺纹，背吃刀量 0.1mm
G00 X30;
     Z5;
⋮
```

**2. 螺纹切削单一循环指令 G92**

螺纹切削单一循环指令 G92 适用于切削圆柱螺纹和圆锥螺纹，每指定一次，螺纹切削自动进行一次循环，循环路线与外径/内径切削循环基本相同。

（1）圆柱螺纹切削循环指令

格式：

```
G92  X（U）__  Z（W）__  F__;
```

说明：如图 8.16（a）所示，刀具从循环起点 A 开始，按 A、B、C、D 进行自动循环，最后又回到循环起点 A。式中的 X、Z 为切削终点（C 点）的坐标值，U、W 为终点相对起点的增量坐标值，F 为螺距。图 8.16 中的（R）为刀具快速移动，（F）为刀具按指定的螺距进给移动。

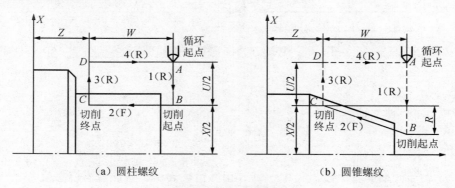

图 8.16　螺纹切削循环

【例 8.4】　如图 8.15 所示，用 G92 指令加工圆柱螺纹。

**解：**

参考程序：

```
⋮
G00 X40 Z5;               //刀具定位到循环起点
G92 X27.1 Z－42 F2;       //第一次车螺纹
```

```
       X26.5;                    //第二次车螺纹
       X25.9;                    //第三次车螺纹
       X25.5;                    //第四次车螺纹
       X25.4;                    //最后一次车螺纹
   G00 X150 Z150;                //刀具回到换刀点
   ⋮
```

（2）圆锥螺纹切削循环

格式：

G92　X（U）___　Z（W）___　R___　F___;

说明：如图 8.16（b）所示，式中的 X（U）、Z（W）、F 的含义同上，R 为圆锥螺纹终点半径与起点半径的差值，R 值的正负判断方法与 G90 指令相同。

**3. 螺纹切削复合循环指令 G76**

G76 指令用于多次自动循环车削螺纹，比 G92 指令简捷，在程序中只需指定一次，并指定有关参数，螺纹加工过程即可自动进行。车削过程中，除第一次车削深度需手工计算外，其余各次车削深度可自动计算，该指令的执行过程如图 8.17 所示。

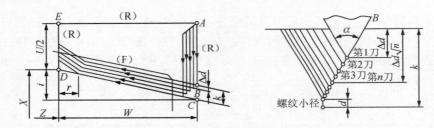

图 8.17　螺纹切削复合循环指令加工轨迹

格式：

G76 P（m）（r）（α）Q（$\Delta d_{min}$）R（d）;
G76 X（U）Z（W）R（i）P（k）Q（$\Delta d$）F（L）;

说明：

1）m 表示精车重复次数，从 01～99，用两位数表示，该参数为模态值。

2）r 表示螺纹尾端倒角值，其值为（0.0～9.9）L，系数为 0.1 的整数倍，用 00～99 的两位整数表示，其中 L 为导程，该参数为模态值。

3）α 表示螺纹牙形角，即刀尖角度，可在 80°、60°、55°、30°、29°、0°六个角度中选择，用两位整数表示，该参数为模态值。

m、r、α 用地址符 P 同时指定。例如，m=2，r=1.2L，α=60°，表示为 P021260。

4）$\Delta d_{min}$：最小背吃刀量，用半径值指定（μm）。每次背吃刀量为（$\Delta d \sqrt{n} - \Delta d \sqrt{n-1}$），当第 n 次切削的深度小于这个极限值时，以该值进行切削，该参数为模态值。

5）$d$ 表示精车余量，用半径值，单位为 mm，该参数为模态值。

6）$X(U)$、$Z(W)$ 表示螺纹终点的绝对坐标或增量坐标。

7）$i$ 表示螺纹两端的半径差，如果 $i=0$ 则为直螺纹切削方式，可以省略。

8）$k$ 表示螺纹牙型高度，用半径值（$\mu m$）。

9）$\Delta d$ 表示第一次背吃刀量，用半径值（$\mu m$）。

10）L 表示螺纹导程（同 G32 指令）。

**【例 8.5】**　　如图 8.15 所示，用 G76 指令加工圆柱螺纹。

**解：**

参考程序：

　　⋮

```
G00 X40 Z5;                    //刀具定位到循环起点
G76 P011060 Q100 R0.2;         //车螺纹，精车次数为 1，螺尾倒角 r = L = 2，牙型角 α = 60°
G76 X25.4 Z - 42. R0 P1299 Q900 F2.0;
//螺纹高度为 1.299mm，第一次背吃刀量为 0.9mm，螺距为 2mm
G00 X150 Z150;                 //刀具回到换刀点
```

　　⋮

## 8.1.6　SIEMENS 系统相关螺纹指令

### 1. 螺纹加工单一循环指令 G33

G33 指令可以加工各种类型的恒螺距螺纹。

格式：

```
G33 Z __ K __;           //加工圆柱螺纹
G33 X __ Z __ K (I) __;  //加工圆锥螺纹
G33 X __ I __;           //加工端面螺纹
G33 Z __ K __ SF = __;   //加工多线螺纹
```

说明：

1）G33 指令加工圆柱螺纹时，K 表示螺距。

2）G33 指令加工圆锥螺纹时，K、I 均表示螺距。当锥角小于 45°时，使用 K 表示螺距；当锥角大于 45°时，使用 I 表示螺距；当锥角等于 45°时，可使用 K 或 I 中任一表示。

3）G33 指令加工端面螺纹时，I 指螺距。

4）G33 指令加工多线螺纹时，必须在程序段中使用指令指定每条螺旋线的切入点，即在程序段中插入 SF 字来指定螺旋线的切入点。

例如，加工双线圆柱螺纹指令为 G33 Z __ K __ SF=0（第一道螺纹）和 G33 Z __ K __ SF=180（第二道螺纹）。

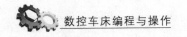
**2. 螺纹切削循环指令 CYCLE97**

格式：

```
CYCLE97 (PIT, MPIT, SPL, FPL, DM1, DM2, APP, ROP, TDEP, FAL, IANG, NSP, NRC, NID,
VARI, NUMT);
```

说明：

1）PIT 表示螺纹导程值。单线螺纹是指螺距，多线螺纹是指导程，即表示螺距×线数。

2）MPIT 表示以螺距为螺纹尺寸。该数字表示螺纹公称直径，如要加工外螺纹大径是 $\phi 26$mm，则此处就填 26，表示 M26 的普通螺纹，螺距是一定的。

3）SPL 表示螺纹纵向起点，是指螺纹起点在工件坐标系中的 $Z$ 轴坐标值。

4）FPL 表示螺纹纵向终点，是指螺纹终点在工件坐标系中的 $Z$ 轴坐标值。

5）DM1 表示在起点处的螺纹直径，是指螺纹起点在工件坐标系中的 $X$ 轴坐标值。

6）DM2 表示在终点处的螺纹直径，是指螺纹终点在工件坐标系中的 $X$ 轴坐标值（若为圆柱螺纹则 DM2 和 DM1 相等，若为锥螺纹则 DM2 和 DM1 不相等）。

7）APP 表示导入路径，无符号。一般刀具在执行车螺纹这一步时，刀尖都离螺纹起点有一段距离，以给主轴编码器等部件一个反应的时间，导入路径就是指的这个距离。

8）ROP 表示摆动路径，无符号。和 APP 有点类似，车刀在车削螺纹终点时都有提前收尾动作，为了保证螺纹尾端的螺纹牙型完整，应延长一点距离，让车刀在 $Z$ 向多车一点，摆动路径就是指的这个延长的距离（APP 和 ROP 在取值的时候要注意，原则上是螺距越大，数值相应地取大，但也要看工件的形状和装夹方式，APP 取值刀尖不能与顶尖碰撞，ROP 取值刀尖不能与螺纹末端的阶台碰撞）。

9）TDEP 表示螺纹深度，无符号。牙顶与牙底之间的垂直距离（即背吃刀量）通常取 $0.65P$，$P$ 指螺距。

10）FAL 表示精加工余量，无符号。螺纹要多刀才能车削成形，先粗车再精车，这里一般是指最后一两刀的余量，通常取小值，但不小于 0.1mm。

11）IANG 表示进给角度，带符号，是指螺纹车削时车刀在径向上是直进还是斜进，直进即 0°，斜进一般取螺纹牙型半角，如 60°普通三角螺纹取 30°。

12）NSP 表示第一圈螺纹的起点偏移，和 NUMT 配合使用，一般设为零。

13）NRC 表示粗加工次数。

14）NID 表示空刀次数。螺纹车削切削力大，经常会产生"让刀"，需要空走刀精加工一遍，即这一刀的 $X$ 向不向前进刀。需要精加工几次，空刀次数就设几次。

15）VARI 表示螺纹加工类型。1、3 指外螺纹，2、4 指内螺纹。1、2 指每次背吃刀量相同，3、4 指每次背吃刀量逐渐变小，适用于大螺距。

16）NUMT 表示螺纹线数，若加工多线螺纹，有几线就填几。

### 8.1.7　华中系统相关螺纹指令

1. 螺纹切削指令 G32

格式：

G32 X（U）＿＿Z（W）＿＿R＿E＿＿P＿＿F＿＿；

说明：

1）X、Z 表示绝对编程时，有效螺纹终点在工件坐标系中的坐标。

2）U、W 表示增量编程时，有效螺纹终点相对于螺纹切削起点的位移量。

3）F 表示螺纹导程，即主轴每转一圈，刀具相对于工件的进给值。

4）R、E 表示螺纹切削的退尾量，R 表示 Z 向退尾量，E 表示 X 向退尾量，R、E 在绝对或增量编程时都是以增量方式指定，其为正表示沿 Z、X 正向回退，为负表示沿 Z、X 负向回退。使用 R、E 可免去退刀槽。R、E 可以省略，表示不用回退功能。根据螺纹标准 R 一般取 0.75～1.75 倍的螺距，E 取螺纹的牙型高。

5）P 表示主轴基准脉冲距离螺纹切削起始点的主轴转角。

使用 G32 指令能加工圆柱螺纹、锥螺纹和端面螺纹。如图 8.18 所示为切削锥螺纹时各参数的意义。

⚠️ **注意：**

1）从螺纹粗加工到精加工，主轴转速必须保持一常数。

2）在没有停止主轴的情况下，停止螺纹的切削将非常危险，因此螺纹切削时进给保持功能无效，如果按进给保持键，刀具在加工完螺纹后停止运动。

3）在螺纹加工中不使用恒定线速度控制功能。

4）在螺纹加工轨迹中应设置足够的升速进刀段 $\delta_1$ 和降速退刀段 $\delta_2$，以消除伺服滞后造成的螺距误差。

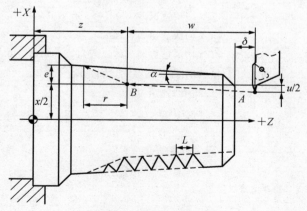

图 8.18　G32 指令加工轨迹

【例 8.6】　对如图 8.19 所示的圆柱螺纹编程。螺纹导程为 1.5mm，$\delta_1 = 1.5$mm，

$\delta_2=1\text{mm}$，每次吃刀量（直径值）分别为 0.8mm、0.6mm、0.4mm、0.16mm。

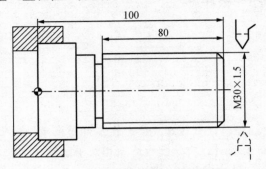

图 8.19　螺纹编程实例

解：

参考程序：

```
%3312;
N2 M03 S300;               //主轴以 300r/min 旋转
N3 G00 X29.2 Z101.5;       //到螺纹起点，升速段 1.5mm 吃刀量 0.8mm
N4 G32 Z19 F1.5;           //切削螺纹到螺纹切削终点，降速段 1mm
N5 G00 X40;                //X 向快速退刀
N6 Z101.5;                 //Z 向快速退刀到螺纹起点处
N7 X28.6;                  //X 向快速进刀到螺纹起点处，吃刀量 0.6mm
N8 G32 Z19 F1.5;           //切削螺纹到螺纹切削终点
N9 G00 X40;                //X 向快速退刀
N10 Z101.5;                //Z 向快速退刀到螺纹起点处
N11 X28.2;                 //X 向快速进刀到螺纹起点处，吃刀量 0.4mm
N12 G32 Z19 F1.5;          //切削螺纹到螺纹切削终点
N13 G00 X40;               //X 向快速退刀
N14 Z101.5;                //Z 向快速退刀到螺纹起点处
N15 U-11.96;               //X 向快速进刀到螺纹起点处，吃刀量 0.16mm
N16 G32 W-82.5 F1.5;       //切削螺纹到螺纹切削终点
N17 G00 X40;               //X 向快速退刀
N18 X50 Z120;              //回对刀点
N19 M05;                   //主轴停转
N20 M30;                   //主程序结束并复位
```

**2. 螺纹车削固定循环指令 G82**

编程算法参数：

```
G82 X (xb) Z (zbI) (xc/2-xb/2) F (f);
G82 U (xb-xa) W (zb-za) I (xc/2-xb/2) F (f);
```

说明：

1）X、Z 表示螺纹终点绝对坐标值。

2）U、W 表示螺纹终点相对循环起点坐标增量值。

3）I 表示螺纹起点相对螺纹终点的半径差。

G82 指令编程算法参数如图 8.20 所示。

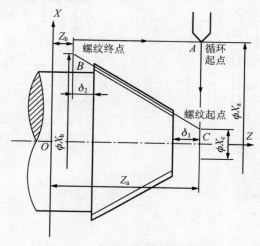

图 8.20　G82 指令编程算法参数

当加工轴上无退刀槽和加工多线螺纹时，G82 指令格式：

```
G82 X__ Z__ I__ R±__ E±__ C__ P__ F__;
```

说明：C 表示螺纹线数。单头（0 或 1）螺纹省略，P 也省略。

双线螺纹 C＝2，P＝180（相邻螺纹头切削起点之间对应的主轴转速）。

【例 8.7】　如图 8.21 所示圆柱螺纹，螺纹导程为 1.0 mm，$\delta_1 = 2$ mm，$\delta_2 = 1$mm。试编制螺纹加工程序。

**解：**

参考程序：

```
O0006;

T0101;

M03 S300;

G00 X70 Z25;

X40 Z2;

G82 X29.3 Z－46F1;

        X28.9;

X28.7;

G00 X70 Z25;

M30;
```

【例 8.8】 如图 8.22 所示圆锥螺纹，螺纹导程为 1.5 mm，$\delta_1 = 2$ mm，$\delta_2 = 1$mm。试编制螺纹加工程序。

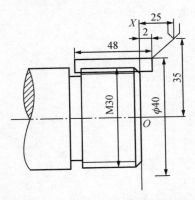

图 8.21 圆柱螺纹 G82 指令编程例题

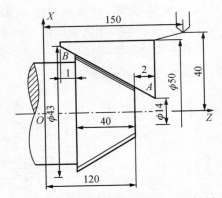

图 8.22 圆锥螺纹 G82 指令编程例题

**解：**

参考程序：

```
O0008；
T0101；
G00 X80 Z150；
X50 Z122；
G82 X43 Z79 I－14.5 F1.5；
    X42.2；
    X41.6；
    X41.2；
    X41.04；
G00 X50 Z122；
M30；
```

3. 螺纹车削复合循环指令 G76

格式：

G76 C (m) R (r) E (e) A (a) X (U) Z (W) I (i) K (k) U (d) V ($d_{min}$) Q ($\Delta d$) F (f)；

说明：

1）m 表示精整次数，取 01～99。

2）r 表示螺纹 Z 向退尾长度，取 00～99。

3）e 表示螺纹 X 向退尾长度，取 00～99。

4）$\alpha$ 表示牙形角，可以取 80°、60°、55°、30°、29°、0°，通常取 60°。

5）U、W 表示绝对编程时螺纹终点的坐标值；相对编程时螺纹终点相对于循环起点 A 的有向距离。

6）$i$ 表示锥螺纹的起点与终点的半径差。

7）$k$ 表示螺纹牙型高度，用半径值。

8）$d$ 表示精加工余量。

9）$\Delta d$ 表示第一次背吃刀量，半径值。

10）$f$ 表示螺纹导程（螺距）。

11）$d_{min}$ 表示最小进给量。

12）$\Delta d$ 表示第一次背吃刀量，用半径值。

G76 指令走刀轨迹如 8.23 所示。

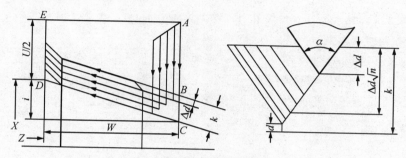

图 8.23　G76 指令走刀轨迹

【例 8.9】　用 G76 指令对图 8.24 所示的螺纹编程。

解：

参考程序：

```
G76 C3A60 U0.2 X32.0 Z24.0 I-9.0 K2.598 V0.2 Q1.5 F4.0;
```

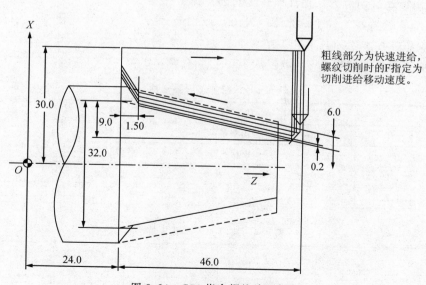

图 8.24　G76 指令螺纹编程例题

# 任务实施

## 8.1.8 外螺纹零件的编程与加工过程

### 1. 识读、分析零件图样

根据图 8.1 可以看出，此零件是典型的轴类零件，主要几何要素包括外圆柱面、外圆锥面、圆弧面、螺纹、车槽等。

**做一做**

1）图 8.1 中 $\phi 28_{-0.031}^{0}$ mm 外圆最大可以加工到_____，最小可以加工到_____。该圆柱的表面粗糙度要求是_____。

2）M16×2 表示公称直径为_____，螺距为_____，旋向为_____的_____（粗、细）牙螺纹。其中，螺纹大径为_____，螺纹小径为_____，牙高为_____。

3）螺纹左端的槽的宽度为_____，它的作用是_____。

### 2. 制定加工工艺

（1）装夹与定位

该零件为轴类零件，其轴心线为工艺基准，用三爪自定心卡盘夹持工件左端，一次装夹完成粗、精加工。

（2）确定工件坐标系、对刀点和换刀点

1）根据零件图样的尺寸标注特点及基准统一的原则，选择零件右端面与轴心线的交点作为工件原点，建立工件坐标系。

2）采用手动试切对刀法把该点作为对刀点。

3）换刀点设置在工件坐标系下（X100，Z100）处。

（3）制作数控加工刀具卡和工艺卡

数控加工刀具卡见表 8.3，数控加工工艺卡见表 8.4。

表 8.3 数控加工刀具卡片

| 序号 | 刀位号 | 刀补号 | 刀具名称 | 刀具说明 | 备注 |
|---|---|---|---|---|---|
| 1 | T01 | 01 | 外圆粗车刀 | 后角 55° | |
| 2 | T02 | 02 | 外圆精车刀 | 后角 55° | |
| 3 | T03 | 03 | 车槽、切断刀 | 刀宽 4mm | |
| 4 | T04 | 04 | 外螺纹刀 | 刀尖 60° | |

表 8.4 数控加工工艺卡片

| 工步号 | 工艺内容 | 刀具号 | 切削用量 | | |
|---|---|---|---|---|---|
| | | | $n/$（r/min） | $f/$（mm/r） | $a_p$/mm |
| 1 | 平端面 | T01 | 1800 | 0.25 | 2.0 |

| 工步号 | 工艺内容 | 刀具号 | 切削用量 | | |
|---|---|---|---|---|---|
| | | | $n$/（r/min） | $f$/（mm/r） | $a_p$/mm |
| 2 | 粗加工零件外圆部分至 Z−53 处 | T01 | 600 | 0.2 | 2 |
| 3 | 精加工零件外圆部分至 Z−53 处 | T02 | 1200 | 0.1 | 0.5 |
| 4 | 车槽刀车出三角螺纹退刀槽 | T03 | 500 | 0.1 | — |
| 5 | 车 M16×2 外三角螺纹 | T04 | 650 | — | — |
| 6 | 切断 | T03 | 500 | 0.1 | — |

### 3. 编制数控程序

参考程序见表 8.5。

表 8.5　参考程序

| 程序内容 | 程序说明 |
|---|---|
| O0001； | 程序名称 |
| M3 S600 T0101 F0.2； | 粗车转速、刀具、进给量选择 |
| G0 X35 Z2； | 快速定位到毛坯位置 |
| G73 U11 R6； | 粗车复合轮廓循环 |
| G73 P10 Q20 U0.5； | |
| N10 G0 X13； | |
| G1 Z0； | |
| X15.8 Z−1.5； | |
| Z−19； | |
| X20 W−5； | |
| W−3； | |
| G2 X20 Z−37 R10； | 外轮廓精加工轮廓描述 |
| G1 W−3； | |
| X26； | |
| X28 W−1； | |
| Z−53； | |
| N20 G0 X35； | |
| G0 X100 Z100； | 退回安全换刀点 |
| M3 S1200 T0202 F0.1； | 精车转速、刀具、进给量选择 |
| G0 X35 Z2； | 快速定位到毛坯位置 |
| G70 P10 Q20； | 粗车复合轮廓循环 |
| G0 X100 Z100； | 退回安全换刀点 |

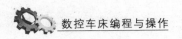

| 程序内容 | 程序说明 |
|---|---|
| M3 S500 T0303 F0.1; | 车槽转速、刀具、进给量选择 |
| G0 X24; | 车槽刀 X 向定位 |
| Z−19; | 车槽刀 Z 向定位 |
| G1 X12; | 车至槽底 |
| X21; | 车槽刀 X 向退刀 |
| G0 X100 Z100; | 退回安全换刀点 |
| M3 S650 T0404; | 车螺纹转速、刀具 |
| G0 X18 Z3; | 快速定位到毛坯位置 |
| G76 P0 20060 Q100 R0.05; | 螺纹复合循环参数选择 |
| G76 X13.4Z−17 Q300 P1300 F2; | |
| G0 X100 Z100; | 退回安全换刀点 |
| M3 S500 T0303 F0.1; | 切断主轴转速、刀具、进给量选择 |
| G0 X40; | 车槽刀 X 向定位 |
| Z−52; | 车槽刀 Z 向定位 |
| G1 X24; | X 向切至 X24 |
| X28; | X 向退回 X28 |
| W2; | 向 Z 向移动 2mm |
| G3 X24 Z−52 R2; | 倒 R2 圆角 |
| G1 X2; | 切至 2mm |
| X38; | 退回 X38 |
| G0 X100 Z100; | 退回安全点 |
| M5; | 主轴停止 |
| M2; | 程序结束 |

4. 数控加工

1）工件装夹，刀具安装。

2）外圆车刀对刀和车槽刀对刀。

3）螺纹刀对刀。

① X 向：采用"试切法"对刀，与外圆车刀的方法相似，但车削深度要尽量少。也可使用"触碰法"，即先测量外圆的尺寸 $X_d$，再略微触碰一下外圆面即可，然后选择"刀具偏置补偿"（OFS/SET）界面，在对应刀具号中 $X_d$，测量即可，如图 8.25 所示。

② Z 向：靠近工件右端面，目测螺纹刀的刀尖与右端面在同一平面内，如图 8.26 所示。

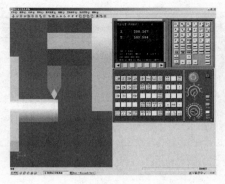

图 8.25 螺纹刀 *X* 向对刀

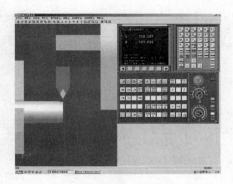

图 8.26 螺纹刀 *Z* 向对刀

 课堂互动

为什么螺纹刀 *Z* 向对刀时可以目测？

4）检查工件坐标系。

5）调出程序，自动加工。

⚠ 注意：

1）螺纹切削过程中，进给速度倍率无效，速度被限制在100%。

2）螺纹加工过程中，不能停止进给，一旦停止，背吃刀量会急剧增加，非常危险。

3）如果改变主轴转速倍率，则不能切出正确的螺纹。

## 任务评价

填写外螺纹零件加工评分表，见表8.6。

表 8.6 外螺纹零件加工评分表

| 零件名称 | | 外螺纹零件 | 操作时间 | 50min | 总分 | | |
|---|---|---|---|---|---|---|---|
| 考核项目 | | 考核内容及要求 | 评分标准 | 配分 | 检测结果 | 得分 | 备注 |
| 长度 | 1 | 15mm | 超差不得分 | 2 | | | |
| | 2 | 4mm | 超差不得分 | 2 | | | |
| | 3 | 5mm | 超差不得分 | 2 | | | |
| | 4 | 8mm | 超差不得分 | 3 | | | |
| | 5 | 48mm | 超差不得分 | 3 | | | |
| 外圆 | 6 | $\phi 12$mm | 超差不得分 | 4 | | | |
| | 7 | $\phi 20$mm | 超差不得分 | 4 | | | |
| | 8 | $\phi 28_{-0.031}^{0}$mm | 超差不得分 | 5 | | | |
| 圆弧 | 9 | $R10$mm | 超差不得分 | 2 | | | |
| | 10 | $R2$mm | 超差不得分 | 2 | | | |
| 槽 | 11 | 12mm | 超差不得分 | 3 | | | |

续表

| 考核项目 | 考核内容及要求 | | 评分标准 | 配分 | 检测结果 | 得分 | 备注 |
|---|---|---|---|---|---|---|---|
| 螺纹 | 12 | M16×2 | 降一级不得分 | 6 | | | |
| 工艺编写 | 工艺编写步骤是否明确，加工路线是否合理 | | 酌情扣分 | 20 | | | |
| 刀具选择和参数 | 刀具选择是否合理，刀具相关参数选择是否得当 | | 酌情扣分 | 15 | | | |
| 程序编写 | 程序编写格式是否正确，简化程序、优化程序 | | 酌情扣分 | 30 | | | |
| 安全文明生产 | 遵守机床操作规程；刀具、工具、量具放置规范；设备、场地整洁 | | 酌情扣分 | 5 | | | |

## 巩固训练

使用 CK6150 数控车床加工如图 8.27 所示零件，使之满足图样要求。毛坯尺寸为 $\phi 40\text{mm} \times 80\text{mm}$，材料为硬铝合金。

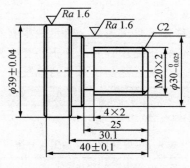

图 8.27 外螺纹零件

# 任务 8.2 内螺纹零件的编程与加工

知识目标 ☞

1. 了解内螺纹孔径的计算。
2. 掌握三角内螺纹相关编程指令。

能力目标 ☞

1. 能分析零件图样，并制定比较合理的数控加工工艺。
2. 能够比较熟练地完成内螺纹数控程序的编制及加工。

**工作任务**

某机械加工厂的加工车间来了一批零件，如图 8.28 所示，毛坯尺寸为 $\phi40\text{mm} \times$ 85mm，材料为 45 钢，要求使用数控车床完成零件的加工。

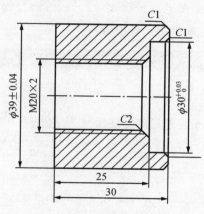

图 8.28 内螺纹零件（一）

## 相关知识

### 8.2.1 内螺纹孔径的计算

由于国家标准中规定螺纹孔径有很大的公差，内螺纹小径的基本尺寸与外螺纹小径的基本尺寸相同，为了计算方便，可用近似公式：

$$d_1 = d - (1 \sim 1.1)P$$

式中：$d_1$——内螺纹小径；

$d$——内螺纹大径；

$P$——螺距。

当用丝锥攻制内螺纹或高速切削塑性金属内螺纹时，螺纹孔径加工尺寸计算推荐使用公式：

$$d_1 = d - P$$

当车削脆性金属（铸铁等）或低速车削内螺纹（尤其是细牙螺纹）时，螺纹孔径计

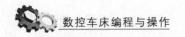

算推荐使用公式：

$$d_1 = d - 0.5P$$

### 8.2.2　内螺纹刀的对刀的步骤

1）在 MDI 方式下，调出内螺纹刀 T03（假设内螺纹刀安装在 3 号刀位）。按主轴正转按钮使主轴旋转。

2）在 JOG 或手摇方式下将刀具靠近工件预置孔，越接近时倍率要越小，Z 负向车内孔，孔径为 5～10mm，Z 正向退出。此时 X 向不要动，主轴停下，测量内孔的直径，假设测量值为 X30。

3）在"工具补正/外形"页面中，将光标停在 G03 一行上，键入"X30"，按测量键，输入数值，完成 3 号刀 X 向对刀。

4）在 JOG 或手摇方式下将刀具靠近工件预置孔，越接近时倍率要越小，使 3 号刀具的刀尖与已加工好的工件端面平齐。键入"Z0"，按测量键，完成 3 号刀具 Z 向对刀。

5）刀架移开，退到换刀位置，主轴停转。

## 任务实施

### 1. 识读、分析零件图样

该零件总长尺寸为 30mm，采用的毛坯尺寸为 $\phi$40mm×85mm，因此可以采用切断的方式控制总长。该零件的主要几何要素包括外圆柱面、内圆柱面、内螺纹等。

### 做一做

1）图 8.28 中 $\phi$39mm±0.04mm 外圆最大可以加工到＿＿＿＿＿＿，最小可以加工到＿＿＿＿＿＿。该圆柱的表面粗糙度要求是＿＿＿＿＿＿。

2）M20×2 表示公称直径为＿＿＿＿＿＿，螺距为＿＿＿＿＿＿，旋向为＿＿＿＿＿＿的＿＿＿＿＿＿（粗、细）牙螺纹。其中，螺纹大径为＿＿＿＿＿＿，螺纹小径为＿＿＿＿＿＿，牙高为＿＿＿＿＿＿。

### 2. 制定加工工艺

（1）工艺分析

由于该零件的毛坯总长较长，可采用切断形式，一次装夹完成全部工序加工。零件伸出卡盘的长度要预留出切断刀的刀宽，也就是说，如果切断刀的刀宽为 4mm，那工件伸出卡盘的长度必须大于 34mm，以防切断时切断刀与卡盘碰撞，发生事故。

按照先内后外的原则，先加工内孔，再加工内螺纹，最后加工外圆。

（2）制定工艺方案

1）装夹与定位。该零件采用三爪自定心卡盘夹持外圆，一次装夹完成所有加工。

2）确定工件坐标系和换刀点。

① 根据零件图样的尺寸标注特点及基准统一的原则，选择零件右端面与轴心线的交点作为工件原点，建立工件坐标系。

② 换刀点设置在工件坐标系下（X100，Z100）处。

（3）制作数控加工刀具卡和工艺卡。

数控加工刀具卡见表 8.7，数控加工工艺卡见表 8.8。

表 8.7　数控加工刀具卡

| 序号 | 刀位号 | 刀补号 | 刀具名称 | 刀具说明 | 备注 |
|---|---|---|---|---|---|
| 1 | 01 | 01 | 内孔车刀 | 后角 55° | |
| 2 | 02 | 02 | 内螺纹刀 | 刀尖 60° | |
| 3 | 03 | 03 | 外圆粗车刀 | 后角 55° | |
| 4 | 04 | 04 | 切断刀 | 刀宽 4mm | |

表 8.8　数控加工工艺卡

| 工步号 | 工艺内容 | 刀具号 | 切削用量 | | |
|---|---|---|---|---|---|
| | | | $n/$（r/min） | $f/$（mm/r） | $a_p/$mm |
| 1 | 粗加工零件内轮廓 | T01 | 500 | 0.25 | 2 |
| 2 | 精加工零件内轮廓 | T01 | 1200 | 0.1 | 1 |
| 3 | 车内螺纹 M20×2 | T02 | 600 | — | — |
| 4 | 粗加工零件外轮廓 | T03 | 500 | 0.25 | 2 |
| 5 | 精加工零件外轮廓 | T03 | 1300 | 0.1 | 1 |
| 6 | 切断 | T04 | 400 | 0.15 | — |

### 3. 编制数控程序

参考程序见表 8.9。

表 8.9　参考程序

| 程序内容 | 程序说明 |
|---|---|
| O0001； | 程序名称 |
| M3 S500 T0101 F0.25； | 粗车内孔，给定转速、刀具刀补号、进给量 |
| G0 X16 Z2； | 定位到离孔位置2mm处 |
| G71U2 R1； | 内圆固定轮廓粗加工循环 |
| G71 P10 Q20 U−1； | 相关参数 |
| N10 G0 X32； | X 向定位 |
| G1 Z0； | Z 向定位 |
| X30 Z−1； | 倒角 |

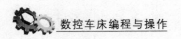
| 程序内容 | 程序说明 |
|---|---|
| Z－5； | |
| X21.8 Z－22； | Z 向走刀 |
| G1 Z－40； | |
| N20 G0 X16； | 刀具退回毛坯位置 |
| G0 Z100； | 回到安全距离换刀 |
| X100； | |
| M3 S1200 T0202 F0.1； | 精加工内孔，给定转速、刀具刀补号、进给量 |
| G0 X16 Z1； | 定位到孔位置 |
| G70 P10 Q20； | 内圆精加工循环 |
| G0 Z100； | 退刀 |
| X100； | |
| M00； | 程序暂停，检查尺寸 |
| M3 S600 T0303； | 换内螺纹车刀，给定转速，进给量 |
| G0 X16 Z－7； | X、Z 向定位 |
| G76 P020060 Q100 R0.05； | 螺纹复合循环 |
| G76 X20 Z－31 Q200 P1300 F2； | 参数填写 |
| G0 Z100； | 退刀 |
| X100； | |
| M3 S500 T0404 F0.25； | 换外圆车刀，给定转速、刀具刀补号、进给量 |
| G0 X40 Z1； | X、Z 向定位 |
| G71 U2 R1； | 粗车外轮廓加工 |
| G71 P30 Q40 U1； | |
| N40 G0 X37； | |
| G1 Z0； | |
| X39 Z－1； | 外圆轮廓粗加工循环 |
| Z－34； | |
| N40 G0 X40； | |
| G0 X100 Z100； | |
| M3 S1300 T0505 F0.1； | 精加工，给定转速、刀具刀补号、进给量 |
| G0 X40 Z1； | 定位到毛坯位置 |
| G70 P30 Q40； | 外圆精加工循环 |
| G0 X100； | G00 X 向退刀 |
| Z100； | G00 Z 向退刀 |

续表

| 程序内容 | 程序说明 |
|---|---|
| M3 S400 T0606 F0.15; | |
| G0 X45 Z−34; | |
| G1 X14; | 切断 |
| G0 X42; | |
| G0 X100; | |
| Z100; | 退到安全距离 |
| M30; | 程序结束 |

课堂互动

对比一下你自己编制的程序和教师编制的程序一样吗?

4. 数控加工

1) 开机前的检查:
① 检查电源、电压是否正常,润滑油油量是否充足。
② 检查机床可动部位是否松动。
③ 检查材料、工件、量具等物品放置是否合理,是否符合要求。
2) 开机后的检查:
① 检查电动机、机械部分、冷却风扇是否正常。
② 检查各指示灯是否正常显示。
③ 检查润滑、冷却系统是否正常。
3) 机床起动(需要回参考点的机床先进行回参考点操作)。
4) 工件装夹及找正(注意工件装夹牢固可靠)。
5) 对刀操作(以工件右端面中心为工件原点建立工件坐标系)。
6) 工件加工。

## 任务评价

填写内螺纹零件加工评分表,见表8.10。

表8.10　内螺纹零件加工评价表

| 零件名称 | | 内螺纹零件 | 操作时间 | 50min | 总分 | | |
|---|---|---|---|---|---|---|---|
| 考核项目 | | 考核内容及要求 | 评分标准 | 配分 | 检测结果 | 得分 | 备注 |
| 长度 | 1 | 25mm | 超差不得分 | 5 | | | |
| | 2 | 30mm | 超差不得分 | 5 | | | |
| 外圆 | 3 | $\phi(39\pm0.04)$ mm | 超差不得分 | 5 | | | |
| 内孔 | 4 | $\phi30^{+0.03}_{0}$mm | 超差不得分 | 5 | | | |

续表

| 考核项目 | 考核内容及要求 | 评分标准 | 配分 | 检测结果 | 得分 | 备注 |
|---|---|---|---|---|---|---|
| 螺纹 5 | M20×2 | 超差不得分 | 10 | | | |
| 倒角 6 | C2/C1（4 处） | 超差不得分 | 5 | | | |
| 工艺编写 | 工艺编写步骤是否明确，加工路线是否合理 | 酌情扣分 | 20 | | | |
| 刀具选择和参数 | 刀具选择是否合理，刀具相关参数选择是否得当 | 酌情扣分 | 15 | | | |
| 程序编写 | 程序编写格式是否正确，简化程序、优化程序 | 酌情扣分 | 30 | | | |
| 安全文明生产 | 遵守机床操作规程；刀具、工具、量具放置规范；设备、场地整洁 | 酌情扣分 | 5 | | | |

## 巩固训练

使用 CK6150 数控车床加工如图 8.29 所示零件，使之满足图样要求。毛坯尺寸为 $\phi55\text{mm}×60\text{mm}$，材料为硬铝合金。

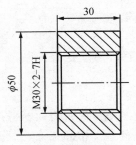

图 8.29　内螺纹零件（二）

## 任务 *8.3* 螺纹检测

**知识目标** ☞

1. 掌握内外螺纹检测的方法。
2. 认识螺纹检验的常用量具。

**能力目标** ☞

1. 能熟练使用螺纹量规等量具检测螺纹。
2. 根据量具检测结果会对所检测工件质量做出评价，并分析产生废品的原因。

**工作任务**

质检科来了一批内螺纹和外螺纹的零件，现需要你在最短时间内完成零件的检测，做好相应的检验记录，并对产生的废品做出分析。

## 相关知识

### 8.3.1  螺纹的测量

车削螺纹时，应根据不同的质量要求和生产批量的大小，选择相应的测量方法。常见的测量方法有单项测量法和综合检验法两种。

1. 单项测量法

（1）螺纹顶径的测量
螺纹顶径是指外螺纹大径和内螺纹小径，一般用游标卡尺或千分尺测量。
（2）螺距（或导程）的测量
车削螺纹前，先用螺纹车刀在工件外圆上划出一条很浅的螺旋线，再用钢直尺、游标卡尺或螺纹样板对螺距（或导程）进行测量，如图 8.30 所示。车削螺纹后螺距（或导程）的测量也可采用同样的方法，如图 8.31 所示。

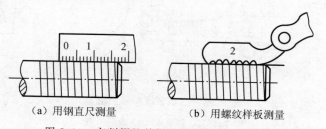

（a）用钢直尺测量　　　（b）用螺纹样板测量
图 8.30　车削螺纹前螺距（或导程）的测量

用钢直尺或游标卡尺进行测量时，最好量多个牙（5 个或 5 个以上）的螺距（或导程），然后取其平均值，如图 8.30（a）和图 8.31（a）所示。

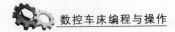 

　　螺纹样板又称螺距规或牙规，有米制和英制两种。测量时将螺纹样板中的钢片沿着通过工件轴线的方向嵌入螺旋槽中，如完全吻合，则说明被测螺距（或导程）是正确的，如图 8.30（b）和图 8.31（b）所示。

（3）牙形角的测量

　　一般螺纹的牙型角可以用螺纹样板［图 8.31（b）］或牙形角样板（图 8.32）来测量。

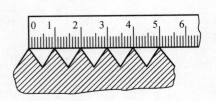

（a）用钢直尺测量

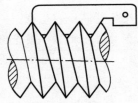

（b）用螺纹样板测量

图 8.31　车削螺纹后螺距（或导程）的测量

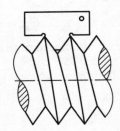

图 8.32　用牙形角样板测量

（4）螺纹中径的测量

　　三角螺纹中径可用螺纹千分尺来测量，如图 8.33 所示。螺纹千分尺的使用方法与一般千分尺相似，只是它有两个可以调整的测量头（上测量头、下测量头）。在测量时，两个与螺纹牙型角相同的测量头正好卡在螺纹牙侧，从图 8.33（c）中可以看出，$ABCD$ 是一个平行四边形，因此测得的 $AD$ 尺寸就是螺纹中径的实际尺寸。

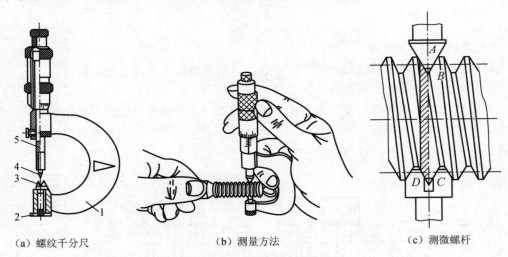

（a）螺纹千分尺　　　　　　　（b）测量方法　　　　　　　（c）测微螺杆

图 8.33　三角螺纹中径的测量

1—尺架；2—砧座；3—下测量头；4—上测量头；5—测微螺杆

> **提示**
>
> 1）螺纹千分尺附有两套适用不同螺距（60°和55°牙型角）的测量头，可根据需要进行选择。在更换测量头之后，必须调整砧座的位置，使千分尺对准"0"位。
>
> 2）为了提高测量的准确度，最好用与被测螺纹规格相同的螺纹塞规来调整螺纹千分尺的零位。
>
> 3）螺距越小的螺纹，测量头与螺纹啮合越容易发生误差，要特别注意。
>
> 4）径向摆动螺纹千分尺时应有较轻的接触感，以确保测出的尺寸是最大尺寸。
>
> 5）螺纹千分尺的读数方法和千分尺相同。

### 2．综合检验法

综合检验法是用螺纹量规（图 8.34）对螺纹各基本要素进行综合性检验。螺纹量规包括螺纹塞规和螺纹环规，螺纹塞规用来检验内螺纹，螺纹环规用来检验外螺纹，它们分别有通规和止规，在使用中要注意区分。如果通规难以拧入，应对螺纹的各直径尺寸、牙型角、牙型半角和螺距等进行检查，经修正后再用通规检验。当通规全部拧入，止规不能拧入时，说明螺纹各基本要素符合要求。

图 8.34　螺纹量规

利用螺纹量规可能出现的检查结果及分析，见表 8.11。

表 8.11　螺纹量规检测结果分析

| 通规 | 止规 | 检验结果 |
|------|------|----------|
| 通过 | 不通过 | 合格 |
| 通过 | 通过 | 不合格，报废 |
| 不通过 | 不通过 | 利用磨耗，进行修正 |
| 不通过 | 通过 | 不合格 |

## 8.3.2　车削螺纹时常见故障分析

车削螺纹时，由于各种原因，可能造成加工时在某一环节出现问题，产生故障，影响正常生产，这时应及时加以解决。车削螺纹时常见故障及解决方法如下。

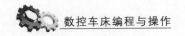

### 1. 车刀安装得过高或过低

车刀安装过高，则吃刀到一定深度时，车刀的后面会顶住工件，增大摩擦力，甚至把工件顶弯；车刀安装过低，则切屑不易排出，车刀径向力的方向是工件中心，致使吃刀量不断自动趋向加深，从而把工件抬起，出现啃刀。出现上述情况时，应及时调整车刀高度，使刀尖与工件的轴线等高。在粗车和半精车时，刀尖位置比工件的中心高出 $1\%D$ 左右（$D$ 表示被加工工件直径）。

### 2. 工件装夹不牢

工件装夹时伸出过长或本身的刚性不能承受车削时的切削力，会产生过大的挠度，这将改变车刀与工件的中心高度（工件被抬高了），形成背吃刀量突增，出现啃刀。此时应把工件装夹牢固，可使用尾座顶尖等，以增加工件刚性。

### 3. 牙型不正确

车刀在安装时不正确，没有采用螺纹样板对刀，刀尖产生倾斜，会造成螺纹的半角误差。另外，车刀刃磨时刀尖角测量有误差，也会产生不正确牙形，或是车刀磨损，引起切削力增大，顶弯工件，出现啃刀。此时应对车刀加以修磨，或更换新的刀片。

### 4. 刀片与螺距不符

采用定螺距刀片加工螺纹时，刀片加工范围与工件实际螺距不符，也会造成牙型不正确，甚至发生撞刀事故。

### 5. 乱牙

切削线速度过高，进给伺服系统无法快速响应，会造成乱牙现象发生。因此，加工时一定要了解机床的加工性能，不能盲目地追求"高速、高效"。

### 6. 螺纹表面粗糙

造成螺纹表面粗糙的原因有车刀刃口磨得不光洁，切削液不适当，切削参数和工件材料不匹配，以及系统刚性不足切削过程产生振动等。应正确修整砂轮或用油石精研刀具（或更换刀片）；选择适当切削速度和切削液；调整车床滚珠丝杠间隙，保证各导轨间隙的准确性，防止切削时产生振动。另外，在高速切削螺纹时，切屑厚度太小或切屑斜方向排出等会造成已加工表面拉毛。一般在高速切削螺纹时，最后一刀切削厚度要大于 0.1mm，切屑要沿垂直于轴心线方向排出。对于刀杆刚性不够，切削时引起振动造成的螺纹表面粗糙，可以减小刀杆伸出量，稍降低切削速度。

车螺纹时产生废品的原因及预防方法见表 8.12。

表 8.12　车螺纹时产生废品的原因及预防方法

| 废品种类 | 产生原因 | 预防方法 |
|---|---|---|
| 中径不正确 | ① 车刀切入深度不正确；<br>② 刻度盘使用不当 | ① 经常测量中径尺寸；<br>② 正确使用刻度盘 |
| 螺距不正确 | 1）局部螺距不正确：<br>① 车床丝杠和主轴的窜动过大；<br>② 开合螺母间隙过大。<br>2）车削过程中开合螺母抬起 | 1）调整螺距：<br>① 调整主轴和丝杠的轴向窜动；<br>② 调整开合螺母的间隙。<br>2）用重物挂在开合螺母手柄上防止中途抬起 |
| 牙型（或齿形）不正确 | ① 车刀刃磨不正确；<br>② 车刀安装不正确；<br>③ 车刀磨损 | ① 正确刃磨和测量车刀角度；<br>② 装刀时使用对刀样板；<br>③ 合理选用切削用量并及时修磨车刀 |
| 表面粗糙度大 | ① 产生积屑瘤；<br>② 刀柄刚度不够，切削时产生振动；<br>③ 车刀背前角太大，中滑板丝杠螺母间隙太大，产生扎刀；<br>④ 高速切削螺纹时，最后一刀的背吃刀量太小或切屑向倾斜方向排出，拉毛螺纹牙侧；<br>⑤ 工件刚度低，而切削用量选用过大 | ① 采用涂层刀片，并加切削液；<br>② 增加刀柄截面积，并减小悬伸长度；<br>③ 减小车刀背向前角，调整中滑板丝杠螺母间隙；<br>④ 高速切削时，最后一刀的背吃刀量一般不大于 0.1mm，并使切屑沿垂直于轴线方向排出；<br>⑤ 选择合理的切削用量 |
| 刀片磨损快、刀具使用寿命短 | 切削速度太快，冷却不充分，切削次数太多以及刀片牌号选择不当 | 降低切削速度，充分冷却，减少切削次数，根据所加工工件材料选用硬度高的耐磨刀片 |
| 螺纹牙顶有毛刺 | 切削速度低 | 提高切削速度，用带切顶的刀片 |
| 两切削刃磨损不均匀 | 进刀方式、切入角选择不合理 | 改变进刀方式和切入角 |
| 排屑不易控制 | 切削速度过快，进刀方式不合理 | 采用改进型侧面进刀切削，加速冷却 |

## 任务实施

### 8.3.3　螺纹检测内容

**1. 分析测量内容和选用测量量具**

1）螺纹测量的主要内容包括螺距、牙型角、螺纹中径。

2）测量工具：螺距规、螺纹千分尺、螺纹环规，如图 8.35 所示。

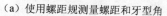
（a）使用螺距规测量螺距和牙型角

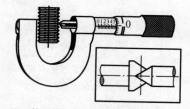
（b）使用螺距千分尺测量螺纹中径角

图 8.35　螺纹测量

3）大径的测量：可用游标卡尺或千分尺测量。

4）螺距的测量：

① 用钢直尺量 10 个螺距的长度，用长度除以 10 得出一个螺距的尺寸。

② 用螺距规测量。

5）中径的测量：精度较高的三角螺纹可用螺纹千分尺测量。

6）综合测量：用螺纹环规综合检查，应通规进、止规不进为合格，然后检查表面粗糙度 $Ra$。对有退刀槽的螺纹，通规应拧到底。

2. 根据检测结果对零件进行质量分析

正确分析和解决加工误差问题，对保证工件的加工精度和提高加工效率起着关键作用，在加工过程中经常出现的问题、产生的原因以及预防和解决方法见表 8.13。

表 8.13　零件加工误差分析

| 问题现象 | 产生原因 | 预防和消除 |
|---|---|---|
| 尺寸超差 | ① 刀具数据不准确；<br>② 刀具磨损或损坏；<br>③ 测量不准确；<br>④ 切削用量选择不当产生让刀 | ① 调整或重新设定刀具数据；<br>② 更换刀具；<br>③ 正确测量，合理选择量具；<br>④ 合理选择切削用量 |
| 表面粗糙度超差 | ① 宏程序编制时，等间距取值过大；<br>② 加工中产生振动和变形；<br>③ 刀具磨损或损坏 | ① 减小等间距值；<br>② 增加安装刚性；<br>③ 更换刀具 |
| 加工效率低 | ① 编程速度慢；<br>② 切削用量太小 | ① 提高数据处理能力；<br>② 适当增大切削用量 |

## 任务评价

任务评价见表 8.14。

表 8.14　螺纹检测评价表

| 项目 | 配分 | 考核标准 | 小组自评 得分 | 教师点评 得分 |
|---|---|---|---|---|
| 量具的选用 | 10 | 能够正确选择检测螺纹的量具，选对得分，少选 1 个扣 5 分，扣完为止。 | | |
| 螺纹顶径的测量 | 20 | 能够正确使用量具测量螺纹顶经，测量准确得分，不准确不得分。 | | |
| 牙型角的测量 | 20 | 能够正确使用量具测量螺纹牙型角，测量准确得分，不准确不得分。 | | |

续表

| 项目 | 配分 | 考核标准 | 小组自评 得分 | 教师点评 得分 |
|------|------|----------|------|------|
| 螺纹中径的测量 | 20 | 能够正确使用量具进行检测螺纹中经,选对得分,不准确不得分。 | | |
| 螺纹的精度分析 | 20 | 能够分析出零件精度不达要求的原因,找不出原因不得分。 | | |
| 量具的维护保养 | 10 | 正确进行量具的进行维护及保养,否则,不得分。 | | |
| 总得分 | | | | |

## 巩固训练

1) 如果加工出的螺纹如图 8.36 所示,请问是什么原因造成的,怎么解决?

图 8.36  螺纹加工

2) 如何利用磨耗来修正通规、止规都不通过的螺纹,还有别的办法吗?

## 项目小结

螺纹连接在我们日常生活中无处不在,本项目主要针对螺纹加工进行任务展开,主要完成了外螺纹、内螺纹的加工和相关螺纹的检测任务,主要介绍了螺纹的形成原理、螺纹的分类、三角螺纹相关参数、常用螺纹刀具及切削用量选择、螺纹刀具的安装、相关螺纹指令、螺纹量具的使用等内容。通过这些内容的学习,使学生能够对螺纹零件制定出比较合理的加工工艺,完成内外螺纹加工程序编制与加工,并会用螺纹常用量具检测螺纹,根据量具检测结果会对所检测工件质量做出评价,并分析产生废品的原因。

## 复习与思考

### 1. 选择题

(1) 在 FANUC 系统中普通螺纹的切削指令是(    )。

　A. G00　　　　　B. G01　　　　　C. G33　　　　　D. G72

(2) 在 M20−6H/6g 中,6H 表示内螺纹公差代号,6g 表示(    )公差带代号。

　A. 大径　　　　　B. 小径　　　　　C. 中径　　　　　D. 外螺纹

(3) 计算 M24×2 螺纹牙形各部分尺寸时,应以(    )代入计算。

　A. 螺距　　　　　B. 导程　　　　　C. 线数　　　　　D. 中径

(4) 普通螺纹的牙顶应为(    )形。

　A. 圆弧　　　　　B. 尖　　　　　C. 削平　　　　　D. 凹面

(5) 梯形螺纹测量一般是用三针测量法测量螺纹的（　　　）。

    A. 大径　　　　　　B. 中径　　　　　　C. 底径　　　　　　D. 小径

(6) 下列说法正确的有（　　　）。

    A. 加工螺纹时，只需保证中径和牙型角

    B. 内螺纹的大径一般是由刀具进行保证的，加工时只需规定最小值

    C. 美制螺纹可以和 ISO 米制螺纹互换

    D. 用螺纹量规测量螺纹时，如果通规不能拧入，止规全部拧入时，说明螺纹
       各基本要素符合要求

(7) 在 G 指令代码中，（　　　）是螺纹切削指令。

    A. G32　　　　　　B. G40　　　　　　C. G96　　　　　　D. G02

**2. 判断题**

(1) 加工螺纹时的加工速度应比车外圆时的加工速度快。　　　　　　　　　（　　　）

(2) 普通螺纹分粗牙普通螺纹和细牙普通螺纹两种。　　　　　　　　　　　（　　　）

(3) 车削螺纹时，车刀的轴向前角会影响螺纹的牙型角精度。　　　　　　　（　　　）

(4) 数控车床上可用普通螺纹指令加工英制螺纹，也可用英制螺纹指令加工普通螺纹。

                                                         （　　　）

**3. 填空题**

(1) M17×1－6H（h）－L.H 代表是_____螺纹，该螺纹的牙型角为_____。

(2) M24×1－6G 表示_____（内、外）螺纹，螺距是_____，精度等级是_____。

(3) M24－6e 表示_____（内、外）螺纹，螺距是_____，精度等级是_____。

(4) Tr40×6 代表是_____螺纹，该螺纹的牙型角为_____度，螺距是_____。

**4. 综合题**

如图 8.37 所示，毛坯为 $\phi35\text{mm}\times100\text{mm}$ 的棒材，材料为 45 钢，试对该零件进行数控车削工艺分析，编写数控程序并完成加工。

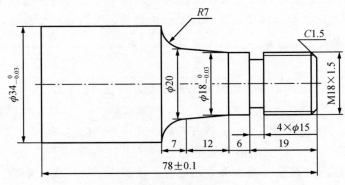

图 8.37　典型轴类零件

# 项目 9
## 非圆二次曲线零件的编程与加工

**项目教学目标**

【知识目标】
1. 了解非圆二次曲线的特点。
2. 掌握宏程序中变量的概念和作用。
3. 掌握常用的宏程序数学计算符。

【能力目标】
1. 会正确运用宏程序编写非圆二次曲线程序。
2. 能独立完成非圆二次曲线零件的编程与加工。

　　一般来讲，数控指令编程其实是指 ISO 代码指令编程，在一般的程序中，程序字为常量，即每个功能的代码是固定的，只能描述固定的形状，缺乏灵活性和适用性。若能采用改变参数的方法使同一程序能加工形状属性相同但尺寸参数不同的零件，加工就会非常方便，也会提高加工的可靠性。加工不规则形状的零件时，机床可能要做非圆曲线运动。在进行自动测量时机床要对测量数据进行处理，这些数据属于变量，一般程序是不能处理的。针对这些情况数控车床提供了另外的一种编程方式——宏编程，即系统提供了用户宏程序功能使用户可对数控系统进行一定的功能扩展。

## 任务 9.1 认识宏程序

### 知识目标 ☞

1. 掌握宏程序的基本概念。
2. 了解拟合处理的概念。
3. 掌握宏程序中变量的概念和作用。
4. 掌握常用的宏程序数学计算符。
5. 掌握宏程序的控制语句。

### 能力目标 ☞

1. 能够正确理解宏程序的基本概念。
2. 可以熟练掌握宏程序中变量的计算方法。
3. 熟练掌握宏程序中各种数学计算的符号并且可以正确运用。
4. 正确掌握宏程序中判定语句的使用格式。

### 工作任务

已知：椭圆公式 $\dfrac{X^2}{16}+\dfrac{Z^2}{25}=1$，如果用 #1 表示 $Z$，#2 表示 $X$。

1）试用宏程序格式来描述此公式。

2）通过公式变换，用 #1 来表达 #2，并按宏程序格式书写此变换格式。

3）在公式中，当 #2＝5 时，#1 是多少？当 #2＝4 时，#1 等于多少？当 #1＝3 时，#2 等于多少？当 #1＝2 时，#2 等于多少？当 #1＝1 时，#2 等于多少？当 #1＝0 时，#2 等于多少？

一般的程序编制中程序字为常量，一个程序只能描述一个几何形状，当工件形状没有发生改变但是尺寸发生改变时，只能重新进行编程。而在宏程序中，当所要加工的零件如果形状没有发生变化只是尺寸发生了一定的变化时，只需要在程序中给发生变化的尺寸加上几个变量再加上必要的计算公式即可，即当尺寸发生变化时只要改变这几个变量的赋值参数就可以了。所以，应牢记宏程序的一些基本编程指令和编程方法，以便在以后的学习中能够游刃有余地使用宏程序。

## 相关知识

### 9.1.1 拟合处理

当数控车床操作者在使用不具备加工非圆曲线的机床加工非圆曲线时，机床往往是把非圆曲线分成若干个小线段来进行加工的，这种加工的方法称为拟合处理。其中若干个小线段之间的交点称为节点。

### 9.1.2　宏程序的概念

数控加工程序编制的关键是刀具相对于工件运动轨迹的计算，即计算加工轮廓的基点和节点坐标或刀具中心的基点和节点坐标。数控车床一般只提供平面直线和圆弧插补功能，对于非圆的平面曲线 $Y=f(X)$，采用的加工方法是按编程允许误差，将平面轮廓曲线分割成许多小段；然后用数学计算的方法求逼近直线或圆弧轮廓曲线的交点和切点的坐标。随着 CNC 的不断发展，CNC 不仅能通过数字量去控制多个轴的机械运动，而且具有强大的数据计算和处理功能。编程时只需建立加工轮廓的基点和节点的数学模型，按加工的先后顺序，由数控系统即时计算出加工节点的坐标数据，进而控制加工，这就是数控系统提供的宏编程。宏程序指令像高级语言一样，可以使用变量进行算术运算逻辑运算和函数混合运算。熟练应用宏程序指令进行编程，可大大精简程序量，还可以增强机床的加工适应能力。例如，可以将抛物线、椭圆等非圆曲线的算法标准化后做成内部宏程序，以后就可以像圆弧插补一样按标准格式编程调用，相当于增加了系统的插补功能。

### 9.1.3　宏程序的编写

宏程序可以让用户利用数控系统提供的变量、数学运算、逻辑判断和程序循环等功能来实现一些特殊的用法，从而使得编制同样的加工程序更加简便。

1. 变量

普通加工程序直接用数值指定 G 指令和移动距离。例如，G01 和 X100.0，而使用宏程序时，数值可以直接指定或用变量指定。当用变量时，变量值可用程序或通过 MDI 面板上的操作改变，如 ♯1＝♯2＋100 或 G01 X♯1 F300。

（1）变量的表示及类型

一般编程方法允许对变量命名，但用户宏程序不行，变量只能用变量符号"♯"和后面的变量号指定，如♯1、♯100 等。表达式可以用于指定变量号，此时，表达式必须封闭在括号中，如♯［♯1＋♯2－12］。

根据变量号可以将变量分为 4 种类型，见表 9.1。

表 9.1　变量的类型

| 变量号 | 变量类型 | 功能 |
|---|---|---|
| ♯0 | 空变量 | 空变量始终为 0，不能赋值 |
| ♯1～♯33 | 局部变量 | 局部变量只能在宏程序中存储数据，如运算结果等。当断电时，局部变量被清空，调用宏程序时，自变量对局部变量赋值 |
| ♯100～♯199 ♯500～♯999 | 公共变量 | 公共变量在不同的宏程序中的意义相同，当断电时，变量的数据保存，即使断电也不会丢失 |
| ♯10～♯9999 | 系统变量 | 系统变量用于读写 CNC 运行的各种数据等，如刀具当前位置和补偿值等 |

（2）变量的运算

运算符右边的表达式可包含常量或由函数或运算符组成的变量。表达式中的变量"♯j"和"♯k"可以用常数赋值；左边的变量也可以用表达式赋值。

常用函数运算式和常用算术运算符见表9.2和表9.3。

表 9.2　常用函数运算式

| 函数 | 格式 | 备注 |
|---|---|---|
| 赋值 | ♯i＝♯j | |
| 求和 | ♯i＝♯j＋♯k | |
| 求差 | ♯i＝♯j－♯k | |
| 乘积 | ♯i＝♯j＊♯k | |
| 求商 | ♯i＝♯j/♯k | |
| 正弦 | ♯i＝SIN［♯j］ | |
| 余弦 | ♯i＝COS［♯j］ | 角度用十进制表示 |
| 正切 | ♯i＝TAN［♯j］ | |
| 反正切 | ♯i＝ATAN［♯j］/［♯k］ | |
| 平方根 | ♯i＝SQRT［♯j］ | |
| 绝对值 | ♯i＝ABS［♯j］ | |
| 四舍五入 | ♯i＝ROUND［♯j］ | |
| 向下取整 | ♯i＝FIX［♯j］ | |
| 向上取整 | ♯i＝FUP［♯j］ | |
| 或 | ♯i＝♯j OR ♯k | 逻辑运算用二进制数 |
| 异或 | ♯i＝♯j XOR ♯k | 按位操作 |
| 与 | ♯i＝♯j | |
| 十-二进制转换 | ♯i＝BIN［♯j］ | 用于转换发送到 PMC 的信号或从 PMC |
| 二-十进制转换 | ♯i＝BCD［♯j］ | 接收信号 |

表 9.3　常用算术运算符

| EQ 等于（＝） | NE 不等于（≠） | GT 大于（＞） |
|---|---|---|
| GE 大于等于（≥） | LT 小于（＜） | LE 小于等于（≤） |
| AND（与） | OR（或） | NOT（非） |

⚠️ **注意：**

1）角度单位。函数正弦、余弦、正切、反正弦、反余弦和反正切的角度单位是度（°），如 90°30′表示为 90.5°。

2）运算符的优先级。运算符的优先级顺序依次为函数→乘和除运算（＊、/、AND、MOD）→加和减运算（＋、－、OR、XOR）。

3）括号嵌套。括号用于改变运算优先级。括号最多可以嵌套使用 5 级，包括函数内部使用的括号。

2. 功能语句

（1）无条件转移（GOTO）语句

使用 GOTO 可转移到有顺序号 n 的程序段。格式为 GOTOn，其中 n 表示程序段号。例如，GOTO1 表示转移到第一程序段；GOTO♯10 表示转移到变量♯10 决定的程序段。

（2）条件转移（IF）语句

在 IF 后指定一条件，当条件满足时，转移到顺序号为 n 的程序段，不满足则执行下一程序段。格式为 IF［表达式］GOTOn。

（3）循环（WHILE）语句

在 WHILE 后指定一条件表达式，当条件满足时，执行 DO 到 END 之间的程序（然后返回到 WHILE 重新判断条件），不满足则执行 END 后的下一程序段。

格式：

WHILE［条件式］DOm；

……

END m；

说明：m 是循环执行范围的识别号，只能是 1、2 和 3，否则系统报警。DO…END循环能够按需要使用多次，即循环嵌套。

## 9.1.4  编制宏程序的步骤

1）确定公式曲线自身坐标系原点对编程原点的偏移量（含正负号），该偏移量是相对于工件坐标系而言的。换句话说，就是非圆曲线的方程变换成在工件坐标系下的方程。

2）选定自变量。公式曲线中的 $X$ 和 $Z$ 坐标都可以被定义为自变量，一般选择变化范围大的一个作为自变量。实际加工中我们通常将 $Z$ 坐标选定为自变量。

3）确定自变量的起止点的坐标值。该坐标值是相对于公式曲线自身坐标系的坐标值。其中起点坐标值为自变量的初始值，终点坐标值为自变量的终止值。

4）进行函数变换，确定因变量相对于自变量的宏表达式。

5）自变量以步长 $\Delta U$ 变化，步长 $\Delta U$ 越小，得到的曲线的精度越高，但步数越多。

6）用直线来拟合曲线，即用 G01 指令走直线拟合曲线。

7）设定条件式判断曲线到达终点，构成循环。

宏程序的编制流程可以用图 9.1 来表述。

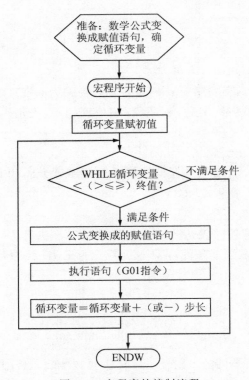

图 9.1 宏程序的编制流程

⚠️ **注意**：部分机床循环语句格式略有不同，流程也需要稍加改变。

## 9.1.5 宏程序编程的技术特点

宏程序编程的特点是将有规律的形状或尺寸用最短的程序表示出来，具有极好的易读性和易修改性，编写出的程序非常简洁，逻辑严密，通用性强，而机床执行此类程序时比使用 CAD/CAM 软件生成的程序更快捷，反应更迅速。

宏程序具有灵活性、通用性和智能性等特点，如对于规则曲面的编程来说，使用 CAD/CAM 软件编程具有工作量大、程序庞大、加工参数不易修改等缺点，而宏程序注重把机床功能参数与编程语言结合，灵活的参数设置也使机床具有最佳的工作性能，给操作者极大的自由空间。

从模块化加工角度看，宏程序具有模块化的思想和物质条件，编程人员只需把零件信息、加工参数等输入到相应的模块的调用语句中，使编程人员从繁琐的、大量重复性的编程工作中解脱出来。

另外宏程序基本包含了所有的加工信息，而且简明、直观，通过简单地存储和调用，就可以很方便地重现当时的加工状态，给周期性的生产带来了极大的便利。

宏程序编程可以减少数学运算过程的计算误差和提高处理能力，理想地逼近加工曲面、曲线，提高加工精度。

### 9.1.6 宏程序编程在实际生产中的意义

宏程序在实际生产中具有重要的现实意义。

1) 减少编程时间，使机床具有最佳的工作性能，可最大限度地提高效率以降低成本。机械零件绝大多数都是批量生产，在保证质量的前提下要求最大限度地提高效率以降低成本，一个零件可能仅仅节约了1s，但成百上千个同样零件合起来节约的时间就非常可观了。

2) 优化加工工艺。加工工艺的优化主要就是指程序的优化，这是一个反复调整、尝试的过程，要求操作者能够非常方便地调整程序中的各项加工参数。然而只要有一项参数发生变化，再智能的软件也要根据变化后的加工参数重新计算刀具轨迹，过程耗时、费力、繁琐。而宏程序在这方面就有较强的优越性，操作者无需触动程序本身，只需对各加工参数所对应的自变量赋值做个别调整就可以将程序调整到最优化的状态，这也体现了宏程序的一个突出的优点。

3) 用途广，可以进行有规律的数学运算。机械零件的形状主要是由凸台、凹槽、圆孔、斜平面、回转面组成的，很少包含不规则的复杂曲面。构成零件形状的几何因素有点、直线、圆弧和各种二次圆锥（椭圆、抛物线、双曲线）以及一些渐开线，所有这些都基于三角函数、解析几何，而数学上都可以用三角函数表达式及参数方程加以表达，因此宏程序可以发挥其最大的作用。

4) 解决生产中的一些复杂编程问题。机械零件还有一些特殊的应用，即使采用CAD/CAM软件也不一定能轻而易举的解决，如变螺距螺纹的加工和钻深可变深孔的加工等，而宏程序就可以发挥它的优势。

5) 改变编程者工艺指导思想，提高编程的工艺制定水平。在数控技能鉴定等级考试或数控技能大赛中，都不允许使用CAD/CAM软件编程，只能用手工编程，而在企业的实际工作中手工编程依然存在，尤其对宏程序的运用有明确的要求。

## 任务实施

### 9.1.7 宏程序使用实例

1) 在椭圆公式 $\dfrac{X^2}{16}+\dfrac{Z^2}{25}=1$ 中，$X$、$Z$ 都是变量，根据宏程序定义，变量可用 $\sharp$ 定义，用 $\sharp1$ 表示 $Z$，$\sharp2$ 表示 $X$，因此可采用替换法，用 $\sharp1$、$\sharp2$ 分别替换 $Z$、$X$，最终椭圆公式替换成 $\dfrac{\sharp2^2}{16}+\dfrac{\sharp1^2}{25}=1$。

2) 用 $\sharp1$ 来表达 $\sharp2$，$\dfrac{\sharp2^2}{16}=1-\dfrac{\sharp1^2}{25} \rightarrow \sharp2=\pm4\sqrt{1-\dfrac{\sharp2^2}{25}}$，写成宏程序格式为 $\sharp2= \pm4*\mathrm{SQRT}\,[1-\sharp1*\sharp1/25]$。

3) 把 $\sharp1$ 对应的值代入即可求出对应的 $\sharp2$ 值。结果见表9.4。

**表9.4 运算结果**

| #1 | 5 | 4 | 3 | 2 | 1 | 0 |
|---|---|---|---|---|---|---|
| #2 | 0 | ±2.4 | ±3.2 | $\pm\frac{4}{5}\sqrt{21}$ | $\pm\frac{8}{5}\sqrt{6}$ | ±4 |

## 知识拓展

已知椭圆公式 $\frac{X^2}{30}+\frac{Z^2}{50}=1$，如果用#3表示 $Z$，#4表示 $X$。

1）试用宏程序格式来描述此公式。

2）式中的常数有哪些？

3）通过公式变换，用#3来表达#4，并按宏程序格式书写此变换格式。

4）在零件的编程过程中，应将哪一个量视作变量，哪一个量视作自变量？

5）试想一下，如果该椭圆从 $Z=0$ 点开始加工，加工长度为35mm，那么在进行宏程序条件判定的语句上应该如何书写？

## 任务评价

填写认识宏程序评分表，见表9.5。

**表9.5 认识宏程序评分表**

| 项目 | 配分 | 考核标准 | 得分 |
|---|---|---|---|
| 宏程序概念的掌握 | 20 | 可以清晰明了地阐述宏程序的相关概念 | |
| 对于宏程序编程格式的掌握 | 60 | ① 变量的赋值和类型；<br>② 相关函数公式的掌握；<br>③ 常用算术运算符的掌握；<br>④ 判定语句的几种类型；<br>⑤ 判定语句的正确使用 | |
| 拟合处理的含义 | 10 | 能够掌握拟合处理的含义 | |
| 安全文明操作 | 10 | 违反安全文明操作规程的酌情扣5~10分 | |

# 任务 9.2 椭圆零件的宏程序编程与加工

## 知识目标 ☞

1. 熟记椭圆的公式。
2. 掌握椭圆公式的转换形式。
3. 掌握编程中变量的选择方法。
4. 正确地运用判定语句。
5. 注意程序编制中程序的完整性。

## 能力目标 ☞

1. 能够正确地熟记椭圆的公式。
2. 能够正确地运用宏程序编写椭圆加工程序。
3. 能够利用宏程序编制椭圆走刀路线。
4. 能够运用机床加工出正确的椭圆零件。

### ▍工作任务

在数控车床上加工非圆曲线的零件是企业生产及数控大赛经常涉及的,非圆曲线包括椭圆、双曲线、抛物线和正弦曲线等。编程加工时可采用"四心法"和"直线逼近法"。采用四心法时计算编程简单,但椭圆的加工精度低。当要求加工精度高,编程相对简单,程序量精简时,可以采用直线逼近法。直线逼近法加工椭圆时只要步距足够小,就能加工出标准的椭圆。目前数控系统还没有提供完善的非圆曲线插补功能,编程时要采用数控系统自带的另一种编程方法——宏程序编程。

如图 9.2 所示的椭圆零件编制加工程序并完成加工(毛坯尺寸为 φ50mm×102mm,材料为 45 钢)。

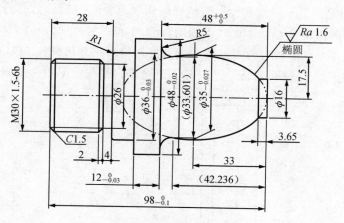

图 9.2 椭圆零件

相关知识

### 9.2.1 椭圆方程分析

椭圆的解析方程：

$$\frac{x^2}{a^2} + \frac{y^2}{b^2} = 1 \tag{9.1}$$

椭圆的参数方程：

$$\begin{cases} x = \partial\cos(t) \\ y = \partial\sin(t) \end{cases} \tag{9.2}$$

由于数控车床的横坐标轴为 $Z$ 轴，竖坐标轴为 $X$ 轴，数控编程时对于椭圆方程中的参数要有所变动。

椭圆的解析方程：

$$\frac{z^2}{a^2} + \frac{x^2}{b^2} = 1 \tag{9.3}$$

椭圆的参数方程：

$$\begin{cases} z = a\cos(t) \\ x = b\sin(t) \end{cases} \tag{9.4}$$

根据椭圆的解析方程，我们可以得到如下关系式（以 $z$ 作为自变量）：

$$x = \frac{b}{a}\sqrt{a^2 - z^2} \tag{9.5}$$

### 9.2.2 椭圆零件编程加工实例一

如图 9.3 所示零件（毛坯尺寸为 $\phi65\text{mm}$，材料为 45 钢），该零件编程时以椭圆右端中心点 $O$ 作为编程原点，由于加工的椭圆极角 $\theta$ 为 $90°$，所以可以采用将椭圆极角设为自变量，当椭圆极角从 $O$ 点（$0°$）逐渐增加到 $A$ 点（$90°$）时，根据椭圆参数方程求得椭圆 $OA$ 段上每个点所对应的短轴值和长轴值，然后再算出椭圆 $OA$ 段上每个点在工件坐标系中所对应的 $X$ 值和 $Z$ 值，从而加工出椭圆。编程中采用条件转移（IF）语句。

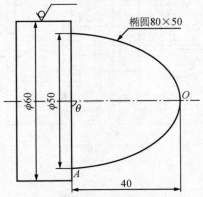

图 9.3 椭圆零件编程加工实例一

根据椭圆的参数方程（其中，$X$ 表示椭圆长轴值；$Y$ 表示椭圆短轴值；$\theta$ 表示椭圆极角），其加工程序如下：

```
O0001;
G97 G99;
T0101;
M03 S1000;
G00 X65 Z5;
#1=0;                    //将椭圆极角设为自变量，赋值为0°
N10 #2=25*SIN[#1];       //参数方程中椭圆短轴值
#3=40*COS[#1];           //参数方程中椭圆长轴值
#4=#2*2;
//椭圆OA段上各点在工件坐标系中X坐标值，*2为直径值
#5=#3-40;
//椭圆OA段上各点在工件坐标系中Z坐标值，#3-40=-（40-#3）
G01 X#4 Z#5 F0.1;        //直线拟合加工
#1=#1+0.1;               //自变量椭圆极角每次增量为0.1°
IF[#1LE90] GOTO10;
//如果#1小于且等于90°，则返回N10程序段，不满足则执行下一程序段
X65;
G00 X100 Z100;
M05;
M30;
```

### 9.2.3　椭圆零件编程加工实例二

如图 9.4 所示零件（毛坯尺寸为 $\phi60\text{mm}$，材料为 45 钢），该零件编程时以其右端中心点 $O$ 作为编程原点，如果采用椭圆极角编程，则要计算出 $B$ 点处的椭圆极角，比较繁琐。从零件图样给出的尺寸可知 $A$ 点对应的椭圆短轴值为 7mm，$B$ 点对应的椭圆短轴值为 $(60-56)/2=2(\text{mm})$，因此可以将椭圆短轴值设为自变量，数值由 $A$ 点的 7mm 逐渐减少到 $B$ 点的 2mm，然后根据椭圆标准方程，求得所对应的长轴变化值，最后再算出椭圆 $AB$ 段每个点在工件坐标系中对应的 $X$ 值和 $Z$ 值，从而加工出该零件的椭圆部分。编程中采用 WHILE 语句。

由该椭圆的标准方程（其中，$X$ 表示椭圆长轴值；$Y$ 表示椭圆短轴值），其加工程序如下：

```
O0002;
G97 G99;
T0101;
M03 S1000;
G00 X65 Z5;
X46;
```

```
G01 Z－5 F0.1;
 ♯1＝7;                                              //将椭圆短轴设为自变量, 赋值 7mm
WHILE［♯1GE2］DO1;
//♯1 如满足大于且等于 2, 则执行 DO 到 END 之间的程序, 否则转到 END 后的下一程序段
 ♯2＝10/7＊SQRT［49－♯1＊♯1］;                        //由椭圆的标准方程推算出椭圆长轴值
 ♯3＝［30－♯1］＊2;
//椭圆 AB 段上各点在坐标系中 X 坐标值, ＊2 为直径值
 ♯4＝－［♯2＋5］;                                      //椭圆 AB 段上各点在工件坐标系中 Z 坐标值
G01 X♯3 Z♯4 F0.1;                                   //加工椭圆
 ♯1＝ ♯1－0.1;                                       //自变量椭圆短轴每次减量为 0.1mm
END1;                                               //循环结束 Z－26
X100;
G00 Z100;
M05;
M30;
```

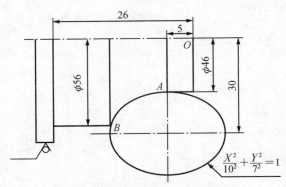

图 9.4  椭圆零件编程加工实例二

---

**提示**

　　非圆曲线中的椭圆在如今的机械零件中已大量出现, 所以对于椭圆零件的编程和加工是必须要掌握的内容。本任务中着重介绍了椭圆的公式和转换以及几种椭圆的编程方法。在上述两个实例的编程中都使用了宏程序, 但是选择了两个不同的参数作为自变量, 第一个以椭圆极角作为自变量, 第二个以椭圆短轴值作为自变量, 这主要由椭圆在工件坐标系中的位置及图样中给出的尺寸而定。通过两个实例可以看出, 编写加工椭圆的宏程序首先要选择正确的参数作为自变量, 然后依据自变量和椭圆方程求得椭圆上每个点所对应的短轴值和长轴值, 再计算出椭圆上每个点在工件坐标系中的 X 值和 Z 值, 最终加工出椭圆。以上只是零件的精加工程序, 粗加工时由于机床操作系统零件的加工性质等因素, 我们可以采用更加灵活的方式, 如把精加工程序加入到 G73 指令中, 或单独编写粗加工的宏程序, 还可修改刀具中的磨耗值等不同方法来满足粗加工的要求。

## 任务实施

### 9.2.4　椭圆零件的宏程序编程与加工过程

1．图形分析

如图 9.2 所示为一椭圆零件，其中椭圆 $a$ 轴为 17.5mm，$b$ 轴为 33mm。

2．加工工艺制定

加工工艺流程见表 9.6。

**表 9.6　零件加工工艺流程**

| 序号 | 加工内容 |
|---|---|
| 1 | 毛坯准备：$\phi$50mm×102mm　45 圆钢毛坯料 |
| 2 | 三爪自定心卡盘正确加持工件长度约为 55mm |
| 3 | 平端面、对刀，并且对刀验证 |
| 4 | 粗精加工零件左端外圆部分至 $Z-50$ 处 |
| 5 | 车槽刀切出三角螺纹退刀槽 |
| 6 | 加工 M30×1.5 外三角螺纹 |
| 7 | 调头装夹，装夹 $\phi$36mm 外圆处并控制零件总长 |
| 8 | 粗、精加工零件右端外圆部分 |
| 9 | 加工结束，零件检测 |

3．编制数控程序

9.2.2 节和 9.2.3 节的加工应例都是编制椭圆的单独加工程序，在实际的加工过程中这样显然不合适，所以要把外圆的粗加工和精加工用循环指令一起编制出来，这才符合正常的加工。

参考程序：

```
O0003;
G97 G99;
T0101 F0.2 M03 S600;
G0 X50 Z2;                    //刀具定位
G73 U17 R9;
G73 P10 Q20 R1;              //G73 参数赋值
N10 G0 X16;                  //X 向定位
    G1 Z0;                   //Z 向定位
      Z-3.65;                //Z 向走刀
      #1=-3.65;              //定义变量，Z 为变量
N15 #1=#1-0.2;               //变量移动
```

```
    #2 = #1 + 33;                                  //坐标系偏移
    #3 = 17.5 * SQRT（（#2 * #2）/ (33 * 33));     //根据公式算出 X 坐标值
    #4 = 2 * #3;                                    //X 直径值
G1 X #4  Z #1;                                      //椭圆走刀
IF（#1 GT - 42.263）GOTO15;                         //跳转条件判定
G1 Z - 48 R5;
    X48;
N20 G0 X50;
M3 S1200 T0101 F0.1;
G0 X50 Z2;
G70 P10 Q20;                                        //外圆精加工
G0 X100;
    Z100;
M5;
M30;
```

### 4. 加工

程序输入机床并模拟加工无误后，按循环启动键加工零件，并在加工完毕后对零件进行检测。

## 任务评价

填写椭圆零件加工任务评分表，见表9.7。

**表 9.7　椭圆零件加工任务评分表**

| 序号 | 考核内容及要求 | | 评分标准 | 配分 | 检测结果 | 扣分 | 得分 | 备注 |
|---|---|---|---|---|---|---|---|---|
| 1 | $\phi36_{-0.03}^{0}$ mm | IT | 超差 0.01mm 扣 1 分 | 5 | | | | |
| | | $Ra1.6\mu m$ | 降级不得分 | 5 | | | | |
| 2 | $R5$mm | IT | 样板对比不合格 0 分 | 3 | | | | |
| | | $Ra1.6\mu m$ | 降级不得分 | 2 | | | | |
| 3 | $\phi48_{-0.02}^{0}$ mm | IT | 样板对比不合格 0 分 | 3 | | | | |
| | | $Ra1.6\mu m$ | 降级不得分 | 2 | | | | |
| 4 | M30×1.5 | IT | 螺纹规检验合格 | 5 | | | | |
| | | $Ra3.2\mu m$ | 降级不得分 | 5 | | | | |
| 5 | 椭圆 | IT | 样板对比不合格 0 分 | 15 | | | | |
| | | $Ra1.6\mu m$ | 降级不得分 | 5 | | | | |
| 6 | 刀具选择 | | 选错一把扣 5 分 | 10 | | | | |
| 7 | 工艺制定 | | 一处不合理扣 5 分 | 10 | | | | |
| 8 | 程序编写 | | 错一处扣 5 分 | 30 | | | | |

## 巩固训练

编制如图 9.5 所示零件的加工程序并完成加工。零件考核评分表见表 9.8（毛坯尺寸为 $\phi 50\text{mm} \times 70\text{mm}$，材料为 45 钢）。

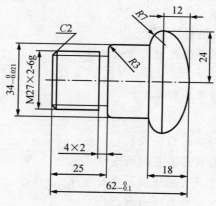

图 9.5　椭圆编程加工

**表 9.8　零件考核评分表**

| 序号 | 考核内容及要求 | | 评分标准 | 配分 | 检测结果 | 扣分 | 得分 | 备注 |
|---|---|---|---|---|---|---|---|---|
| 1 | $\phi 34_{-0.021}^{0}$ mm | IT | 超差 0.01 扣 1 分 | 5 | | | | |
| | | $Ra1.6\mu m$ | 降级不得分 | 5 | | | | |
| 2 | $R3$mm | IT | 样板对比不合格 0 分 | 3 | | | | |
| | | $Ra1.6\mu m$ | 降级不得分 | 2 | | | | |
| 3 | $R7$mm | IT | 样板对比不合格 0 分 | 3 | | | | |
| | | $Ra1.6\mu m$ | 降级不得分 | 2 | | | | |
| 4 | M26×2-6g | IT | 螺纹规检验合格 | 5 | | | | |
| | | $Ra3.2\mu m$ | 降级不得分 | 5 | | | | |
| 5 | 椭圆 | IT | 样板对比不合格 0 分 | 15 | | | | |
| | | $Ra1.6\mu m$ | 降级不得分 | 5 | | | | |
| 6 | 刀具选择 | | 选错一把扣 5 分 | 10 | | | | |
| 7 | 工艺制定 | | 一处不合理扣 5 分 | 10 | | | | |
| 8 | 程序编写 | | 错一处扣 5 分 | 30 | | | | |

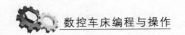 

# 任务 9.3 抛物线零件的宏程序编程及加工

**知识目标** ☞

1. 熟记抛物线的公式。
2. 掌握抛物线公式的转换形式。
3. 掌握如何确定程序编制中变量的选择。
4. 正确运用判定语句。
5. 程序编制中保持程序的完整性。

**能力目标** ☞

1. 能够正确熟记抛物线的公式。
2. 能够正确运用宏程序编写抛物线程序。
3. 了解使用宏程序编制抛物线走刀的路线。
4. 能够运用机床加工出正确的抛物线零件。

**工作任务**

如图 9.6 所示零件编制加工程序并完成加工（毛坯尺寸为 $\phi60\text{mm}\times100\text{mm}$，材料为 45 钢）。

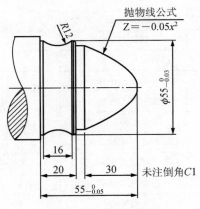

图 9.6 抛物线零件

## 相关知识

### 9.3.1 抛物线方程分析

1）抛物线定义：平面内与一个定点 $F$ 和一条直线 $L$ 的距离相等的点的轨迹称为抛物线，点 $F$ 称为抛物线的焦点，直线 $L$ 称为抛物线的准线，定点 $F$ 不在定直线 $L$ 上。它与椭圆、双曲线的第二定义相仿，仅比值（离心率 $e$）不同，当 $e=1$ 时为抛物线，当 $0<e<1$ 时为椭圆，当 $e>1$ 时为双曲线。

2）抛物线的标准方程有 4 种形式，见表 9.9。参数 $P$ 的几何意义是焦点到准线的距离。

表 9.9　抛物线的标准方程

| 标准方程 | $y^2=2px$ （$p>0$） | $y^2=-2px$ （$p>0$） | $x^2=2py$ （$p>0$） | $x^2=-2py$ （$p>0$） |
|---|---|---|---|---|
| 图形 | | | | |
| 范围 | $x\geq0$，$y\in R$ | $x\leq0$，$y\in R$ | $y\geq0$，$x\in R$ | $y\leq0$，$x\in R$ |
| 对称轴 | $x$ 轴 | | $y$ 轴 | |
| 顶点坐标 | 原点 $O(0,0)$ | | | |
| 焦点坐标 | $\left(\dfrac{p}{2},0\right)$ | $\left(-\dfrac{p}{2},0\right)$ | $\left(0,\dfrac{p}{2}\right)$ | $\left(0,-\dfrac{p}{2}\right)$ |
| 准线方程 | $x=-\dfrac{p}{2}$ | $x=\dfrac{p}{2}$ | $y=-\dfrac{p}{2}$ | $y=\dfrac{p}{2}$ |
| 离心率 | $e=1$ | | | |
| 焦半径 | $\|PF\|=x_0+\dfrac{p}{2}$ | $\|PF\|=-x_0+\dfrac{p}{2}$ | $\|PF\|=y_0+\dfrac{p}{2}$ | $\|PF\|=-y_0+\dfrac{p}{2}$ |

注：$(x_0，y_0)$ 为抛物线上任一点。

3) 对于抛物线 $y^2=2px(p\neq0)$ 上的点的坐标可设为 $\left(\dfrac{y_0^2}{2p}，y_0\right)$，以简化运算。

4) 抛物线的焦点弦：设过抛物线 $y^2=2px$ （$p>0$） 的焦点 $F$ 的直线与抛物线交于 $A$ （$x_1$，$y_1$）、$B$ （$x_2$，$y_2$），直线 $OA$ 与 $OB$ 的斜率分别为 $k_1$、$k_2$，直线 $L$ 的倾斜角为 $\partial$，则有 $y_1y_2=-p^2$，$x_1x_2=\dfrac{p^2}{4}$，$k_1k_2=-4$，$|OA|=\dfrac{P}{1-\cos\partial}$，$|OB|=\dfrac{P}{1+\cos\partial}$，$|AB|=\dfrac{2P}{\sin^2\partial}$，$|AB|=x_1+x_2+p$。

说明：

① 求抛物线方程时，若由已知条件可知曲线是抛物线，一般用待定系数法；若由已知条件可知曲线动点的规律，一般用轨迹法。

② 凡涉及抛物线的弦长、弦的中点、弦的斜率问题时，要注意利用韦达定理，能避免求交点坐标的复杂运算。

③ 解决焦点弦问题时，抛物线的定义有广泛的应用，而且还应注意焦点弦的几何性质。

5) 抛物线方程的转换。根据上述的说明可知，抛物线的一般方程是（在数控车床中，方程中的 $y$ 就是车床编程时的 $z$）：

$$x^2=\pm2pz \quad （\text{或 } z^2=\pm2px） \tag{9.6}$$

可转换为

$$z=\pm x^2/2p \quad （\text{或 } x=\pm z^2/2p） \tag{9.7}$$

### 9.3.2 抛物线零件加工宏程序结构流程图

抛物线零件加工宏程序结构流程图可结合任务 9.1 宏程序的编制流程图，演化结果如图 9.7 所示。

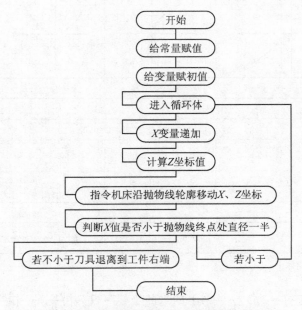

图 9.7 抛物线零件加工宏程序结构流程图

### 9.3.3 抛物线零件编程加工实例

为如图 9.8 所示抛物线零件编制加工程序并完成加工（毛坯尺寸为 $\phi 75\text{mm} \times 95\text{mm}$，材料为 45 钢）。

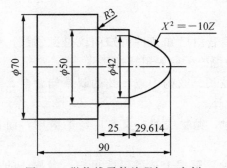

图 9.8 抛物线零件编程加工实例

参考程序：

```
O0272;
M03 S800;
```

```
G98 T0101;
G00 X90 Z100;
N10 #24 = 0;                                  //抛物线顶点处 X 值
    #26 = 0;                                  //抛物线顶点处 Z 值
    #17 = −10;                                //常量
    #22 = 42;                                 //抛物线开口处直径
    #6 = 1;                                   //每次步进量
    #9 = 0.1;                                 //进给量
G00 X#24 Z [#26 + 5];                         //加工起点
G01 Z#26 F [2 * #9];
N30 #24 = #24 + #6;                           //X 向递增
    #26 = [#24 * #24] / [#17];                //构造
G01 X2 * #24 Z#26 F#9;
N60 IF [#24 LT #22/2] GOTO 30;                //如果 X 值小于开口处直径一半，跳转到 N30 程序段
G01 X#22 Z#26 F [3 * #9];
M05;
M30;
```

> **⚙ 提示**
>
> 　　抛物线和双曲线是非圆曲线中比较常见的曲线类型，在程序的编制过程中，必须要注意方程式之间的转换，并且能够在编程中正确的找到合适的变量，这样才可以编制出合理的且不繁琐的程序。在加工中，因为非圆曲线的走刀方式是运用拟合处理的形式进行走刀的，所以编程中变量变动的数值不宜过大，否则会直接影响到曲面的加工精度、表面粗糙度和外观的光滑性。

## 任务实施

### 9.3.4　抛物线零件的宏程序编程与加工过程

1. 图形分析

如图 9.6 所示为一抛物线轴零件，其中抛物线方程为 $Z = −0.05X^2$。抛物线位于零件的前端，并且不知道此抛物线的开口直径，所以根据公式转换，将 $Z$ 作为变量尺寸：$Z = −0.05X^2 \rightarrow X = \sqrt{[−Z/0.05]}$。

2. 编制数控程序

参考程序：

```
O1234;
M3 S700 T0101 F0.2;
G0 X60 Z1;                                    //刀具定位
```

```
G73 U30 R15;                                //循环参数
G73 P10 Q20 U1;
N10 G0 X0;
G1 Z0;
    #1＝0;                                   //变量设定
N15    #1＝#1－0.5;                           //变量变化
       #2＝SQRT［－#1/0.05］;                  //根据公式求出自变量的数值
       #3＝2＊#2;                             //直径尺寸
G1 X#3  Z#1;
IF［#1GT－30］GOTO15;                          //条件判定
G1 Z－35;
   X55，C1;
   W－2;
G2 W－16 R12;
G1 W－2;
G0 X60;
M3 S1200 F0.1;                              //精加工
G0 X60 Z1;
G70 P10 Q20;
G0 X100;
   Z100;
M30;                                        //程序结束
```

3. 数控加工

程序输入机床并模拟加工无误后，按循环启动键加工零件，并在加工完毕后对零件进行检测。

## 任务评价

填写抛物线零件加工评分表，见表9.10。

表 9.10　抛物线零件加工评分表

| 序号 | 考核内容及要求 | | 评分标准 | 配分 | 检测结果 | 扣分 | 得分 | 备注 |
|---|---|---|---|---|---|---|---|---|
| 1 | $\phi 55_{-0.03}^{0}$mm | IT | 超差0.01mm扣1分 | 5 | | | | |
| | | $Ra1.6\mu m$ | 降级不得分 | 5 | | | | |
| 2 | $R12$mm | IT | 样板对比不合格0分 | 3 | | | | |
| | | $Ra1.6\mu m$ | 降级不得分 | 2 | | | | |
| 3 | 倒角 | IT | 不合格不得分 | 3 | | | | |
| | | $Ra1.6\mu m$ | 降级不得分 | 2 | | | | |

续表

| 序号 | 考核内容及要求 | | 评分标准 | 配分 | 检测结果 | 扣分 | 得分 | 备注 |
|---|---|---|---|---|---|---|---|---|
| 4 | $L20\text{mm}$ | | 超差 0.2mm 扣 1 分 | 5 | | | | |
| | $L55\text{mm}$ | | 超差 0.2mm 扣 1 分 | 5 | | | | |
| 5 | 抛物线 | IT | 样板对比不合格 0 分 | 15 | | | | |
| | | $Ra1.6\mu\text{m}$ | 降级不得分 | 5 | | | | |
| 6 | 刀具选择 | | 选错一把扣 5 分 | 10 | | | | |
| 7 | 工艺制定 | | 一处不合理扣 5 分 | 10 | | | | |
| 8 | 程序编写 | | 错一处扣 5 分 | 30 | | | | |

## 知识拓展

### 9.3.5  双曲线过渡类零件的宏程序编制

**1. 焦点在 $X$ 轴上的双曲线**

焦点在 $X$ 轴上的双曲线如图 9.9 所示。

标准方程为

$$\frac{x^2}{a^2} - \frac{y^2}{b^2} = 1 \ (a > 0,\ b < 0) \qquad (9.8)$$

参数方程为

$$\begin{cases} X = a/\cos\alpha \\ Y = b\tan\alpha \end{cases} \qquad (9.9)$$

**2. 焦点在 $Y$ 轴上的双曲线**

焦点在 $Y$ 轴上的双曲线如图 9.10 所示。

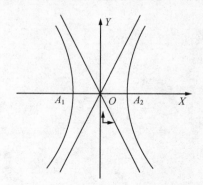
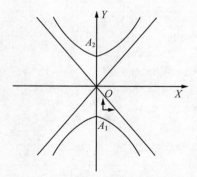

图 9.9  焦点在 $X$ 轴上的双曲线 　　　　 图 9.10  焦点在 $Y$ 轴上的双曲线

标准方程为

$$\frac{x^2}{a^2} - \frac{y^2}{b^2} = 1 \ (a > 0,\ b < 0)$$

参数方程为

$$\begin{cases} X = b/\tan\alpha \\ Y = a\sin\alpha \end{cases} \quad\quad (9.10)$$

## 3. 焦点在 $X$ 轴上的双曲线宏程序编程

编制如图 9.11 所示零件的加工程序（毛坯尺寸为 $\phi60\text{mm}\times60\text{mm}$，材料为 45 钢）。

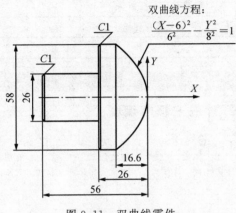

图 9.11　双曲线零件

参考程序：

```
O0045；
T0101；
G98；
M03 S500；
G00 X60 Z0；
G01 X0；
#100 = 0；
N15 #101 = 4/3 * SQRT [ [#100 - 6] * [#100 - 6] - 36]；
G01 X2 * #101 Z#100；
#100 = #100 - 1；
IF [#100 GT - 16.594] GOTO 15；
G01 X58 Z - 16.594；
X60；
G00 Z0；
G00 X100；
Z100；
M05；
M30；
```

**═项目小结═**

在数控加工技术中手工编程是基础，能使用手工编程的地方尽量不使用自动编程，特别是宏程序具有灵活性、通用性和智能性等特点，编制宏程序的过程可以直接体现编程者的工艺指导思想，衡量编程的工艺制定水平。当加工一些具有特别规律的外形、曲面，如椭圆、抛物线、双曲线等，都可以使用宏程序进行编程加工，可大大减少编程工作量。本项目主要基于几种典型非圆二次曲线零件的加工作为任务，力求使学生最大限度地掌握数控宏程序编程的概念、技术特点及宏程序在生产实际中的意义。同时，通过典型任务的学习，全面了解这类零件从工艺制定、编程到加工的全过程。

**═复习与思考═**

**1. 简答题**

（1）在加工非圆曲线时，一般都运用宏程序进行编程，那么在机床进行拟合处理时如何来保证零件曲面的加工精度？

（2）在宏程序中运用算术比较符时，大于、等于、大于等于有什么区别？

**2. 综合题**

（1）如图 9.12 所示椭圆零件，试编制其程序并且进行加工（毛坯尺寸为 $\phi60\text{mm}\times82\text{mm}$，材料为 45 钢）。

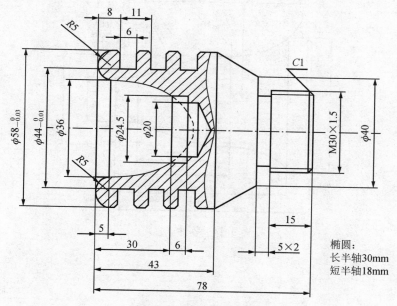

图 9.12 椭圆编程加工

（2）编制如图 9.13 所示零件的加工程序并进行加工。

（3）编制如图 9.14 所示零件的加工程序并进行加工。

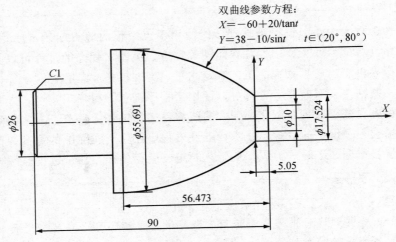

双曲线参数方程:
$X = -60 + 20/\tan t$
$Y = 38 - 10/\sin t$   $t \in (20°, 80°)$

图 9.13   零件（一）

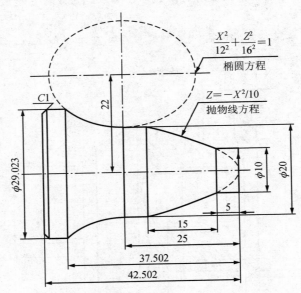

$$\frac{X^2}{12^2} + \frac{Z^2}{16^2} = 1$$
椭圆方程

$Z = -X^2/10$
抛物线方程

图 9.14   零件（二）

# 项目 10
## 典型综合零件的编程与加工

**项目教学目标**

【知识目标】

1. 掌握典型零件加工工艺的制定原则。
2. 掌握切削用量三要素的选择。

【能力目标】

1. 会根据零件图样选择合适的刀具，并能制定加工工艺规程。
2. 能对零件的加工尺寸精度进行控制。
3. 会分析零件产生加工误差的原因，并能及时处理。

通过前面的学习，我们已经了解了回转类零件在数控车床上各部分的单独加工。通过对外圆阶台、车槽、外三角螺纹、内孔阶台等部分的学习，已有了一定的基础。但是，零件的加工不可能只是单部分内容的加工，那么，如果在同一零件上包括了以前所学习的所有内容，那么又应如何来处理呢？本项目就来介绍这样的零件加工，即综合零件的编程与加工。且在编程与加工上，仍要对零件的程序进行相关的优化，对零件的加工进行相关的改进，从加工的速度和加工的质量上都要有更大的进步。在保质、保量的完成相关的任务后，要及时进行总结，找出不足之处，及时进行更改。

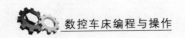

# 任务 10.1 中级工综合零件加工一

## 知识目标 ☞

1. 能够正确地读图、认图和识图。
2. 正确运用指令编制零件内部加工程序。
3. 能够通过数控车床操作面板输入、编辑、修改程序，以及调用、校验程序。

## 能力目标 ☞

1. 能够制定零件的数控加工工艺文件。
2. 能根据工艺要求合理选用各类刀具及切削参数。
3. 手工编制数控加工程序。
4. 能熟练操作数控车床对零件进行数控加工和检验。
5. 在零件加工过程中能进行正确检测，分析其产生加工误差的原因，并能及时处理。

## ⌐ 工作任务

完成如图 10.1 所示综合零件的编程及加工（毛坯尺寸为 $\phi40\text{mm}\times83\text{mm}$，材料为 45 钢）。

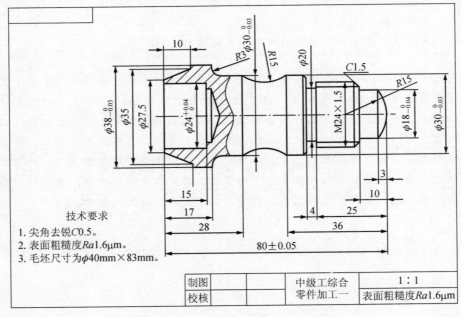

技术要求

1. 尖角去锐 C0.5。
2. 表面粗糙度 Ra1.6μm。
3. 毛坯尺寸为 $\phi40\text{mm}\times83\text{mm}$。

| 制图 | | 中级工综合 | 1:1 |
|---|---|---|---|
| 校核 | | 零件加工一 | 表面粗糙度 Ra1.6μm |

图 10.1 综合零件（一）

## 任务实施

1. 零件结构工艺性分析

（1）图样分析

如图 10.1 所示零件的几何要素主要包括外圆柱面、圆弧面、螺纹、车槽、内孔等内容。

（2）加工难点分析

1）工件的装夹和加工顺序的安排。

2）基点坐标的分析处理。

2. 制定工艺方案

（1）装夹与定位

该零件为轴类零件，其轴心线为工艺基准，用三爪自定心卡盘夹持外圆左端，一次装夹完成粗、精加工。

（2）确定工件坐标系、对刀点和换刀点

1）根据零件图样的尺寸标注特点及基准统一的原则，选择零件右端面与轴心线的交点作为工件原点，建立工件坐标系。

2）采用手动试切对刀法把该点作为对刀点。

3）换刀点设置在工件坐标系下（X100，Z100）处。

**课堂互动**

1）该图样在进行编程时，用到的循环指令是 G71 还是 G73？为什么？

2）如何来保证零件的加工精度？

（3）制作数控加工刀具卡

根据图样选择合适的加工刀具，制作数控加工刀具卡，见表 10.1。

表 10.1 数控加工刀具卡

| 序号 | 刀具名称 | 刀位号 | 刀补号 | 刀具说明 | $n/$（r/min） | $a_p$/mm | $f$/（mm/r） |
|---|---|---|---|---|---|---|---|
| 1 | 外圆粗车刀 | 01 | 01 | 后角 55° | 600 | 2 | 0.25 |
| 2 | 外圆精车刀 | 02 | 02 | 后角 55° | 1300 | 1 | 0.1 |
| 3 | 切断刀 | 03 | 03 | 刀宽 4mm | 400 | — | 0.1 |
| 4 | 外螺纹刀 | 04 | 04 | 刀尖 60° | 600 | — | — |
| 5 | 内孔粗镗刀 | 05 | 05 | 95°镗刀 | 400 | 1.5 | 0.15 |
| 6 | 内孔精镗刀 | 06 | 06 | 95°镗刀 | 800 | 0.8 | 0.1 |

**课堂互动**

1）刀具在安装时的顺序是什么？为什么要这样制定刀具的安装顺序？

2）如何提高零件的加工效率？

（4）制作数控加工工艺卡

根据图样制定合理的加工工艺，并制作数控加工工艺卡，见表 10.2。

表 10.2　数控加工工艺卡

| 工步号 | 工步内容 | 刀具 | $n/$（r/min） | $f/$（mm/r） | $a_p/$mm |
|---|---|---|---|---|---|
| 1 | 粗、精加工件左端外轮廓 | 外圆偏刀 | 500 | 0.25 | 2 |
| | | | 1000 | 0.1 | 1 |
| 2 | 加工工件左端螺纹退刀槽 | 车槽刀 | 450 | 0.1 | — |
| 3 | 加工工件左端外三角螺纹 | 外螺纹刀 | 600 | — | — |
| 4 | 工件调头装夹，控制零件总长 | | — | — | — |
| 5 | 粗、精加工件右端内孔部分 | 镗孔刀 | 500 | 0.2 | 2 |
| | | | 1000 | 0.1 | 1 |
| 6 | 粗、精加工件右端外圆部分 | 外圆偏刀 | 500 | 0.25 | 2 |
| | | | 1000 | 0.1 | 1 |
| 7 | 工件拆下，零件检测 | — | — | — | — |

3．机床准备

（1）引导操作

1）开机前的检查：

① 检查电源、电压是否正常，润滑油油量是否充足。

② 检查机床可动部位是否松动。

③ 检查材料、工件、量具等物品放置是否合理，是否符合要求。

2）开机后的检查：

① 检查电动机、机械部分、冷却风扇是否正常。

② 检查各指示灯是否正常显示。

③ 检查润滑、冷却系统是否正常。

3）机床起动（需要回参考点的机床先进行回参考点操作）。

4）工件装夹及找正（注意工件装夹牢固可靠）。

5）对刀操作（以工件右端面中心为工件原点建立工件坐标系）。

4．编制数控程序

参考程序见表 10.3。

表 10.3　参考程序

| 程序内容 | 程序说明 |
|---|---|
| O0001; | 程序名 |

续表

| 程序内容 | 程序说明 |
|---|---|
| M3 S500 T0101 F0.25; | 给定转速、刀具刀补号、进给量 |
| G0 X40 Z1; | 外圆固定轮廓粗加工循环 |
| G73 U20 R10; | 相关参数 |
| G73 P10 Q20 U1; | |
| N10 G0 X0; | X 向定位 |
| G1 Z0; | Z 向定位 |
| G3 X18 Z−3 R15; | 凸圆弧加工 |
| G1 X23.85, C1.5; | 倒角 |
| Z−29; | Z 向走刀 |
| X30, C1; | 倒角 |
| Z−60; | Z 向走刀 |
| G2 X38 W−3 R3; | 凹圆弧加工 |
| G1 Z−85; | Z 向走刀 |
| N20 G0 X40; | 刀具退回毛坯位置 |
| M3 S1000 T0202 F0.1; | 精加工给定转速、刀具刀补号、进给量 |
| G0 X40 Z1; | 定位到毛坯位置 |
| G70 P10 Q20; | 外圆精加工循环 |
| G0 X100 Z100; | 退刀 |
| M00; | 程序暂停，检查尺寸 |
| M3 S400 T0202 F0.1; | 给定转速、刀具刀补号、进给量 |
| G0 X31; | X 向定位 |
| Z−29; | Z 向定位 |
| G1 X20; | 车槽 |
| G0 X100; | G00 X 向退刀 |
| Z100; | G00 Z 向退刀 |
| M00; | 程序暂停，检查尺寸 |
| M3 S600 T0303; | 给定转速、刀具刀补号 |
| G0 X24 Z−7; | X 、Z 向定位 |
| G76P020060 Q100 R0.05; | 螺纹复合循环 |
| G76 X22.05 Z−26 Q200 P650 F1.5; | 参数填写 |
| G0 X100 Z100; | 退刀 |
| M30; | 程序结束 |
| | 调头装夹，控制总长 |
| O0002; | 程序名 |

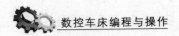
续表

| 程序内容 | 程序说明 |
|---|---|
| M3 S400 T0404 F0.15; | 给定转速、刀具刀补号、进给量 |
| G0 X23 Z1; | X、Z 向定位 |
| G1 Z—15; | Z 向走刀 |
| X22; | X 向退刀 |
| G0 Z1; | Z 向退刀 |
| X24; | X 向进刀 |
| M3 S800 T0505 F0.1; | 给定转速、刀具刀补号、进给量 |
| G1 Z—15; | Z 向走刀 |
| X23; | X 向退刀 |
| G0 Z100; | G00 X 向退刀 |
| X100; | G00 Z 向退刀 |
| M00; | 程序结束并返回程序起点 |
| M3 S500 T0101 F0.25; | 给定转速、刀具刀补号、进给量 |
| G0 X40 Z1; | 定位到毛坯位置 |
| G71 U2 R1; | 外圆轮廓粗加工循环 |
| G71 P10 Q20 U1; | 相关参数 |
| N10 G0 X27.5; | X 向定位 |
| G1 Z0; | Z 向定位 |
| X35 Z—10; | 锥度走刀 |
| X38; | X 向移动 |
| Z—18; | Z 向走刀 |
| N20 G0 X40; | Z 向刀具退回毛坯位置 |
| M3 S1000 T0202 F0.1; | 精加工给定转速、刀具刀补号、进给量 |
| G0 X40 Z1; | 定位到毛坯位置 |
| G70 P10 Q20; | 外圆精加工循环 |
| G0 X100; | G00 X 向退刀 |
| Z100; | G00 Z 向退刀 |
| M30; | 程序结束 |

**课堂互动**

1) 如果在加工时选用不同的切削三要素，那么会给加工的结果都带来怎样的影响？

2) 如果该零件是批量加工，那么可以采用什么样的方法来提高生产效率？

3) 如果在加工过程中刀片磨损不能用了，应怎样进行相关的处理？

5. 零件加工

程序输入机床并模拟加工无误后，按循环启动键加工零件，并在加工完毕后对零件进行检测。

6. 机床维护与保养

1）清除铁屑，擦拭机床，并打扫周围卫生。

2）添加润滑油、切削液。

3）机床如有故障，应立即保修。

## 任务评价

填写综合零件加工一评分表，见表 10.4。

**表 10.4　综合零件加工一评分表**

| 考核项目 | | | 考核内容及要求 | 评分标准 | 配分 | 检测结果 | 得分 | 备注 |
|---|---|---|---|---|---|---|---|---|
| 综合零件一 | 长度 | 1 | 25mm | 超差不得分 | 2 | | | |
| | | 2 | 4mm | 超差不得分 | 2 | | | |
| | | 3 | 15mm | 超差不得分 | 2 | | | |
| | | 4 | 80mm | 超差不得分 | 2 | | | |
| | | 5 | 17mm | 超差不得分 | 2 | | | |
| | 外圆 | 6 | $\phi18_{-0.04}^{0}$mm | 超差不得分 | 3 | | | |
| | | 7 | $\phi38_{-0.02}^{0}$mm | 超差不得分 | 3 | | | |
| | | 8 | $\phi24_{0}^{+0.03}$mm | 超差不得分 | 4 | | | |
| | 外圆 | 9 | 15mm | 超差不得分 | 2 | | | |
| | | 10 | 3mm | 超差不得分 | 2 | | | |
| | 槽 | 11 | 4×2mm | 超差不得分 | 2 | | | |
| | 螺纹 | 12 | M24×1.5 | 降一级不得分 | 4 | | | |
| 工艺编写 | | | 工艺编写步骤是否明确，加工路线是否合理 | | 配分 20 分 酌情扣分 | | | |
| 刀具选择和参数 | | | 刀具选择是否合理，刀具相关参数选择是否得当 | | 配分 15 分 酌情扣分 | | | |
| 程序编写 | | | 程序编写格式是否正确，简化程序、优化程序 | | 配分 30 分 酌情扣分 | | | |
| 安全文明生产 | | | 遵守机床操作规程；刀具、工具、量具放置规范；设备、场地整洁 | | 配分 5 分 酌情扣分 | | | |

## 巩固训练

根据图 10.2 的要求（毛坯尺寸为 $\phi60$mm×64mm，材料为 45 钢），以右端面中心为编程原点建立编程坐标系，制定加工方案，合理地选择所用的刀具、量具、工具。

1）制作合理的数控加工刀具卡。

2）制作合理的数控加工工艺卡。

3）编写零件的加工程序并完成加工。

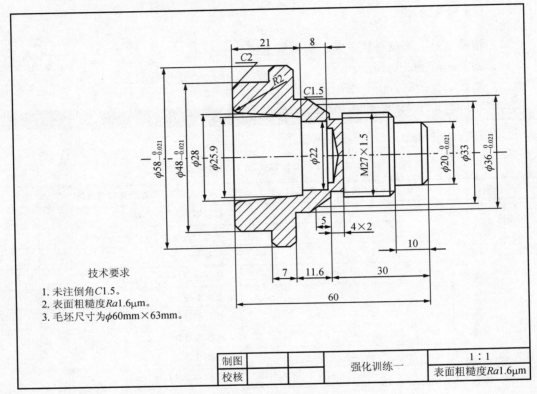

技术要求

1. 未注倒角C1.5。
2. 表面粗糙度Ra1.6μm。
3. 毛坯尺寸为φ60mm×63mm。

| 制图 | | 强化训练一 | 1：1 |
|---|---|---|---|
| 校核 | | | 表面粗糙度Ra1.6μm |

图 10.2　综合零件强化训练一

## 任务评价

填写综合零件强化训练一评分表，见表 10.5。

表 10.5　综合零件强化训练一评分表

| 考核项目 | | 考核内容及要求 | 评分标准 | 配分 | 检测结果 | 得分 | 备注 |
|---|---|---|---|---|---|---|---|
| 综合零件强化训练一 | 长度 | 1　10mm | 超差不得分 | 2 | | | |
| | | 2　30mm | 超差不得分 | 2 | | | |
| | | 3　7mm | 超差不得分 | 2 | | | |
| | | 4　60mm | 超差不得分 | 3 | | | |

续表

| 考核项目 | | | 考核内容及要求 | 评分标准 | 配分 | 检测结果 | 得分 | 备注 |
|---|---|---|---|---|---|---|---|---|
| 综合零件强化训练一 | 外圆 | 5 | $\phi20^{0}_{-0.021}$ mm　　$Ra1.6\mu m$ | 超差不得分 | 5 | | | |
| | | 6 | $\phi36^{0}_{-0.021}$ mm　　$Ra1.6\mu m$ | 超差不得分 | 5 | | | |
| | | 7 | $\phi48^{0}_{-0.021}$ mm　　$Ra1.6\mu m$ | 超差不得分 | 5 | | | |
| | | 8 | $\phi58^{0}_{-0.021}$ mm　　$Ra1.6\mu m$ | 超差不得分 | 5 | | | |
| | 圆弧 | 9 | $R2$mm | 超差不得分 | 2 | | | |
| | 倒角 | 10 | 5 处 | 超差不得分 | 5 | | | |
| | 槽 | 11 | $4\times2$ | 超差不得分 | 3 | | | |
| | 螺纹 | 12 | $M27\times1.5$ | 降一级不得分 | 6 | | | |
| 工艺编写 | | | 工艺编写步骤是否明确，加工路线是否合理 | 配分 10 分 酌情扣分 | | | | |
| 刀具选择和参数 | | | 刀具选择是否合理，刀具相关参数选择是否得当 | 配分 10 分 酌情扣分 | | | | |
| 程序编写 | | | 程序编写格式是否正确，简化程序，优化程序 | 配分 30 分 酌情扣分 | | | | |
| 安全文明生产 | | | 遵守机床操作规程；刀具、工具、量具放置规范；设备、场地整洁 | 配分 5 分，酌情扣分 | | | | |

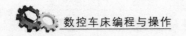 

## 任务 10.2 中级工综合零件加工二

### 知识目标 ☞

1. 能够正确地读图、认图和识图。

2. 正确运用指令编制零件内部加工程序。

3. 能够通过数控车床操作面板输入、编辑、修改程序，以及调用、校验程序。

### 能力目标 ☞

1. 能够制定零件的数控加工工艺文件。

2. 能根据工艺要求合理选用各类刀具及切削参数。

3. 手工编制数控加工程序。

4. 能熟练操作数控车床对零件进行数控加工和检验。

5. 在零件加工过程中能进行正确检测，分析其产生加工误差的原因，并能及时处理。

### 工作任务

完成如图 10.3 所示综合零件的编程与加工（毛坯尺寸为 $\phi40\text{mm}\times80\text{mm}$，材料为 45 钢）。

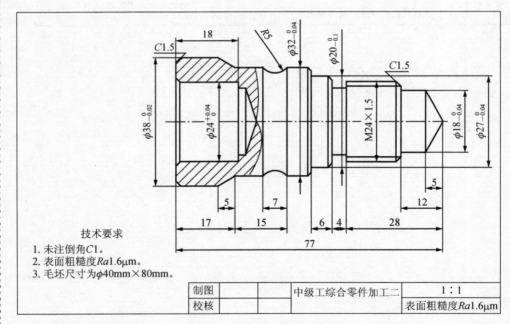

技术要求

1. 未注倒角 C1。
2. 表面粗糙度 Ra1.6μm。
3. 毛坯尺寸为 $\phi40\text{mm}\times80\text{mm}$。

| 制图 | | | 中级工综合零件加工二 | 1:1 |
|---|---|---|---|---|
| 校核 | | | | 表面粗糙度 Ra1.6μm |

图 10.3 综合零件（二）

1. 零件结构工艺性分析

（1）图样分析

如图 10.3 所示零件的几何要素主要包括外圆柱面、圆弧面、螺纹、车槽、内孔等。

（2）加工难点分析

1）工件的装夹和加工顺序的安排。

2）基点坐标的分析处理。

2. 制定工艺方案

（1）装夹与定位

该零件为轴类零件，其轴心线为工艺基准，用三爪自定心卡盘夹持外圆左端，一次装夹完成粗、精加工。

（2）确定工件坐标系、对刀点和换刀点

1）根据零件图样的尺寸标注特点及基准统一的原则，选择零件右端面与轴心线的交点作为工件原点，建立工件坐标系。

2）采用手动试切对刀法把该点作为对刀点。

3）换刀点设置在工件坐标系下（X100，Z100）处。

课堂互动

1）写出如图 10.3 所示零件中各点的相对坐标值。

2）如何控制零件加工时的加工用时？

（3）制作数控加工刀具卡

根据图样选择合适的加工刀具，制作数控加工刀具卡，见表 10.6。

表 10.6 数控加工刀具卡

| 序号 | 刀具名称 | 刀位号 | 刀补号 | 刀具说明 | $n/$（r/min） | $a_p$/mm | $f/$（mm/r） |
|---|---|---|---|---|---|---|---|
| 1 | 外圆粗车刀 | 01 | 01 | 后角 55° | 600 | 2 | 0.25 |
| 2 | 外圆精车刀 | 02 | 02 | 后角 55° | 1300 | 1 | 0.1 |
| 3 | 切断刀 | 03 | 03 | 刀宽 4mm | 400 | — | 0.1 |
| 4 | 外螺纹刀 | 04 | 04 | 刀尖 60° | 600 | — | 0.1 |
| 5 | 内孔粗镗刀 | 05 | 05 | 95°镗刀 | 400 | 1.5 | 0.15 |
| 6 | 内孔精镗刀 | 06 | 06 | 95°镗刀 | 800 | 0.8 | 0.1 |

课堂互动

1）在加工三角螺纹时，如果产生振动该如何处理？

2）刀具的角度不同会给加工带来什么样的影响？

（4）制作数控加工工艺卡

根据图样制定合理的加工工艺，制作数控加工工艺卡，见表10.7。

表 10.7　数控加工工艺卡片

| 工步号 | 工步内容 | 刀具 | $n$（r/min） | $f$（mm/r） | $a_p$/mm |
|---|---|---|---|---|---|
| 1 | 粗、精加工工件左端外轮廓 | 外偏刀 | 500 | 0.25 | 2 |
| | | | 1000 | 0.1 | 1 |
| 2 | 加工工件左端螺纹退刀槽 | 车槽刀 | 450 | 0.1 | — |
| 3 | 加工工件左端外三角螺纹 | 外螺纹刀 | 600 | — | — |
| 4 | 工件调头装夹，控制零件总长 | — | — | — | — |
| 5 | 粗、精加工工件右端内孔部分 | 镗孔刀 | 500 | 0.2 | 2 |
| | | | 1000 | 0.1 | 1 |
| 6 | 粗、精加工工件右端外圆部分 | 外偏刀 | 500 | 0.25 | 2 |
| | | | 1000 | 0.1 | 1 |
| 7 | 工件拆下，零件检测 | — | — | — | — |

3．机床准备

（1）引导操作

1）开机前的检查：

① 检查电源、电压是否正常，润滑油油量是否充足。

② 检查机床可动部位是否松动。

③ 检查材料、工件、量具等物品放置是否合理，是否符合要求。

2）开机后的检查：

① 检查电动机、机械部分、冷却风扇是否正常。

② 检查各指示灯是否正常显示。

③ 检查润滑、冷却系统是否正常。

3）机床起动（需要回参考点的机床先进行回参考点操作）。

4）工件装夹及找正（注意工件装夹牢固可靠）。

5）对刀操作（以工件右端面中心为原点建立工件坐标系）。

4．编制数控程序

参考程序见表10.8。

表 10.8　参考程序

| 程序内容 | 程序说明 |
|---|---|
| O0001； | 程序 |
| M3 S500 T0101 F0.25； | 给定转速、刀具刀补号、进给量 |

续表

| 程序内容 | 程序说明 |
|---|---|
| G0 X40 Z1； | 定位到毛坯位置 |
| G73 U20 R10； | 外圆固定轮廓粗加工循环 |
| G73 P10 Q20 U1； | 相关参数 |
| N10 G0 X0； | X 向定位 |
| G1 Z0； | Z 向定位 |
| X18 Z−5； | 锯度加工 |
| Z−12； | Z 向走刀 |
| X23.85，C1.5； | 倒角 |
| Z−32； | Z 向走刀 |
| X27，C1； | 倒角 |
| Z−38； | Z 向走刀 |
| X32，C1； | 倒角 |
| W−7； | Z 向走刀 |
| G2 X32 W−7 R6； | 凹圆弧加工 |
| G1 Z−60； | Z 向走刀 |
| X 38 W−5； | 锥度加工 |
| N20 G0 X40； | 刀具退回毛坯位置 |
| M3 S1000 T0202 F0.1； | 精加工给定转速、刀具刀补号、进给量 |
| G0 X40 Z1； | 定位到毛坯位置 |
| G70 P10 Q20； | 外圆精加工循环 |
| G0 X100 Z100； | 退刀 |
| M00； | 程序暂停，检查尺寸 |
| M3 S400 T0303 F0.1； | 给定转速、刀具刀补号、进给量 |
| G0 X28； | X 向定位 |
| Z−32； | Z 向定位 |
| G1 X20； | 车槽 |
| G0 X100； | G00 X 向退刀 |
| Z100； | G00 Z 向退刀 |
| M00； | 程序暂停，检查尺寸 |
| M3 S600 T0404； | 给定转速、刀具刀补号 |
| G0 X24 Z−8； | X、Z 向定位 |
| G76 P020060 Q100 R0.05； | 螺纹复合循环 |
| G76 X22.05 Z−29 Q200 P650 F1.5； | 参数填写 |
| G0 X100 Z100； | 退刀 |

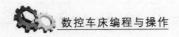
续表

| 程序内容 | 程序说明 |
|---|---|
| M30; | 程序结束 |
| | 调头装夹，控制总长 |
| O0002; | 程序名 |
| M3 S400 T0505 F0.15; | 给定转速、刀具刀补号、进给量 |
| G0 X23 Z1; | X、Z向定位 |
| G1 Z−18; | Z向走刀 |
| X22; | X向退刀 |
| G0 Z1; | Z向退刀 |
| X24; | X向进刀 |
| M3 S800 T0606 F0.1; | 给定转速、刀具刀补号、进给量 |
| G1 Z−18; | Z向走刀 |
| X23; | X向退刀 |
| G0 Z100; | G00 X向退刀 |
| X100; | G00 Z向退刀 |
| M00; | 程序结束并返回程序起点 |
| M3 S500 T0101 F0.25; | 给定转速、刀具刀补号、进给量 |
| G0 X40 Z1; | 定位到毛坯位置 |
| G71 U2 R1; | 外圆轮廓粗加工循环 |
| G71 P10 Q20 U1; | 相关参数 |
| N10 G0 X36; | X向定位 |
| G1 Z0; | Z向定位 |
| X38 Z−1; | 锥度走刀 |
| Z−13; | Z向走刀 |
| N20 G0 X40; | Z向刀具退回毛坯位置 |
| M3 S1000 T0202 F0.1; | 精加工给定转速、刀具刀补号、进给量 |
| G0 X40 Z1; | 定位到毛坯位置 |
| G70 P10 Q20; | 外圆精加工循环 |
| G0 X100; | G00 X向退刀 |
| Z100; | G00 Z向退刀 |
| M30; | 程序结束 |

**课堂互动**

1）在零件加工过程中，如果想要将零件 X 向的尺寸扩大 1mm，应该如何操作？

2）零件程序编制有很多不同的样式，那么在程序编制中如何对程序进行优化？

5. 零件加工

程序输入机床并模拟加工无误后，按循环启动键加工零件，并在加工完毕后对零件进行检测。

6. 机床维护与保养

1）清除铁屑，擦拭机床，并打扫周围卫生。

2）添加润滑油、切削液。

3）机床如有故障，应立即保修。

## 任务评价

填写综合零件加工二评价表，见表10.9。

表 10.9　综合零件加工二评分表

| 考核项目 | | | 考核内容及要求 | 评分标准 | 配分 | 检测结果 | 得分 | 备注 |
|---|---|---|---|---|---|---|---|---|
| 综合零件二 | 长度 | 1 | 12mm | 超差 0.1mm 不得分 | 1 | | | |
| | | 2 | 28mm | 超差 0.1mm 不得分 | 1 | | | |
| | | 3 | 17mm | 超差 0.1mm 不得分 | 1 | | | |
| | | 4 | 18mm | 超差 0.1mm 不得分 | 1 | | | |
| | | 5 | 77mm | 超差 0.1mm 不得分 | 1 | | | |
| | 外圆 | 6 | $\phi 18_{-0.04}^{0}$ mm | 超差 0.01mm 扣 1 分 | 3 | | | |
| | | 7 | $\phi 38_{-0.02}^{0}$ mm | 超差 0.01mm 扣 1 分 | 3 | | | |
| | | 8 | $\phi 24_{0}^{+0.03}$ mm | 超差 0.01mm 扣 1 分 | 4 | | | |
| | 圆弧 | 9 | 5 | 不合格不得分 | 2 | | | |
| | 倒角 | 10 | 5 处 | 不合格不得分 | 5 | | | |
| | 槽 | 11 | 4×2 | 超差不得分 | 2 | | | |
| | 螺纹 | 12 | M24×1.5 | 环规检查 | 6 | | | |
| 工艺编写 | | | 工艺编写步骤是否明确，加工路线是否合理 | 配分 20 分 酌情扣分 | | | | |
| 刀具选择和参数 | | | 刀具选择是否合理，刀具相关参数选择是否得当 | 配分 15 分 酌情扣分 | | | | |
| 程序编写 | | | 程序编写格式是否正确，简化程序，优化程序 | 配分 30 分 酌情扣分 | | | | |
| 安全文明生产 | | | 遵守机床操作规程；刀具、工具、量具放置规范；设备、场地整洁 | 配分 5 分 酌情扣分 | | | | |

## 巩固训练

根据图 10.4 的要求（毛坯尺寸为 φ60mm×64mm，材料为 45 钢），以右端面中心为编程原点建立编程坐标系，制定加工方案，合理地选择所用的刀具、量具、工具。

1）制作合理的数控加工刀具卡。

2）制作合理的数控加工工艺卡。

3）编制零件的加工程序并完成加工。

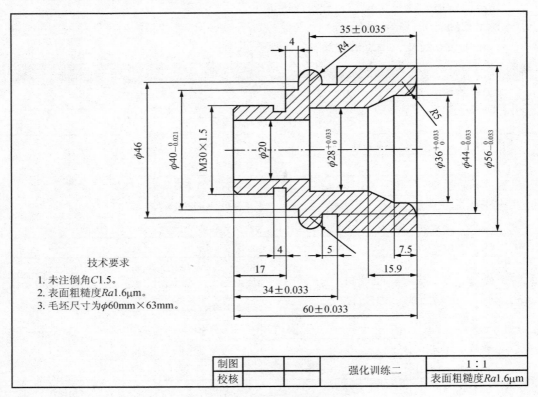

图 10.4 综合零件强化训练二

## 任务评价

填写综合零件强化训练二评分表，见表 10.10。

表 10.10 综合零件强化训练二评分表

| 考核项目 | | | 考核内容及要求 | 评分标准 | 配分 | 检测结果 | 得分 | 备注 |
|---|---|---|---|---|---|---|---|---|
| 综合零件强化训练二 | 长度 | 1 | 17mm | 超差不得分 | 2 | | | |
| | | 2 | 35mm | 超差不得分 | 2 | | | |
| | | 3 | 34mm | 超差不得分 | 2 | | | |
| | | 4 | 60mm | 超差不得分 | 4 | | | |

续表

| 考核项目 | | | 考核内容及要求 | 评分标准 | 配分 | 检测结果 | 得分 | 备注 |
|---|---|---|---|---|---|---|---|---|
| 综合零件强化训练二 | 外圆 | 5 | $\phi40_{-0.021}^{0}$ mm　$Ra1.6\mu m$ | 超差不得分 | 5 | | | |
| | | 6 | $\phi44_{-0.021}^{0}$ mm　$Ra1.6\mu m$ | 超差不得分 | 5 | | | |
| | | 7 | $\phi56_{-0.021}^{0}$ mm　$Ra1.6\mu m$ | 超差不得分 | 5 | | | |
| | | 8 | $\phi28_{0}^{+0.033}$ mm　$Ra1.6\mu m$ | 超差不得分 | 5 | | | |
| | 圆弧 | 9 | $R4$ mm | 超差不得分 | 2 | | | |
| | 倒角 | 10 | 4 处 | 超差不得分 | 4 | | | |
| | 槽 | 11 | $4\times2$ | 超差不得分 | 5 | | | |
| | 螺纹 | 12 | $M30\times1.5$ | 降一级不得分 | 6 | | | |
| 工艺编写 | | | 工艺编写步骤是否明确，加工路线是否合理 | 配分 10 分 酌情扣分 | | | | |
| 刀具选择和参数 | | | 刀具选择是否合理，刀具相关参数选择是否得当 | 配分 10 分 酌情扣分 | | | | |
| 程序编写 | | | 程序编写格式是否正确，简化程序，优化程序 | 配分 30 分 酌情扣分 | | | | |
| 安全文明生产 | | | 遵守机床操作规程；刀具、工具、量具放置规范；设备、场地整洁 | 配分 5 分 酌情扣分 | | | | |

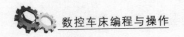

# 任务 *10.3* 配合零件加工一

## 知识目标 ☞

1. 能够正确地读图、认图和识图。
2. 掌握零件加工编程的格式和编程的技巧。
3. 掌握零件加工过程中尺寸精度和表面粗糙度的控制方法。

## 能力目标 ☞

1. 能够根据零件图样选择合适的加工刀具。
2. 能够正确地制定零件加工的工艺规程。
3. 掌握机床的操作，程序的输入和验证。
4. 在零件的加工过程中能够控制尺寸精度和进行零件的检测。
5. 在零件加工过程中能够进行正确检测，分析其产生加工误差的原因，并能及时处理。

### 工作任务

完成如图 10.5 所示配合零件的编程及加工（毛坯尺寸为 $\phi60\text{mm}\times64\text{mm}$，材料为 45 钢，两根）。

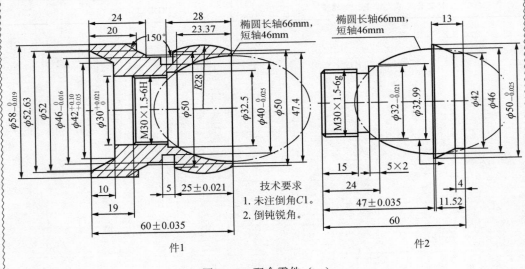

图 10.5 配合零件（一）

# 任务实施

## 1. 零件结构工艺性分析

如图 10.5 所示零件的几何要素主要包括外圆柱面、圆弧面、外螺纹、车槽、内孔、内螺纹、非圆曲线面等。

## 2. 相关注意事项

（1）程序方面

1）编程时注意尖角去锐。

2）指令格式的正确运用，注意 G71 指令和 G73 指令的区分。

3）在宏程序的编制中，注意正确确定变量和自变量，注意变量和自变量之间的关系，$y=f(x)$ 的转换。

（2）加工方面

1）刀具的正确安装。

2）在输入程序时，注意看图输入，拒绝原搬照抄。

3）加工时关闭防护门，避免出现人身安全问题。

4）杜绝多人操作。

5）随时保持加工区域和工作台的整洁。

## 3. 制作数控加工刀具卡

根据图样选择合适的加工刀具，制作数控加工刀具卡，见表 10.11。

表 10.11 数控加工刀具卡

| 序号 | 刀具号 | 刀具名称 | 刀具规格 | 刀尖半径 | 加工表面 |
|---|---|---|---|---|---|
| 1 | T0101 | 外圆偏刀 | 刀尖角 55° | $r=0.4$mm | 件 1 和件 2 外圆部分 |
| 2 | T0202 | 外车槽刀 | 刀宽 4mm | $r=0.2$mm | 件 1 和件 2 车槽部分 |
| 3 | T0303 | 外螺纹刀 | 刀尖角 60° | $r=0.2$mm | 件 2 外三角螺纹部分 |
| 4 | T0404 | 内孔镗刀 | 90°镗刀 | $r=0.4$mm | 件 1 两端内孔部分 |
| 5 | T0505 | 内螺纹刀 | 刀尖角 60° | $r=0.2$mm | 件 1 内三角螺纹部分 |
| 6 | — | 麻花钻 | 直径 $\phi20$mm | — | 钻件 1 通孔 |

## 4. 量具、工具选择

（1）量具

所使用的量具包括游标卡尺（量程为 0～150mm）、千分尺（量程为 25～50mm 或 50～75mm）、螺纹量规（规格为 M30×1.5）、内径千分尺（量程为 18～35mm）。

（2）工具

所使用的工具包括卡盘扳手、刀架扳手、加力杠、管钳、毛巾、油枪。

## 5. 制作数控加工工艺卡片

根据图样制定合理的加工工艺，制作数控加工工艺卡，见表 10.12。

**表 10.12 数控加工工艺卡**

| 工步号 | 工步内容 | 刀具号 | $n/$（r/min） | $f/$（mm/r） | $a_p$/mm |
|---|---|---|---|---|---|
| 1 | 粗、精加工工件 2 左端外圆部分 | T0101 | 700 | 0.25 | 2 |
| | | | 1600 | 0.1 | 1 |
| 2 | 粗、精加工工件 2 左端螺纹退刀槽 | T0202 | 1200 | 0.1 | — |
| 3 | 粗、精加工工件 2 左端外三角螺纹 | T0303 | 800 | — | — |
| 4 | 件 2 钻通孔 | 手动 | 350 | — | — |
| 5 | 粗、精加工工件 1 左端外圆部分 | T0101 | 700 | 0.25 | 2 |
| | | | 1600 | 0.1 | 1 |
| 6 | 粗、精加工工件 1 左端内孔部分 | T0404 | 600 | 0.2 | 2 |
| | | | 1400 | 0.1 | 1 |
| 7 | 工件调头装夹，控制零件总长 | T0101 | 1200 | 0.1 | — |
| 8 | 粗、精加工工件 1 右端内孔部分 | T0404 | 600 | 0.2 | 2 |
| | | | 1400 | 0.1 | 1 |
| 9 | 粗、精加工工件 1 右端内三角螺纹 | T0505 | 800 | — | — |
| 10 | 粗、精加工工件 1 右端外圆部分 | T0101 | 700 | 0.25 | 2 |
| | | | 1600 | 0.1 | 1 |
| 11 | 粗、精加工工件 1 右端车槽部分 | T0202 | 1200 | 0.1 | — |
| 12 | 将件 2 配合件 1 控制装配总长 | T0101 | 1200 | 0.1 | — |
| 13 | 粗、精加工工件 2 右端外圆部分 | T0101 | 700 | 0.25 | 2 |
| | | | 1600 | 0.1 | 1 |
| 14 | 工件拆下，零件检测 | — | — | — | — |

## 6. 机床准备

1）开机前的检查：
① 检查电源、电压是否正常，润滑油油量是否充足。
② 检查机床可动部位是否松动。
③ 检查材料、工件、量具等物品放置是否合理，是否符合要求。
2）开机后的检查：
① 检查电动机、机械部分、冷却风扇是否正常。
② 检查各指示灯是否正常显示。
③ 检查润滑、冷却系统是否正常。
3）机床起动（需要回参考点的机床先进行回参考点操作）。

4）工件装夹及找正（注意工件装夹牢固可靠）。

5）对刀操作（以工件右端面中心为工件原点建立工件坐标系）。

## 7. 编制数控程序

参考程序见表 10.13。

表 10.13  参考程序

| 程序 | 说明 |
|------|------|
| O0001； | 程序名（件 2 左端外圆部分） |
| M3 S700 T0101 F0.25； | 给定转速、刀具、进给量 |
| G0 X60； | X 向定位 |
| Z1； | Z 向定位 |
| G71 U2 R1； | 循环参数给定 |
| G71 P10 Q20 U1； | 循环参数给定 |
| N10 G0 X20； | X 向定位 |
| G1 Z0； | Z 向定位 |
| X29.85，C1.5； | 倒角 |
| Z−20； | Z 向走刀 |
| X32，C0.5； | 去锐 |
| Z−24； | Z 向走刀 |
| #1=−24； | 参数赋值 |
| N15  #1=#1−0.5； | 参数赋值 |
| #2=#1+47； | 参数赋值 |
| #3=46*SQRT[1−#2*#2/1089]； | 参数赋值 |
| G1 X#3 Z#1； | X、Z 赋值 |
| IF[#1GT−47]GOTO15； | 条件判定 |
| G1 X50，C0.5； | 去锐 |
| N20 G0 X60； | X 向退刀 |
| M3 S1600 T0101 F0.1； | 精加工给定转速、刀具、进给量 |
| G0 X60； | X 向定位 |
| Z1； | Z 向定位 |
| G70 P10 Q20； | 精加工循环参数赋值 |
| G0 X100； | X 向退刀 |
| Z100； | Z 向退刀 |
| M30； | 程序结束 |
| O0002； | 程序名（件 2 左端螺纹退刀槽） |
| M3 S1200 T0202 F0.1； | 给定转速、刀具、进给量 |

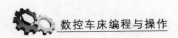

| 程序 | 说明 |
|---|---|
| G0 X34； | X 向定位 |
| Z－20； | Z 向定位 |
| G1 X26； | X 向走刀 |
| G0 X100； | X 向退刀 |
| Z100； | Z 向退刀 |
| M30； | 程序结束 |
| O0003； | 程序名（件 2 左端外三角螺纹） |
| M3 S800 T0303； | 给定转速、刀具 |
| G0 X30； | X 向定位 |
| Z3； | Z 向定位 |
| G76 P020060 Q100 R0.05； | 螺纹循环参数赋值 |
| G76 X28.05 Z－16 P975 Q300 F1.5； | 螺纹循环参数赋值 |
| G0 X100； | X 向退刀 |
| Z100； | Z 向退刀 |
| M30； | 程序结束 |
| O0004； | 程序名（件 1 左端外圆） |
| M3 S700 T0101 F0.25； | 给定转速、刀具、进给量 |
| G0 X60； | X 向定位 |
| Z1； | Z 向定位 |
| G71 U2 R1； | 循环参数给定 |
| G71 P10 Q20 U1； | 循环参数给定 |
| N10 G0 X56； | X 向定位 |
| G1 Z0； | Z 向定位 |
| X58，C0.5； | 去锐 |
| Z－22； | Z 向走刀 |
| N20 G0 X60； | X 向退刀 |
| M3 S1600 T0101 F0.1； | 精加工给定转速、刀具、进给量 |
| G0 X60； | X 向定位 |
| Z1； | Z 向定位 |
| G70 P10 Q20； | 精加工循环参数赋值 |
| G0 X100； | X 向退刀 |
| Z100； | Z 向退刀 |
| M30； | 程序结束 |
| O0005； | 程序名（件 1 左端内孔） |
| M3 S600 T0404 F0.2； | 给定转速、刀具、进给量 |

续表

| 程序 | 说明 |
|---|---|
| G0 X20; | X 向定位 |
| Z1; | Z 向定位 |
| G71 U1.5 R0.2; | 循环参数给定 |
| G71 P10 Q20 U−1; | 循环参数给定 |
| N10 G0 X56.23; | X 向定位 |
| G1 Z0; | Z 向定位 |
| X42 Z−10; | 锥度车削 |
| X30,C0.5; | 去锐 |
| Z−19; | Z 向走刀 |
| N20 G0 X20; | X 向退刀 |
| M3 S1400 T0404 F0.1; | 精加工给定转速、刀具、进给量 |
| G0 X20; | X 向定位 |
| Z1; | Z 向定位 |
| G70 P10 Q20; | 精加工循环参数赋值 |
| G0 Z100; | Z 向退刀 |
| X100; | X 向退刀 |
| M30; | 程序结束 |
| O0006; | 程序名（件 1 右端内孔） |
| M3 S600 T0404 F0.15; | 给定转速、刀具、进给量 |
| G0 X20; | X 向定位 |
| Z1; | Z 向定位 |
| G71 U1.5 R0.2; | 循环参数给定 |
| G71 P10 Q20 U−1; | 循环参数给定 |
| N10 G0 X46; | X 向定位 |
| G1 Z0; | Z 向定位 |
| #1=0; | 参数赋值 |
| N15    #1=#1−0.5; | 参数赋值 |
| #2=#1+0; | 参数赋值 |
| #3=46*SQRT [1−#2*#2/1089]; | 参数赋值 |
| G1 X#3 Z#1; | X、Z 赋值 |
| IF [#1GT−23.37] GOTO15; | 条件判定 |
| G1 X32.5; | X 向走刀 |
| Z−28; | Z 向走刀 |
| X28.2,C1.5; | 倒角 |
| Z−41; | Z 向退走 |

| 程序 | 说明 |
|---|---|
| N20 G0 X20； | X 向退刀 |
| M3 S1400 T0404 F0.1； | 精加工给定转速、刀具、进给量 |
| G0 X20； | X 向定位 |
| Z1； | Z 向定位 |
| G70 P10 Q20； | 精加工循环参数赋值 |
| G0 Z100； | Z 向退刀 |
| X100； | X 向退刀 |
| M30； | 程序结束 |
| O0007； | 程序名（件 1 右端内三角螺纹） |
| M3 S800 T0303； | 给定转速、刀具 |
| G0 X27； | X 向定位 |
| Z3； | Z 向定位 |
| G76 P020060 Q100 R0.05； | 螺纹循环参数赋值 |
| G76 X30 Z−42 P975 Q300 F1.5； | 螺纹循环参数赋值 |
| G0 Z100； | X 向退刀 |
| X100； | Z 向退刀 |
| M30； | 程序结束 |
| O0008； | 程序名（件 1 右端外圆） |
| M3 S700 T0101 F0.25； | 给定转速、刀具、进给量 |
| G0 X60； | X 向定位 |
| Z1； | Z 向定位 |
| G71 U2 R1； | 循环参数给定 |
| G71 P10 Q20 U1； | 循环参数给定 |
| N10 G0 X50； | X 向定位 |
| G1 Z0； | Z 向定位 |
| G3 X50 Z−25 R28； | 圆弧车削 |
| G1 X46 Z−30； | 锥度车削 |
| Z−36； | Z 向走刀 |
| X47.4； | X 向走刀 |
| X52 Z−40； | 锥度车削 |
| X58，C0.5； | 去锐 |
| N20 G0 X60； | X 向退刀 |
| M3 S1600 T0101 F0.1； | 精加工给定转速、刀具、进给量 |
| G0 X60； | X 向定位 |
| Z1； | Z 向定位 |

续表

| 程序 | 说明 |
| --- | --- |
| G70 P10 Q20； | 精加工循环参数赋值 |
| G0 X100； | X 向退刀 |
| Z100； | Z 向退刀 |
| M30； | 程序结束 |
| O0009； | 程序名（件 1 右端车槽） |
| M3 S1200 T0202 F0.1； | 给定转速、刀具、进给量 |
| G0 X58； | X 向定位 |
| Z－30； | Z 向定位 |
| G1 X40； | X 向进刀 |
| G0 X100； | X 向退刀 |
| Z100； | Z 向退刀 |
| M30； | 程序结束 |
| O0010； | 程序名（配合加工件 2 右端外圆） |
| M3 S700 T0101 F0.25； | 给定转速、刀具、进给量 |
| G0 X60； | X 向定位 |
| Z1； | Z 向定位 |
| G71 U2 R1； | 循环参数给定 |
| G71 P10 Q20 U1； | 循环参数给定 |
| N10 G0 X40； | X 向定位 |
| G1 Z0； | Z 向定位 |
| X42，C0.5； | 去锐 |
| Z－4； | Z 向走刀 |
| X50 Z－11.52； | 锥度车削 |
| Z－13； | Z 向走刀 |
| N20 G0 X60； | X 向退刀 |
| M3 S1600 T0101 F0.1； | 精加工给定转速、刀具、进给量 |
| G0 X60； | X 向定位 |
| Z1； | Z 向定位 |
| G70 P10 Q20； | 精加工循环参数赋值 |
| G0 X100； | X 向退刀 |
| Z100； | Z 向退刀 |
| M30； | 程序结束 |

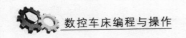

**8. 零件加工**

程序输入机床并模拟加工无误后，按循环启动键加工零件，并在加工完毕后对零件进行检测。

**9. 机床维护与保养**

1）清除铁屑，擦拭机床，并打扫周围卫生。
2）添加润滑油、切削液。
3）机床如有故障，应立即保修。

## 任务评价

填写配合零件加工一评分表，见表 10.14。

表 10.14　配合零件加工一评分表

| 序号 | 考核项目 | 考核内容及要求 | | 评分标准 | 配分 | 检测结果 | 扣分 | 得分 |
|---|---|---|---|---|---|---|---|---|
| 1 | | 20mm | | 超差不得分 | 2 | | | |
| 2 | 长度 | 25mm | | 降级不得分 | 2 | | | |
| 3 | | 5mm | | 超差不得分 | 2 | | | |
| 4 | | 60mm | | 超差不得分 | 4 | | | |
| 5 | | $\phi58_{-0.019}^{0}$ mm | IT | 超差不得分 | 4 | | | |
| 6 | | | $Ra1.6\mu m$ | 降级不得分 | 1 | | | |
| 7 | | $\phi46_{-0.019}^{0}$ mm | IT | 超差不得分 | 4 | | | |
| 8 | | | $Ra1.6\mu m$ | 降级不得分 | 1 | | | |
| 9 | | $\phi42_{+0.05}^{+0.1}$ mm | IT | 超差不得分 | 4 | | | |
| 10 | 件1 | | $Ra1.6\mu m$ | 降级不得分 | 1 | | | |
| 11 | | $\phi30_{0}^{+0.021}$ mm | IT | 超差不得分 | 4 | | | |
| 12 | 直径尺寸 | | $Ra1.6\mu m$ | 降级不得分 | 1 | | | |
| 13 | | $\phi32.5$ mm | IT | 超差不得分 | 2 | | | |
| 14 | | | $Ra1.6\mu m$ | 降级不得分 | 1 | | | |
| 15 | | $R25$mm | IT | 超差不得分 | 4 | | | |
| 16 | | | $Ra1.6\mu m$ | 降级不得分 | 1 | | | |
| 17 | 倒角 | C1（两处） | | 降级不得分 | 2 | | | |
| 18 | 外螺纹 | M50×1.5—6h | IT | 超差不得分 | 6 | | | |
| 19 | | | $Ra3.2\mu m$ | 降级不得分 | 1 | | | |

续表

| 序号 | 考核项目 | | 考核内容及要求 | | 评分标准 | 配分 | 检测结果 | 扣分 | 得分 |
|---|---|---|---|---|---|---|---|---|---|
| 20 | 件1 | 车槽 | 5 | IT | 超差不得分 | 2 | | | |
| 21 | | | | $Ra3.2\mu m$（槽底） | 降级不得分 | 1 | | | |
| 22 | 件2 | 直径尺寸 | $\phi 32_{-0.021}^{0}$mm | IT | 超差不得分 | 4 | | | |
| 23 | | | | $Ra1.6\mu m$ | 降级不得分 | 1 | | | |
| 24 | | | $\phi 50_{-0.025}^{0}$mm | IT | 超差不得分 | 4 | | | |
| 25 | | | | $Ra1.6\mu m$ | 降级不得分 | 1 | | | |
| 26 | | | $\phi 40$mm | IT | 超差不得分 | 2 | | | |
| 27 | | 倒角 | C1（3处） | | 遗漏不得分 | 3 | | | |
| 28 | | 椭圆角 | 尺寸 | IT | 超差不得分 | 8 | | | |
| 29 | | | | $Ra1.6\mu m$ | 降级不得分 | 1 | | | |
| 30 | | 长度 | $47_{-0.035}^{+0.035}$mm | IT | 超差不得分 | 3 | | | |
| 31 | | | | $Ra1.6\mu m$ | 降级不得分 | 1 | | | |
| 32 | | | 11.52mm | IT | 超差不得分 | 2 | | | |
| 33 | | | | $Ra1.6\mu m$ | 降级不得分 | 1 | | | |
| 34 | | 外螺纹 | M30×1.5-6g | IT | 超差不得分 | 6 | | | |
| 35 | | | | $Ra3.2\mu m$ | 降级不得分 | 1 | | | |
| 36 | | 退刀槽 | 5×2 | | 超差不得分 | 2 | | | |
| 37 | 配合 | | 件1与件2 | | 超差不得分 | 10 | | | |
| 合计 | | | | | | 100 | | | |

## 巩固训练

　　根据图 10.6 的要求（毛坯尺寸为 $\phi 60$mm×64mm，材料为 45 钢，两根），以右端面中心为编程原点建立编程坐标系，制定加工方案，合理的选择所需用的刀具、量具、工具。

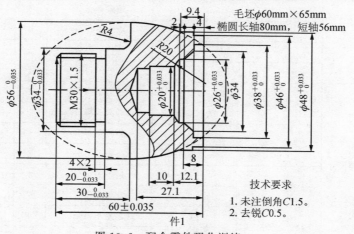

图 10.6　配合零件强化训练一

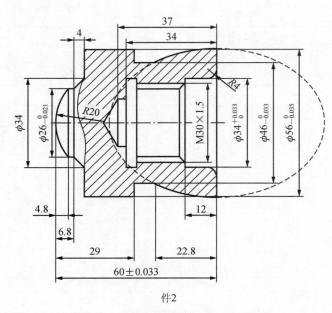

件2

图 10.6　配合零件强化训练一（续）

1）制作合理的数控加工刀具卡。
2）制作合理的数控加工工艺卡。
3）编制零件的加工程序并完成加工。

## 任务评价

填写配合零件强化训练一评分表，见表 10.15。

表 10.15　配合零件强化训练一评分表

| 序号 | 考核项目 | 考核内容及要求 | | 评分标准 | 配分 | 检测结果 | 扣分 | 得分 |
|---|---|---|---|---|---|---|---|---|
| 1 | 长度 | $\phi 20_{-0.033}^{0}$ mm | | 超差不得分 | 2 | | | |
| 2 | | $\phi 30_{-0.033}^{0}$ mm | | 降级不得分 | 2 | | | |
| 3 | | 4mm | | 超差不得分 | 2 | | | |
| 4 | | $\phi 60_{-0.035}^{0}$ mm | | 超差不得分 | 4 | | | |
| 5 | 件1 | $\phi 56_{-0.25}^{0}$ mm | IT | 超差不得分 | 4 | | | |
| 6 | | | $Ra1.6\mu m$ | 降级不得分 | 1 | | | |
| 7 | | $\phi 34_{-0.033}^{0}$ mm | IT | 超差不得分 | 4 | | | |
| 8 | | | $Ra1.6\mu m$ | 降级不得分 | 1 | | | |
| 9 | 直径尺寸 | $\phi 48_{0}^{+0.33}$ mm | IT | 超差不得分 | 4 | | | |
| 10 | | | $Ra1.6\mu m$ | 降级不得分 | 1 | | | |
| 11 | | $\phi 46_{0}^{+0.33}$ mm | IT | 超差不得分 | 4 | | | |
| 12 | | | $Ra1.6\mu m$ | 降级不得分 | 1 | | | |

续表

| 序号 | 考核项目 | 考核内容及要求 | | 评分标准 | 配分 | 检测结果 | 扣分 | 得分 |
|---|---|---|---|---|---|---|---|---|
| 13 | | $\phi 38^{+0.33}_{0}\,\mathrm{mm}$ | IT | 超差不得分 | 2 | | | |
| 14 | | | $Ra1.6\mu\mathrm{m}$ | 降级不得分 | 1 | | | |
| 15 | 直径尺寸 | $R4$ | IT | 超差不得分 | 4 | | | |
| 16 | | | $Ra1.6\mu\mathrm{m}$ | 降级不得分 | 1 | | | |
| 17 | 件1　倒角 | $C1$（3处） | | 降级不得分 | 3 | | | |
| 18 | 外螺纹 | $M50\times1.5$ | IT | 降级不得分 | 7 | | | |
| 19 | | | $Ra3.2\mu\mathrm{m}$ | 降级不得分 | 1 | | | |
| 20 | 车槽 | $5\mathrm{mm}$ | IT | 超差不得分 | 2 | | | |
| 21 | | | $Ra3.2\mu\mathrm{m}$（槽底） | 降级不得分 | 1 | | | |
| 22 | | $\phi 56^{0}_{-0.035}\,\mathrm{mm}$ | IT | 超差不得分 | 4 | | | |
| 23 | | | $Ra1.6\mu\mathrm{m}$ | 降级不得分 | 1 | | | |
| 24 | 直径尺寸 | $\phi 46^{0}_{-0.033}\,\mathrm{mm}$ | IT | 超差不得分 | 4 | | | |
| 25 | | | $Ra1.6\mu\mathrm{m}$ | 降级不得分 | 1 | | | |
| 26 | | $\phi 34^{+0.33}_{0}\,\mathrm{mm}$ | IT | 超差不得分 | 2 | | | |
| 27 | 倒角 | $C1$（两处） | | 遗漏不得分 | 2 | | | |
| 28 | 件2　椭圆角 | 尺寸 | IT | 超差不得分 | 8 | | | |
| 29 | | | $Ra1.6\mu\mathrm{m}$ | 降级不得分 | 1 | | | |
| 30 | | $60^{+0.033}_{-0.033}\,\mathrm{mm}$ | IT | 超差不得分 | 3 | | | |
| 31 | 长度 | | $Ra1.6\mu\mathrm{m}$ | 降级不得分 | 1 | | | |
| 32 | | $12\mathrm{mm}$ | IT | 超差不得分 | 2 | | | |
| 33 | | | $Ra1.6\mu\mathrm{m}$ | 降级不得分 | 1 | | | |
| 34 | 外螺纹 | $M30\times1.5$ | IT | 超差不得分 | 7 | | | |
| 35 | | | $Ra3.2\mu\mathrm{m}$ | 降级不得分 | 1 | | | |
| 36 | 配合 | 件1与件2 | | 超差不得分 | 10 | | | |
| | | 合计 | | | 100 | | | |

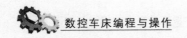

# 任务 10.4 配合零件加工二

知识目标 ☞

1. 能够正确地读图、认图和识图。
2. 掌握零件加工编程的格式和编程的技巧。
3. 掌握零件加工过程中尺寸精度和表面粗糙度的控制方法。

能力目标 ☞

1. 能够根据零件图样选择合适的加工刀具。
2. 能够正确地制定零件加工的工艺规程。
3. 掌握机床的操作，程序的输入和验证。
4. 在零件的加工过程能够控制尺寸精度和进行零件的检测。
5. 在零件加工过程中能够进行正确检测，分析其产生加工误差的原因，并能及时处理。

## ～～工作任务

完成如图 10.7 所示配合零件的编程及加工（毛坯尺寸为 φ60mm×65mm，材料为 45 钢，两根）。

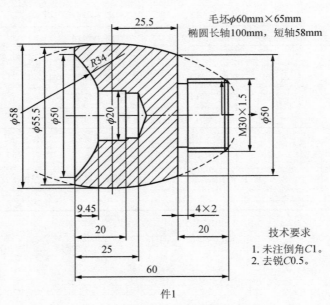

件1

图 10.7 配合零件（二）

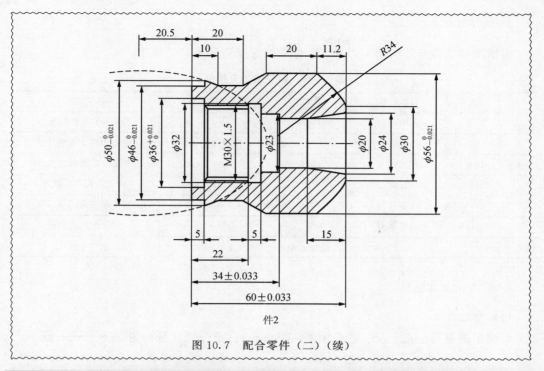

件2

图 10.7 配合零件（二）（续）

## 任务实施

**1. 零件结构工艺性分析**

如图 10.7 所示零件的几何要素主要包括外圆柱面、圆弧面、外螺纹、车槽、内孔、内螺纹、非圆曲线面等。

**2. 相关注意事项**

（1）程序方面

1）编程时注意尖角去锐。

2）指令格式的正确运用，注意 G71 指令和 G73 指令的区分。

3）在宏程序的编制中，注意正确确定变量和自变量，注意变量和自变量之间的关系，$y = f(x)$ 的转换。

（2）加工方面

1）刀具的正确安装。

2）在输入程序时注意看图输入，拒绝原搬照抄。

3）加工时关闭防护门，避免出现人身安全问题。

4）杜绝多人操作。

5）随时保持加工区域和工作台的整洁。

3. 制作数控加工刀具卡

根据图样选择合适的加工刀具，制作数控加工刀具卡，见表 10.16。

**表 10.16   数控加工刀具卡**

| 序号 | 刀具号 | 刀具名称 | 刀具规格 | 刀尖半径 | 加工表面 |
|------|--------|----------|----------|----------|----------|
| 1 | T0101 | 外圆偏刀 | 刀尖角 55° | $r=0.4$mm | 件 1 和件 2 外圆部分 |
| 2 | T0202 | 外车槽刀 | 刀宽 4mm | $r=0.2$mm | 件 1 和件 2 车槽部分 |
| 3 | T0303 | 外螺纹刀 | 刀尖角 60° | $r=0.2$mm | 件 2 外三角螺纹部分 |
| 4 | T0404 | 内孔镗刀 | 90°镗孔刀 | $r=0.4$mm | 件 1 两端内孔部分 |
| 5 | T0505 | 内螺纹刀 | 刀尖角 60° | $r=0.2$mm | 件 1 内三角螺纹部分 |
| 6 | T0606 | 内车槽刀 | 刀宽 3mm | $r=0.2$mm | 件 2 左端内沟槽 |
| 7 | — | 麻花钻 | 直径 $\phi$18mm | — | 钻件 1 通孔 |

4. 量具、工具选择

（1）量具

所使用的量具包括卡尺（量程为 0～150mm）、千分尺（量程为 25～50mm 或 50～75mm）、螺纹环规塞规（规格为 M30×1.5）、内径千分尺（量程为 18～35mm）。

（2）工具

所使用的工具包括卡盘扳手、刀架扳手、加力杠、管钳、毛巾、油枪。

5. 制作数控加工工艺卡

根据图样制定合理的加工工艺，制作数控加工工艺卡，见表 10.17。

**表 10.17   数控加工工艺卡**

| 工步号 | 工步内容 | 刀具号 | $n$/ (r/min) | $f$（mm/r） | $a_p$/mm |
|--------|----------|--------|--------------|------------|----------|
| 1 | 粗、精加工件 1 右端外圆部分 | T0101 | 700 | 0.25 | 2 |
| | | | 1600 | 0.1 | 1 |
| 2 | 粗、精加工件 1 右端螺纹退刀槽 | T0202 | 1200 | 0.1 | — |
| 3 | 粗、精加工件 1 右端外三角螺纹 | T0303 | 800 | — | — |
| 4 | 件 2 钻通孔 | 手动 | 350 | — | — |
| 5 | 粗精加工件 2 右端外圆部分 | T0101 | 700 | 0.25 | 2 |
| | | | 1600 | 0.1 | 1 |
| 6 | 粗精加工件 2 右端内孔部分 | T0404 | 600 | 0.2 | 2 |
| | | | 1400 | 0.1 | 1 |
| 7 | 工件调头装夹，控制零件总长 | T0101 | 1200 | 0.1 | — |

续表

| 工步号 | 工步内容 | 刀具号 | $n/$（r/min） | $f$（mm/r） | $a_p$/mm |
|---|---|---|---|---|---|
| 8 | 粗精加工件 2 左端内孔部分 | T0404 | 600 | 0.2 | 2 |
| | | | 1400 | 0.1 | 1 |
| 9 | 加工件 2 左端内槽部分 | T0606 | 1200 | 0.1 | — |
| 10 | 粗精加工件 2 左端内三角螺纹 | T0505 | 800 | — | — |
| 11 | 将件 2 配合件 1 控制装配总长 | T0101 | 700 | 0.25 | 2 |
| | | | 1600 | 0.1 | 1 |
| 12 | 粗精加工件 1 左端内孔部分 | T0202 | 1200 | 0.1 | 1 |
| 13 | 配合后加工件 1 和件 2 的外圆部分 | T0101 | 700 | 0.25 | 2 |
| | | | 1600 | 0.1 | 1 |
| 14 | 工件拆下，零件检测 | — | — | — | — |

6. 机床准备

1）开机前的检查：

① 检查电源、电压是否正常，润滑油油量是否充足。

② 检查机床可动部位是否松动。

③ 检查材料、工件、量具等物品放置是否合理，是否符合要求。

2）开机后的检查：

① 检查电动机、机械部分、冷却风扇是否正常。

② 检查各指示灯是否正常显示。

③ 检查润滑、冷却系统是否正常。

3）机床起动（需要回参考点的机床先进行回参考点操作）。

4）工件装夹及找正（注意工件装夹牢固可靠）。

5）对刀操作（以工件右端面中心为工件原点建立工件坐标系）。

7. 编制数控程序

参考程序见表 10.18。

表 10.18 参考程序

| 程序 | 说明 |
|---|---|
| O0001; | 程序名（件 1 右端外圆部分） |
| M3 S700 T0101 F0.25; | 转速、刀具、进给率给定 |
| G0 X60; | $X$ 向定位 |
| Z1; | $Z$ 向定位 |
| G71 U2 R1; | 循环参数给定 |

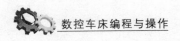

| 程序 | 说明 |
|---|---|
| G71 P10 Q20 U1； | 循环参数给定 |
| N10 G0 X20； | X 向定位 |
| G1 Z0； | Z 向定位 |
| X29.85，C1.5； | 倒角 |
| Z—20； | Z 向走刀 |
| N20 G0 X60； | X 向退刀 |
| M3 S1600 T0101 F0.1； | 精加工给定转速、刀具、进给量 |
| G0 X60； | X 向定位 |
| Z1； | Z 向定位 |
| G70 P10 Q20； | 精加工循环参数赋值 |
| G0 X100； | X 向退刀 |
| Z100； | Z 向退刀 |
| M30； | 程序结束 |
| O0002； | 程序名（件1右端螺纹退刀槽） |
| M3 S1200 T0202 F0.1； | 给定转速、刀具、进给量 |
| G0 X34； | X 向定位 |
| Z—20； | Z 向定位 |
| G1 X26； | X 向走刀 |
| G0 X100； | X 向退刀 |
| Z100； | Z 向退刀 |
| M30； | 程序结束 |
| O0003； | 程序名（件1右端外三角螺纹） |
| M3 S800 T0303； | 给定转速、刀具 |
| G0 X30； | X 向定位 |
| Z3； | Z 向定位 |
| G76 P020060 Q100 R0.05； | 螺纹循环参数赋值 |
| G76 X28.05 Z—16 P975 Q300 F1.5； | 螺纹循环参数赋值 |
| G0 X100； | X 向退刀 |
| Z100； | Z 向退刀 |
| M30； | 程序结束 |
| O0004； | 程序名（件2右端外圆） |
| M3 S700 T0101 F0.25； | 给定转速、刀具、进给量 |
| G0 X60； | X 向定位 |
| Z1； | Z 向定位 |

| 程序 | 说明 |
| --- | --- |
| G71 U2 R1; | 循环参数给定 |
| G71 P10 Q20 U1; | 循环参数给定 |
| N10 G0 X30; | X 向定位 |
| G1 Z0; | Z 向定位 |
| G3 X56 Z−11.2 R34; | 圆弧走刀 |
| G1 Z−33; | Z 向走刀 |
| N20 G0 X60; | X 向退刀 |
| M3 S1600 T0101 F0.1; | 精加工给定转速、刀具、进给量 |
| G0 X60; | X 向定位 |
| Z1; | Z 向定位 |
| G70 P10 Q20; | 精加工循环参数赋值 |
| G0 X100; | X 向退刀 |
| Z100; | Z 向退刀 |
| M30; | 程序结束 |
| O0005; | 程序名（件 2 右端内孔） |
| M3 S600 T0404 F0.2; | 给定转速、刀具、进给量 |
| G0 X18; | X 向定位 |
| Z1; | Z 向定位 |
| G71 U1.5 R0.2; | 循环参数给定 |
| G71 P10 Q20 U−1; | 循环参数给定 |
| N10 G0 X24; | X 向定位 |
| G1 Z0; | Z 向定位 |
| X20 Z−15; | 锥度车削 |
| N20 G0 X18; | X 向退刀 |
| M3 S1400 T0404 F0.1; | 精加工给定转速、刀具、进给量 |
| G0 X18; | X 向定位 |
| Z1; | Z 向定位 |
| G70 P10 Q20; | 精加工循环参数赋值 |
| G0 Z100; | Z 向退刀 |
| X100; | X 向退刀 |
| M30; | 程序结束 |
| O0006; | 程序名（件 2 左端内孔） |
| M3 S600 T0404 F0.15; | 给定转速、刀具、进给量 |
| G0 X18; | X 向定位 |

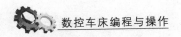

续表

| 程序 | 说明 |
| --- | --- |
| Z1； | Z 向定位 |
| G71 U1.5 R0.2； | 循环参数给定 |
| G71 P10 Q20 U−1； | 循环参数给定 |
| N10 G0 X38； | X 向定位 |
| G1 Z0； | Z 向定位 |
| X36 W−1； | 倒角 |
| Z−5； | Z 向走刀 |
| X28.2，C1.5； | 倒角 |
| Z−41； | Z 向走刀 |
| N20 G0 X18； | X 向退刀 |
| M3 S1400 T0404 F0.1； | 精加工给定转速、刀具、进给量 |
| G0 X18； | X 向定位 |
| Z1； | Z 向定位 |
| G70 P10 Q20； | 精加工循环参数赋值 |
| G0 Z100； | Z 向退刀 |
| X100； | X 向退刀 |
| M30； | 程序结束 |
| O0007； | 程序名（件 1 右端内三角螺纹） |
| M3 S800 T0303； | 给定转速、刀具 |
| G0 X27； | X 向定位 |
| Z3； | Z 向定位 |
| G76 P020060 Q100 R0.05； | 螺纹循环参数赋值 |
| G76 X30 Z−25 P975 Q300 F1.5； | 螺纹循环参数赋值 |
| G0 Z100； | Z 向退刀 |
| X100； | X 向退刀 |
| M30； | 程序结束 |
| O0008； | 程序名（配合加工件 1、2 外圆） |
| M3 S700 T0101 F0.25； | 给定转速、刀具、进给量 |
| G0 X60； | X 向定位 |
| Z1； | Z 向定位 |
| G71 U2 R1； | 循环参数给定 |
| G71 P10 Q20 U1； | 循环参数给定 |
| N10 G0 X55.5； | X 向定位 |
| G1 Z0； | Z 向定位 |

续表

| 程序 | 说明 |
| --- | --- |
| ♯1＝0； | 参数赋值 |
| N15　♯1＝♯1−0.5； | 参数赋值 |
| ♯2＝♯1＋14.5； | 参数赋值 |
| ♯3＝58 * SQRT［1−♯2 * ♯2/2500］； | 参数赋值 |
| G1 X♯3　Z♯1； | X、Z 赋值 |
| IF［♯1 GT −50 G0T015］； | 条件判定 |
| G1 Z−60； | Z 向走刀 |
| X56 Z−68.8； | 锥度加工 |
| N20 G0 X60； | X 向退刀 |
| M3 S1600 T0101 F0.1； | 精加工给定转速、刀具、进给量 |
| G0 X60； | X 向定位 |
| Z1； | Z 向定位 |
| G70 P10 Q20； | 精加工循环参数赋值 |
| G0 X100； | X 向退刀 |
| Z100； | Z 向退刀 |
| M30； | 程序结束 |
| O0009； | 程序名（件 1 左端内孔） |
| M3 S600 T0404 F0.2； | 给定转速、刀具、进给量 |
| G0 X18； | X 向定位 |
| Z1； | Z 向定位 |
| G71 U1.5 R0.2； | 循环参数给定 |
| G71 P10 Q20 U−1； | 循环参数给定 |
| N10 G0 X50； | X 向定位 |
| G1 Z0； | Z 向定位 |
| G3 X20 Z−9.45 R34； | 圆弧车削 |
| G1 Z−20； | Z 向走刀 |
| N20 G0 X18； | X 向退刀 |
| M3 S1400 T0404 F0.1； | 精加工给定转速、刀具、进给量 |
| G0 X18； | X 向定位 |
| Z1； | Z 向定位 |
| G70 P10 Q20； | 精加工循环参数赋值 |
| G0 Z100； | Z 向退刀 |
| X100； | X 向退刀 |
| M30； | 程序结束 |

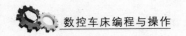

8. 零件加工

程序输入机床并模拟加工无误后，按循环启动键加工零件，并在加工完毕后对零件进行检测。

9. 机床维护与保养

1）清除铁屑，擦拭机床，并打扫周围卫生。
2）添加润滑油、切削液。
3）机床如有故障，应立即保修。

## 任务评价

填写配合零件加工二评分表，见表 10.19。

表 10.19　配合零件加工二评分表

| 序号 | 考核项目 | 考核内容及要求 | | 评分标准 | 配分 | 检测结果 | 扣分 | 得分 |
|---|---|---|---|---|---|---|---|---|
| 1 | 长度 | 5mm | | 超差不得分 | 2 | | | |
| 2 | | 34mm | | 降级不得分 | 2 | | | |
| 3 | | 15mm | | 超差不得分 | 2 | | | |
| 4 | | 60mm | | 超差不得分 | 4 | | | |
| 5 | 直径尺寸 | $\phi56_{-0.019}^{0}$ mm | IT | 超差不得分 | 4 | | | |
| 6 | | | $Ra1.6\mu m$ | 降级不得分 | 1 | | | |
| 7 | | $\phi46_{-0.019}^{0}$ mm | IT | 超差不得分 | 4 | | | |
| 8 | | | $Ra1.6\mu m$ | 降级不得分 | 1 | | | |
| 9 | | $\phi50_{+0.05}^{+0.1}$ mm | IT | 超差不得分 | 4 | | | |
| 10 | | | $Ra1.6\mu m$ | 降级不得分 | 1 | | | |
| 11 | 件2 | $\phi36_{0}^{+0.021}$ mm | IT | 超差不得分 | 4 | | | |
| 12 | | | $Ra1.6\mu m$ | 降级不得分 | 1 | | | |
| 13 | | $\phi30mm$ | IT | 超差不得分 | 2 | | | |
| 14 | | | $Ra1.6\mu m$ | 降级不得分 | 1 | | | |
| 15 | | $R34mm$ | IT | 超差不得分 | 4 | | | |
| 16 | | | $Ra1.6\mu m$ | 降级不得分 | 1 | | | |
| 17 | 倒角 | C1（2 处） | | 降级不得分 | 2 | | | |
| 18 | 内螺纹 | M50×1.5 | IT | 超差不得分 | 7 | | | |
| 19 | | | $Ra3.2\mu m$ | 降级不得分 | 1 | | | |
| 20 | 车槽 | 5mm | IT | 超差不得分 | 2 | | | |
| 21 | | | $Ra3.2\mu m$（槽底） | 降级不得分 | 1 | | | |

续表

| 序号 | 考核项目 | 考核内容及要求 | | 评分标准 | 配分 | 检测结果 | 扣分 | 得分 |
|---|---|---|---|---|---|---|---|---|
| 22 | 件1 | $\phi$55.5mm | IT | 超差不得分 | 4 | | | |
| 23 | | | $Ra1.6\mu m$ | 降级不得分 | 1 | | | |
| 24 | | $\phi$50mm | IT | 超差不得分 | 4 | | | |
| 25 | | | $Ra1.6\mu m$ | 降级不得分 | 1 | | | |
| 26 | | $\phi$20mm | IT | 超差不得分 | 2 | | | |
| 27 | | 倒角 | C1 | 遗漏不得分 | 1 | | | |
| 28 | | 椭圆角 尺寸 | IT | 超差不得分 | 8 | | | |
| 29 | | | $Ra1.6\mu m$ | 降级不得分 | | | | |
| 30 | | 长度 20mm | IT | 超差不得分 | 3 | | | |
| 31 | | | $Ra1.6\mu m$ | 降级不得分 | 1 | | | |
| 32 | | 60mm | IT | 超差不得分 | 2 | | | |
| 33 | | | $Ra1.6\mu m$ | 降级不得分 | 1 | | | |
| 34 | | 外螺纹 M30$\times$1.5-6g | IT | 超差不得分 | 7 | | | |
| 35 | | | $Ra3.2\mu m$ | 降级不得分 | 1 | | | |
| 36 | | 退刀槽 | 4$\times$2 | 超差不得分 | 2 | | | |
| 37 | | 配合 | 件1与件2 | 超差不得分 | 10 | | | |
| | | 合计 | | | 100 | | | |

## 巩固训练

根据图 10.8 的要求（毛坯尺寸为 $\phi$60mm$\times$64mm，材料为 45 钢，两根），以右端面中心为编程原点建立编程坐标系，制定加工方案，合理地选择所需用的刀具、量具、工具。

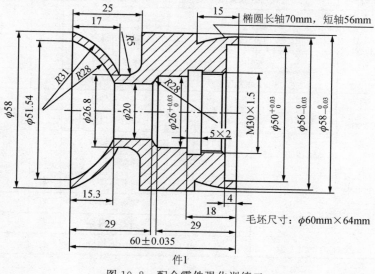

图 10.8  配合零件强化训练二

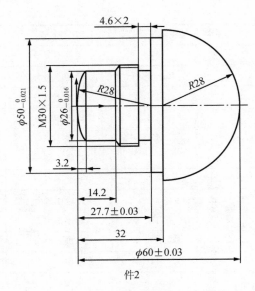

图 10.8　配合零件强化训练二（续）

1）制作合理的数控加工刀具卡。
2）制作合理的数控加工工艺卡。
3）编制零件的加工程序并完成加工。

## 任务评价

填写配合零件强化训练二评分表，见表 10.20。

表 10.20　配合零件强化训练二评分表

| 序号 | 考核项目 | 考核内容及要求 | | 评分标准 | 配分 | 检测结果 | 扣分 | 得分 |
|---|---|---|---|---|---|---|---|---|
| 1 | 长度 | 15mm | | 超差不得分 | 2 | | | |
| 2 | | 18mm | | 降级不得分 | 2 | | | |
| 3 | | 4mm | | 超差不得分 | 2 | | | |
| 4 | | $60^{+0.035}_{-0.035}\,\mathrm{mm}$ | | 超差不得分 | 4 | | | |
| 5 | 件1 | $\phi58^{0}_{-0.25}\,\mathrm{mm}$ | IT | 超差不得分 | 4 | | | |
| 6 | | | $Ra1.6\mu\mathrm{m}$ | 降级不得分 | 1 | | | |
| 7 | | $\phi56^{0}_{-0.033}\,\mathrm{mm}$ | IT | 超差不得分 | 4 | | | |
| 8 | | | $Ra1.6\mu\mathrm{m}$ | 降级不得分 | 1 | | | |
| 9 | 直径尺寸 | $\phi50^{+0.33}_{0}\,\mathrm{mm}$ | IT | 超差不得分 | 4 | | | |
| 10 | | | $Ra1.6\mu\mathrm{m}$ | 降级不得分 | 1 | | | |
| 11 | | $\phi26^{+0.33}_{0}\,\mathrm{mm}$ | IT | 超差不得分 | 4 | | | |
| 12 | | | $Ra1.6\mu\mathrm{m}$ | 降级不得分 | 1 | | | |

续表

| 序号 | 考核项目 | | 考核内容及要求 | | 评分标准 | 配分 | 检测结果 | 扣分 | 得分 |
|---|---|---|---|---|---|---|---|---|---|
| 13 | 件1 | 直径尺寸 | 26.8mm | IT | 超差不得分 | 2 | | | |
| 14 | | | | $Ra1.6\mu m$ | 降级不得分 | 1 | | | |
| 15 | | | R28mm | IT | 超差不得分 | 4 | | | |
| 16 | | | | $Ra1.6\mu m$ | 降级不得分 | 1 | | | |
| 17 | | 倒角 | C1（3处） | | 降级不得分 | 3 | | | |
| 18 | | 内螺纹 | M50×1.5 | IT | 超差不得分 | 7 | | | |
| 19 | | | | $Ra3.2\mu m$ | 降级不得分 | 1 | | | |
| 20 | | 车槽 | 5 | IT | 超差不得分 | 2 | | | |
| 21 | | | | $Ra3.2\mu m$（槽底） | 降级不得分 | 1 | | | |
| 22 | 件2 | 直径尺寸 | $\phi 50_{-0.021}^{0}$mm | IT | 超差不得分 | 4 | | | |
| 23 | | | | $Ra1.6\mu m$ | 降级不得分 | 1 | | | |
| 24 | | | $\phi 26_{-0.016}^{0}$mm | IT | 超差不得分 | 4 | | | |
| 25 | | | | $Ra1.6\mu m$ | 降级不得分 | 1 | | | |
| 26 | | | 槽底$\phi 26$mm | IT | 超差0.1mm不得分 | 2 | | | |
| 27 | | 倒角 | C1（两处） | | 遗漏不得分 | 2 | | | |
| 28 | 件2 | 椭圆角 | 尺寸 | IT | 超差不得分 | 8 | | | |
| 29 | | | $Ra1.6\mu m$ | | 降级不得分 | 1 | | | |
| 30 | | 长度 | $60_{-0.033}^{+0.033}$mm | IT | 超差不得分 | 3 | | | |
| 31 | | | | $Ra1.6\mu m$ | 降级不得分 | 1 | | | |
| 32 | | | $27_{-0.03}^{+0.03}$mm | IT | 超差不得分 | 2 | | | |
| 33 | | | | $Ra1.6\mu m$ | 降级不得分 | 1 | | | |
| 34 | | 外螺纹 | M30×1.5 | IT | 超差不得分 | 7 | | | |
| 35 | | | | $Ra3.2\mu m$ | 降级不得分 | 1 | | | |
| 36 | | 配合 | 件1与件2 | | 超差不得分 | 10 | | | |
| | | | 合计 | | | 100 | | | |

## 项目小结

本项目通过 4 个典型零件加工任务，使学生能够全面掌握零件的识图、加工工艺的制定、零件的加工、检测和测评等内容。同时，在进行任务实施的过程中，为了提高生产效率，应该选择最佳的工艺方案、优化加工程序和减少辅助时间。

## 复习与思考

**综合题**

（1）编制如图 10.9 所示零件的加工程序并完成加工（毛坯尺寸为 $\phi 60$mm×64mm，材料为 45 钢）。

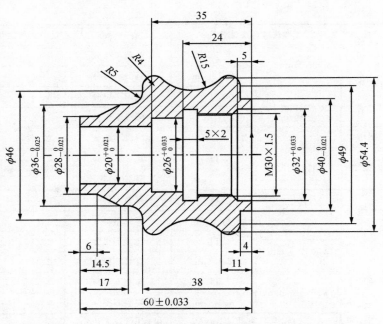

图 10.9　综合零件复习题（一）

（2）编制如图 10.10 所示零件的加工程序并完成加工（毛坯尺寸为 $\phi$60mm×64mm，材料为 45 钢）。

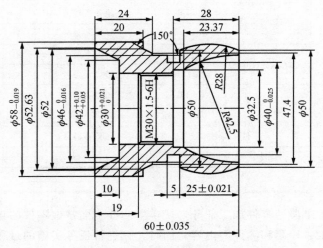

图 10.10　综合零件复习题（二）

（3）编制如图 10.11 所示零件加工程序并完成加工（毛坯尺寸为 $\phi$60mm×152mm，材料为 45 钢）。

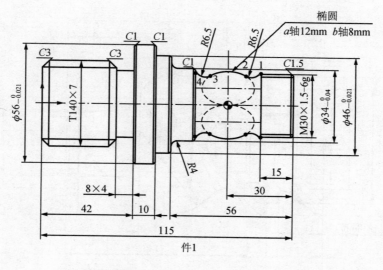

件1

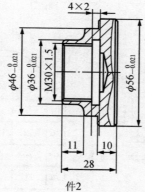

件2

技术要求
1. 毛坯尺寸$\phi 60mm \times 150mm$。
2. 未注倒角C1。

1点坐标（Z15，X15）
2点坐标（Z8.3，X13.78）
3点坐标（Z－8.3，X13.78）
4点坐标（Z－15，X15）

图 10.11  配合零件复习题（三）

（4）编制如图 10.12 所示零件的加工程序并进行加工（毛坯材料为 45 钢，尺寸为 $\phi 60mm \times 64mm$、$\phi 60mm \times 108mm$ 各一根）。

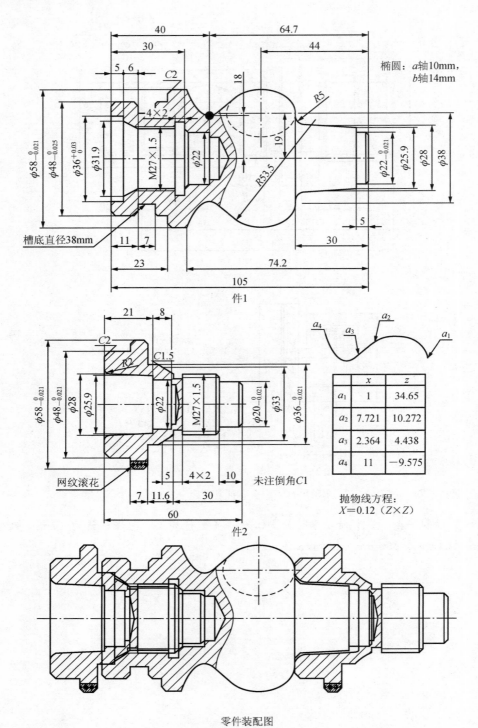

椭圆: a轴10mm,
b轴14mm

件1

|       | x     | z       |
|-------|-------|---------|
| $a_1$ | 1     | 34.65   |
| $a_2$ | 7.721 | 10.272  |
| $a_3$ | 2.364 | 4.438   |
| $a_4$ | 11    | −9.575  |

抛物线方程:
$X = 0.12 (Z \times Z)$

件2

零件装配图

图 10.12 配合零件复习题(四)

# 主要参考文献

北京发那科机电有限公司.2010.BEIJING-FANUCOM 操作编程说明书.

陈志雄，余小燕.2005.数控编程技术［M］.北京：科学出版社.

杜国臣.2010.数控机床编程［M］.2 版.北京：机械工业出版社.

关颖.2011.数控车床操作与加工项目式教程［M］.北京：电子工业出版社.

李家杰.2005.数控机床编程与操作实用教程［M］.南京：东南大学出版社.

刘蔡保.2009.数控车床编程与操作［M］.北京：化学工业出版社.

沈建峰.2006.数控车工（高级）［M］.北京：机械工业出版社.

唐娟.2010.数控车床编程与操作实训教程［M］.上海：上海交通大学出版社.

王贵明.2002.数控实用技术［M］.北京：机械工业出版社.

杨嘉杰.2005.数控机床编程与操作（数车分册）［M］.北京：中国劳动社会保障出版社.

翟瑞波.2012.数控车床编程与操作实例［M］.北京：机械工业出版社.

张智敏.2010.数控车床编程与操作［M］.北京：中国劳动社会保障出版社.